EUL VERLAG

WIRTSCHAFTSINFORMATIK

Herausgegeben von Prof. Dr. Dietrich Seibt, Köln, Prof. Dr. Hans-Georg Kemper, Stuttgart, Prof. Dr. Georg Herzwurm, Stuttgart, Prof. Dr. Dirk Stelzer, Ilmenau, und Prof. Dr. Detlef Schoder, Köln

Band 72
Stephan Wildner
Problemorientiertes Wissensmanagement – Eine Neukonzeption des Wissensmanagements aus konstruktivistischer Sicht
Lohmar – Köln 2011 • 384 S. • € 65,- (D) • ISBN 978-3-8441-0043-3

Band 73
Rolf Schillinger
Semantic Service Oriented Architectures in Research and Practice
Lohmar – Köln 2011 • 304 S. • € 59,- (D) • ISBN 978-3-8441-0062-4

Band 74
Martin Mikusz
Koordination der Standardsoftwareentwicklung – Ein situativer Ansatz
Lohmar – Köln 2011 • 296 S. • € 59,- (D) • ISBN 978-3-8441-0073-0

Band 75
Carsten Unger
Entwicklung eines Rahmenkonzepts für das Management von Business-Intelligence-Systemen
Lohmar – Köln 2011 • 384 S. • € 65,- (D) • ISBN 978-3-8441-0087-7

Band 76
Waldemar Meinzer
Preisverhandlung von Standardsoftware im Investitionsgütergeschäft – Eine spieltheoretische Analyse
Lohmar – Köln 2013 • 348 S. • € 63,- (D) • ISBN 978-3-8441-0260-4

Band 77
Sandra Seiz
Gestaltung eines strategiekonformen Informationsmanagements in der Pre-Merger-Phase bei Mergers & Acquisitions
Lohmar – Köln 2013 • 248 S. • € 56,- (D) • ISBN 978-3-8441-0279-6

Gestaltung eines strategiekonformen Informationsmanagements in der Pre-Merger-Phase bei Mergers & Acquisitions

Dissertation

zur Erlangung des Doktorgrades

der Wirtschafts- und Sozialwissenschaftlichen Fakultät

der Eberhard Karls Universität Tübingen

vorgelegt von

Sandra Seiz

aus Heilbronn-Neckargartach

Tübingen

2013

Tag der mündlichen Prüfung:	03.07.2013
Dekan:	Professor Dr. Josef Schmid
1. Gutachter:	Professor Dr. Bernd Jahnke
2. Gutachter:	Professor Dr. Kerstin Pull

Reihe: Wirtschaftsinformatik · Band 77

Herausgegeben von Prof. Dr. Dietrich Seibt, Köln, Prof. Dr. Hans-Georg Kemper, Stuttgart, Prof. Dr. Georg Herzwurm, Stuttgart, Prof. Dr. Dirk Stelzer, Ilmenau, und Prof. Dr. Detlef Schoder, Köln

Dr. Sandra Seiz

Gestaltung eines strategiekonformen Informationsmanagements in der Pre-Merger-Phase bei Mergers & Acquisitions

Mit einem Geleitwort von Prof. Dr. Bernd Jahnke, Universität Tübingen

EUL VERLAG

Bibliografische Information der Deutschen Nationalbibliothek

Die Deutsche Nationalbibliothek verzeichnet diese Publikation in der Deutschen Nationalbibliografie; detaillierte bibliografische Daten sind im Internet über <http://dnb.d-nb.de> abrufbar.

Dissertation, Universität Tübingen, 2013

ISBN 978-3-8441-0279-6
1. Auflage Oktober 2013

JOSEF EUL VERLAG GmbH
Brandsberg 6
53797 Lohmar
Tel.: 0 22 05 / 90 10 6-6
Fax: 0 22 05 / 90 10 6-88
E-Mail: info@eul-verlag.de
http://www.eul-verlag.de

Bei der Herstellung unserer Bücher möchten wir die Umwelt schonen. Dieses Buch ist daher auf säurefreiem, 100% chlorfrei gebleichtem, alterungsbeständigem Papier nach DIN 6738 gedruckt.

Geleitwort

Informationen und Informationssysteme haben sich zu einem entscheidenden Wettbewerbsfaktor für Unternehmen entwickelt. Dies gilt in besonderem Maße für Mergers & Acquisitions (M&A). Die Umsetzung strategischer Unternehmensziele und die Sicherstellung der Zukunftsfähigkeit von Unternehmen in einem dynamischen Umfeld sind Zielsetzungen, die mit M&A-Vorhaben erreicht werden sollen. Daher sind die in der Literatur diskutierten, zum Teil hohen Mißerfolgsquoten von M&A-Projekten kritisch zu betrachten. Die Entwicklung erfolgversprechender M&A-Managementstrategien und -maßnahmen stellt eine Aufgabe des wissenschaftlichen Diskurses dar, der sich die Autorin in Bezug auf das Informationsmanagement stellt. Dabei kann das Informationsmanagement in doppelter Weise als erfolgsrelevant für bestimmte M&A-Transaktionen eingestuft werden: einmal in seiner Eigenschaft als Instrument, zum anderen als Objekt der Transaktion.

Sandra Seiz untersucht wie das Informationsmanagement in der Pre-Merger-Phase gestaltet werden kann, sodass es konform mit der M&A-Strategie ist und damit einen Beitrag zum M&A-Erfolg leistet. Hierzu entwickelt sie einen Ordnungsrahmen für ein strategiekonformes Informationsmanagement in der Pre-Merger-Phase, der als zukunftsorientiertes, praxisnahes und anpassbares M&A-Managementinstrument dienen kann. Die Zielsetzung des Ordnungsrahmens besteht in der Strukturierung des Forschungsfeldes und soll Unternehmen ermöglichen ihre M&A-Transaktionen einzuordnen und das Informationsmanagement entsprechend zu gestalten. Neben einer theoretisch-konzeptionellen Vorgehensweise kommen auch leitfadengestützte Experteninterviews zum Einsatz, die Problemstellungen der Praxis aufzeigen.

Die vorliegende Dissertation beschäftigt sich mit einer aktuellen und ökonomisch wie wissenschaftlich spannenden Fragestellung mit hoher Praxisrelevanz und kann als Ausgangspunkt für weiterführende Untersuchungen dienen. Die Lektüre des Buches empfiehlt sich daher sowohl für Entscheidungsträger im Unternehmen, für M&A-Berater als auch für Wissenschaftler. Ich wünsche dieser Arbeit eine weite Verbreitung und Nutzenstiftung in Wissenschaft und Praxis.

Juli 2013 Professor Dr. Bernd Jahnke

Vorwort

Während meiner Promotion am Lehrstuhl für Wirtschaftsinformatik der Eberhard Karls Universität Tübingen haben mich verschiedene Personen begleitet, bei denen ich mich an dieser Stelle herzlich bedanken möchte:

Für die Möglichkeit zur Promotion sowie die konstruktiven fachlichen Hinweise und Diskussionen gilt mein besonderer und aufrichtiger Dank meinem Doktorvater Professor Dr. Bernd Jahnke. Er hat mich in allen Dissertationsphasen motiviert und unterstützt und mir die Freiräume gegeben, Projekte durchzuführen, meine fachlichen Interessen zu vertiefen und mich persönlich weiterzuentwickeln. Mein herzlicher Dank gilt auch Professor Dr. Kerstin Pull für die Zweitkorrektur sowie Professor Dr. Werner Neus für die Übernahme des Prüfungsvorsitz.

Mein besonderer Dank gilt meinen Kolleginnen und Kollegen Jennifer Gursch, Nicole Jogsch und Michael Ruf für die vielen gemeinsamen Projekte inner- und außerhalb des Lehrstuhls und die vielfältige Unterstützung. Danke auch an Sven Bauer, Jörg Leute, Dr. Thorsten Hinck, Dr. Maurice Syring, Dr. Tobias Thomas, Tamara Wehrstein, Dr. Christopher Schulz, Dr. Philip Effinger und Monika Zein für die gute Zusammenarbeit. Für die wertvollen Gespräche und Diskussionen sowie die gemeinsamen Aktivitäten gilt mein besonderer Dank Prof. Dr. Stefan Ruf, Eike Mönkemeier und Florian Werner.

Durch die Interviews mit Experten konnten vertiefte Einsichten in die betriebliche M&A-Praxis gewonnen werden, die entscheidend zur Praxisrelevanz der vorliegenden Arbeit beitragen. Ich möchte mich an dieser Stelle nochmals bei den Interviewpartnern für ihre Bereitschaft und ihre Zeit bedanken.

Mein Dank gilt auch meinen Freunden, insbesondere Alexander Worms, der mich mit kleinen Aufmerksamkeiten und konstruktiven Anmerkungen immer wieder motiviert hat. Für die liebevolle Begleitung durch alle Höhen und Tiefen der Promotionszeit danke ich ganz besonders meiner Familie, insbesondere Thomas und Mira. Die vorliegende Arbeit widme ich meinen Eltern, die mich bei allen meinen Vorhaben uneingeschränkt unterstützt haben und mich bestärkt haben, meinen Weg zu gehen. Danke!

Sandra Seiz

INHALTSVERZEICHNIS

ABBILDUNGSVERZEICHNIS

TABELLENVERZEICHNIS

ABKÜRZUNGSVERZEICHNIS

B	Unternehmensberatung
BI	Business Intelligence
BSC	Balanced Scorecard
bzgl.	bezüglich
bzw.	beziehungsweise
CMS	Content Management System
CRM	Customer Relationship Management
DD	Due Diligence
DL	Dienstleistung
DWH	Data Warehouse
ERP	Enterprise Resource Planning
ETL	Extract-Transform-Load
FDL	Finanzdienstleistung
FuE	Forschung und Entwicklung
ggf.	gegebenenfalls
IIS	Informationsinfrastruktur
IKT	Informations- und Kommunikationstechnologie
IM	Informationsmanagement
IND	Industrie
IS	Informationssystem
IT	Informationstechnologie
IV	Informationsverarbeitung
M&A	Mergers and Acquisitions
OLAP	Online Analytical Processing
PMI	Post-Merger-Integration

SWOT	Strengths, Weaknesses, Opportunities, Threats
u.a.	unter anderem
u.U.	unter Umständen
WM	Wissensmanagement
WWW	World Wide Web
z.B.	zum Beispiel
z.T.	zum Teil

ANHANGSVERZEICHNIS

1. Einleitung

Nachfolgend werden die Problemstellung sowie der Forschungsstand und -bedarf der Gestaltung eines strategiekonformen Informationsmanagements in der Pre-Merger-Phase bei Mergers and Acquisitions aufgezeigt. Auf Basis der identifizierten Forschungslücke leiten sich die Fragestellungen der Arbeit und die entsprechende Vorgehensweise zu deren Beantwortung ab.

1.1 Problemstellung

Die Durchdringung aller Unternehmensbereiche mit Informations- und Kommunikationstechnologie (kurz: IKT) ist weit fortgeschritten und ihr Beitrag zur betrieblichen Wertschöpfung wird durch die Unterstützung der unternehmerischen Geschäftsprozesse deutlich. Vielfach stellt die IKT die Basis für komplette Geschäftsmodelle[1] von Unternehmen bereit und macht ihre Ausübung überhaupt erst möglich.[2]

Informationen und Informationssysteme haben sich in den letzten Jahren angesichts der steigenden Komplexität und Dynamik des Unternehmensumfeldes zu einem entscheidenden Wettbewerbsfaktor entwickelt. Informationen bilden die Grundlage für betriebliche Entscheidungen und repräsentieren deren Ergebnisse sowohl im operativen Bereich als auch in Form aggregierter Kennzahlen bei strategischen Fragestellungen. Die Betrachtung von Information als unternehmerische Ressource und wirtschaftliches Gut spiegelt deren zunehmende Bedeutung für die Unternehmenssteuerung wider. Dabei ist die Sammlung, Speicherung, Verarbeitung, Auswertung, Darstellung und Zurverfügungstellung der Information zur richtigen Zeit, am richtigen Ort, in der gewünschten Qualität, zu wirtschaftlichen Bedingungen Voraussetzung für die zielorientierte Nutzung der Informationen und eine Kernaufgabe des Informationsmanagements (kurz: IM).

Auch bei Mergers & Acquisitions (kurz: M&A) spielen Informationen und deren Verarbeitung eine große Rolle. „Ein M&A-Projekt ist immer gleichzeitig ein Informationswettbewerb zwischen den beteiligten Unternehmen bzw. zwischen den in ihrem Auftrag handelnden Personen. In kaum einem anderen Bereich wird ähn-

[1] Z.B. Geschäftsmodelle im Bereich E-Business oder M-Business.
[2] Vgl. *Rigall/Hornke* (2007), S. 496.

lich deutlich, daß Informationen bzw. Informationsvorsprünge einen entscheidenden Wert für die Realisierung der eigenen Ziele haben."[3] „In dem Maße .. , wie Informationssysteme betriebliche Wertschöpfungsketten vollständiger abdecken und intensiver durchdringen, wächst auch ihre Bedeutung als in Mergers & Acquisitions zu integrierende Ressource."[4]

M&A-Transaktionen verstanden als Formen der Unternehmenskonzentration durch Fusion oder Kauf von Unternehmen sind ein Mittel der strategischen Unternehmensführung um externes Wachstum zu generieren. Zweck ist die Umsetzung der strategischen Unternehmensziele und die Sicherstellung der Zukunftsfähigkeit von Unternehmen in einem dynamischen Umfeld. Unter diesen Gesichtspunkten ist es von besonderer Bedeutung, dass die mit dem Unternehmenszusammenschluss verbundenen Ziele auch erreicht werden und die Transaktion als Erfolg eingestuft werden kann. Trotz Erfahrungen der Unternehmen mit M&A und einschlägiger Literatur kommen unterschiedliche Studien zu dem Ergebnis, dass die Erfolgsquote bei Unternehmenszusammenschlüssen nicht zufriedenstellend ist.[5] Dieses Ergebnis ist im Hinblick auf die Veränderungen, die M&A in Unternehmen bewirken, kritisch. „Beobachtet man den Markt für Unternehmensfusionen und Unternehmensübernahmen genauer, so stellt man fest, dass mehr als die Hälfte dieser Zusammenführungen gänzlich scheitern bzw. nicht den versprochenen Erfolg bringen."[6]

Trotz dieses Ergebnisses ist der Verzicht auf einen Unternehmenserwerb vielfach keine Option, in Anbetracht der damit erzielbaren positiven Effekte.[7] Die Möglichkeit in kurzer Zeit die eigene Wettbewerbsposition zu stärken, das Unternehmenswachstum voranzutreiben, sich Technologie- und Wissensvorsprünge durch Transfer zu eigen zu machen, Einsparpotenziale und Synergien zu realisieren und neue Märkte zu erschließen, seien beispielhaft als Motivation für M&A genannt.[8]

[3] *Lucks/Meckl* (2002), S. 156.
[4] *Kromer/Stucky* (2002), S. 523.
[5] Vgl. z.B. *Ernst and Young* (2006), S. 8. Ein Überblick über verschiedene Studien findet sich bei *Menz/Menges/Ebersbach* (2007), S. 16 ff.; *Jansen* (2008), S. 336-342; *Berens/Mertes/Strauch* (2008), S. 59-63.
[6] *Deloitte* (2008), S. 3.
[7] Vgl. *Lucks/Meckl* (2002), S. 11.
[8] Vgl. *Deloitte* (2008), S. 15; *Lucks/Meckl* (2002), S. 7.

Angesichts der Globalisierung der Märkte, der Zunahme des Wettbewerbes und dem sich schnell entwickelnden technologischen Fortschritt, können Unternehmenszusammenschlüsse als „Anpassungsreaktionen der Unternehmen auf die veränderten Umwelt- bzw. Wettbewerbsbedingungen“[9] betrachtet werden. Die Analyse der Erfolgsfaktoren und der Gründe für das Scheitern und daraus abgeleitet die Entwicklung erfolgversprechender M&A-Managementstrategien und -maßnahmen stellt eine Aufgabe des wissenschaftlichen Diskurses dar.

Einen Erfolgsfaktor stellen die IT[10] und das zugehörige Informationsmanagement dar. „Als eine wesentliche Ursache des Scheiterns von Mergers & Acquisitions kann dabei die unzureichende Beachtung und Würdigung der IT-Integrationsproblematik in der Praxis gesehen werden.“[11] Zum einen verursacht die Integration der IT häufig erhebliche Probleme, die den Erfolg des M&A-Projekts beeinträchtigen können. Werden diese Probleme erst in der Post-Merger-Phase erkannt, ist ihre Behebung oft aufwendig und zeitintensiv. 50% der Integrationskosten entfallen nach Schätzungen auf die Umsetzung von IT-Projekten im Zuge der Integration[12]. Zum anderen können 30-50% der fachseitigen Synergiepotenziale erst nach Verbindung der Informationsverarbeitungsressourcen der beteiligten Unternehmen verwirklicht werden.[13] Daher sind die frühzeitige Beurteilung der IT und die Antizipation möglicher Integrationsprobleme durch eine Berücksichtigung des Informationsmanagements im Sinne einer Führungsaufgabe bereits in der Pre-Merger-Phase[14] als erfolgsrelevant einzuschätzen.[15]

---

[9] *Lucks/Meckl* (2002), S. 8.

[10] HEINRICH und STELZER folgend, werden unter IT alle in einem Unternehmen für Information und Kommunikation verantwortlichen Institutionen, Funktionen und Personen sowie die entsprechenden Methoden und Fachgebiete bezeichnet. Vgl. *Heinrich/Stelzer* (2011), S. 2. Dies entspricht einer weiten Begriffsdefinition, die über die Informationstechnologie hinausgeht.

[11] *Deloitte* (2008), S. 3.

[12] Vgl. *Rigall/Hornke* (2007), S. 498.

[13] Vgl. *Berensmann/Spang* (1998), S. 36. Sie geben diese Werte für merger of equals im Finanzdienstleistungsbereich an. Die Autoren beschreiben auch, dass die IT-Gesamtkosten um ca. 25% durch eine Integration gesenkt werden können. MEIER und SPANG beschreiben, dass bei Unternehmenszusammenschlüssen in der Finanzbranche Synergien auf Ertrags- und Kostenseite zu 50% durch die Integration der IT-Systeme entstehen. Vgl. *Meier/Spang* (2000), S. 7 f.

[14] In der Arbeit werden der Pre-Merger-Phase alle Aktivitäten im M&A-Prozess bis zum Zeitpunkt des Closing zugeordnet.

[15] Siehe auch *Deloitte* (2008), S. 5 f. zur Erfolgsrelevanz der frühen Einbindung der IT in den M&A-Prozess.

1.2 Forschungsstand und Forschungsbedarf

Während die Bedeutung des Informationsmanagements im betrieblichen Alltag für die Steuerung eines Unternehmens anerkannt ist,[16] wird die Bedeutung des IM im Rahmen von M&A-Vorhaben in der wissenschaftlichen und praxisorientierten Auseinandersetzung vor allem bei der Phase der Unternehmensintegration hervorgehoben. Im Fokus der Diskussion stehen dabei die Wahl der Integrationsalternative, die Gestaltung einer gemeinsamen Informationsverarbeitung (kurz: IV), Maßnahmen für eine erfolgreiche Integration, entsprechende Beurteilungsverfahren sowie empirische Untersuchungen zu IT-Integrationsfragestellungen.[17]

Eine mögliche Erklärung für die Fokussierung der bisherigen Arbeiten auf die Integrationsphase kann darin gesehen werden, dass die Probleme bei der IT aber auch die Erzielung von Synergieeffekten in der Regel erst innerhalb der Integrationsphase deutlich werden und das IM daher bei M&A häufig erst im Rahmen der Integration thematisiert wird. Ferner kann die Unterschätzung eines zielgerichteten, erfolgsorientierten Informationsmanagements für die tatsächliche Verwirklichung von Synergien und damit für die Realisierung der M&A-Ziele als Erklärungsversuch herangezogen werden. Einige der Autoren postulieren daher die IV frühzeitig in den M&A-Prozess einzubeziehen.[18]

Empirische Untersuchungen zum Informationsmanagement in der Pre-Merger-Phase und den Auswirkungen auf den Transaktions- bzw. den Integrationserfolg kommen zu unterschiedlichen Ergebnissen. Die Studie IT M&A IN DEUTSCHLAND kommt zu dem Ergebnis, dass die Berücksichtigung der IT in allen Phasen des M&A-Prozesses den Erfolg von M&A-Transaktionen positiv beeinflusst. Sie zeigt auch, dass Unternehmen mit einer großen M&A-Erfahrung die IT stärker in den Pre-Merger-Prozess einbeziehen als Unternehmen mit mittlerer bzw. geringer M&A-Erfahrung.[19] Wie dies geschieht und welche Auswirkungen die IT auf die einzelnen Aktivitäten der Pre-Merger-Phase hat, wird kaum thematisiert.

[16] Vgl. *Koch/Menke* (2008), S. 602; *Clever* (1993b), S. 92 f.

[17] Zum Beispiel: *Miklitz* (2010); *Märkisch* (2008); *Grohmann* (2007); *Rentrop* (2004); *Herold* (2003); *Kromer* (2001); *Vogel* (2002a); *Lauritzen* (2000); *Handschuh/Buchta* (2000).

[18] Vgl. *Schwarze/Röscheisen/Mengue* (2007), S. 57; *Schmid/Dahlberg* (2008), S. 527.

[19] Vgl. *Deloitte* (2008), S. 23 f.

KROMER stellt bei seiner empirischen Untersuchung fest, dass bei 55% der untersuchten M&A-Transaktionen die IV in der Pre-Merger-Phase berücksichtigt wurde und dies im Vergleich mit früheren Studien „im Sinne eines Trends zu einer stärkeren Berücksichtigung von IV-Belangen in den frühen Phasen des M&A-Prozesses“[20] aufgefasst werden kann. Allerdings kommt er auch zu dem Ergebnis, dass „kein Wirkungszusammenhang zwischen der personellen Einbindung der IV-Funktion in die Transaktionsvorbereitung und dem IV-Integrationserfolg“[21] gezeigt werden konnte und kommt zu dem Schluss, dass „die Einbindung von IV-Managern in die Transaktionsvorbereitung eindeutig nicht als notwendige Erfolgsvoraussetzung der IV-Integration gelten“[22] kann.

Aus den exemplarisch vorgestellten Ergebnissen lässt sich kein eindeutiges Bild über die Berücksichtigung des Informationsmanagements in der Pre-Merger-Phase und dessen Beitrag zum M&A-Erfolg ableiten. Trotz verschiedener Forschungsarbeiten und Anforderungen der Praxis mangelt es bisher an einer intensiven Auseinandersetzung mit der Erfolgsrelevanz des Informationsmanagements für die Pre-Merger-Phase[23] – auch unter Berücksichtigung der möglichen Probleme der Post-Merger-Phase. Eine ganzheitliche Betrachtung des IM im Sinne der Berücksichtigung von Pre- und Post-Merger-Phase ist nur zum Teil erkennbar. Auch die Diskrepanz zwischen dem erkannten Potenzial der IT für einen erfolgreichen Zusammenschluss – sowohl in wissenschaftlichen als auch in praxisorientierten Beiträgen – und der Beobachtung, dass das IM in der Praxis als Deal Breaker[24] bisher kaum Bedeutung hat, ist bislang ungeklärt.

Ferner wird das Informationsmanagement bei M&A im wissenschaftlichen Diskurs häufig als M&A-Objekt betrachtet, d.h. die Informationsfunktion als eine von mehreren Unternehmensfunktionen, die im Rahmen des M&A-Prozesses zu beachten sind. Eine Auseinandersetzung mit der Unterstützungsfunktion des Informationsmanagements für den M&A-Prozess und deren Relevanz findet nur am

[20] *Kromer* (2001), S. 253.
[21] *Kromer* (2001), S. 252.
[22] *Kromer* (2001), S. 252.
[23] Vgl. *Kromer* (2001), S. 245. Die Berücksichtigung der IV im Rahmen der Due Diligence-Prüfung bzw. die Durchführung einer eigenen IT Due Diligence wird von einigen Autoren thematisiert. Vgl. z.B. *Menke* (2008); *Schwarze/Röscheisen/Mengue* (2007).
[24] Vgl. *Kromer* (2001), S. 251; S. 160 der vorliegenden Arbeit.

Rande statt. Außerdem werden die in der wissenschaftlichen und praxisorientierten Literatur verwendeten Begriffe IT, IV und IM häufig nicht präzise definiert und abgegrenzt und daher auch uneinheitlich gebraucht. Dies erhöht die Unübersichtlichkeit des Forschungsfeldes und erschwert die Vergleichbarkeit von bisherigen Forschungsergebnissen.

Forschungsbedarf ergibt sich aus der Gegenüberstellung der Bedeutung des IM für die unternehmerische Wertschöpfung und Unternehmenssteuerung einerseits und der unzureichenden Beachtung dieser Aspekte im M&A-Kontext andererseits. Die unterschiedlichen Erkenntnisse zur Berücksichtigung des IM in der Pre-Merger-Phase bedürfen weiterer Forschungsbemühungen, um ein vertieftes theoretisches Verständnis sowie praxisrelevante Gestaltungsempfehlungen erhalten zu können. Die Diskrepanz zwischen dem Erfolgspotenzial des IM bei M&A-Transaktionen und der tatsächlichen Berücksichtigung des IM während des M&A-Prozesses ist Ausgangspunkt und zugleich Erkenntnisinteresse der vorliegenden Arbeit.

1.3 Fragestellung und Forschungskonzeption

Die vorliegende Arbeit trägt dazu bei, die identifizierte Forschungslücke durch neue Erkenntnisse im Bereich Informationsmanagement bei M&A zu schließen. Dabei steht die Frage nach dem Beitrag des Informationsmanagements zu erfolgreichen M&A-Transaktionen in der Pre-Merger-Phase im Vordergrund. Ausgehend von der Annahme, dass in der Pre-Merger-Phase die Weichen für eine erfolgreiche M&A-Transaktion gestellt werden, lautet die Forschungsfrage:

Wie kann das Informationsmanagement in der Pre-Merger-Phase gestaltet werden, sodass es konform mit der M&A-Strategie ist und damit einen Beitrag zum M&A-Erfolg leistet?

Diese Betrachtungsweise bereichert den aktuellen Forschungsstand, in dem der Fokus von der Post-Merger-Phase auf die Pre-Merger-Phase erweitert und eine ganzheitliche Perspektive eingenommen wird. Der Arbeit liegt eine prozessorientierte Sichtweise auf M&A-Vorhaben zugrunde, die ermöglicht das Informationsmanagement sowohl in seiner Rolle als M&A-Objekt als auch aus der Perspektive der Prozessunterstützung, d.h. als M&A-Instrument zu betrachten. Somit wird auch in diesem Sinne der ganzheitlichen Betrachtungsweise Rechnung getragen. Der Argumentation liegt dabei eine konsequente Ausrichtung an den M&A-Zielen und dem daraus abgeleiteten M&A-Erfolg zugrunde.

Für die Beantwortung der übergeordneten Fragestellung sind folgende weitere Fragen zu beantworten:

1. *Wie lässt sich die Berücksichtigung des IM bei M&A strukturieren?*
2. *Welche Faktoren sind für die strategiekonforme Berücksichtigung des IM in der Pre-Merger-Phase besonders relevant?*
3. *Welchen Beitrag kann das Informationsmanagement als M&A-Objekt leisten?*
4. *Welchen Beitrag kann das Informationsmanagement als M&A-Instrument leisten?*

Das Informationsmanagement wird als Teilgebiet der Wirtschaftsinformatik verstanden und aus dieser Perspektive beleuchtet. Als Rahmen für das Informationsmanagement wird ein ganzheitliches Modell des IM herangezogen. Auf dessen Basis werden zunächst die Rollen, die das IM bei M&A-Transaktionen einnehmen kann, analysiert und ein konzeptioneller Bezugsrahmen für den Beitrag des IM zum M&A-Erfolg in der Pre-Merger-Phase entwickelt. Die hieraus gewonnenen Erkenntnisse fließen in die Gestaltung eines Ordnungsrahmens für ein strategiekonformes Informationsmanagement in der Pre-Merger-Phase ein.

Methodisch wird auf die in der Wirtschaftsinformatik bestehenden Konzepte des IM zurückgegriffen, um Handlungsalternativen für ein zielorientiertes IM-M&A-Management abzuleiten. Ziel ist, das IM in der Pre-Merger-Phase in Zukunft angemessen berücksichtigen zu können und ein praxisrelevantes und umsetzbares Konzept für den verantwortungsvollen Umgang mit dem kritischen Erfolgsfaktor Informationsmanagement bereitzustellen.

Neben dem wissenschaftlichen Erkenntnisinteresse, sind die Probleme der M&A-Praxis Ausgangspunkt des Forschungsvorhabens. Im Sinne eines anwendungsorientierten Wissenschaftsverständnisses der Wirtschaftsinformatik stehen die Erweiterung der Wissensbasis im Bereich Informationsmanagement bei M&A-Transaktionen sowie die Ableitung von Lösungsansätzen bzw. Gestaltungsräumen für die Praxis im Vordergrund. Dabei wird auf unterschiedliche Forschungsmethoden[25] zurückgegriffen, um die Aussagekraft der Ergebnisse zu gewährleisten und der Vielschichtigkeit der Fragestellungen gerecht zu werden.[26]

1.4 Aufbau der Arbeit

Für die Beantwortung der Fragestellungen wird ein sechsteiliger Aufbau gewählt, wie in Abbildung 1 dargestellt.

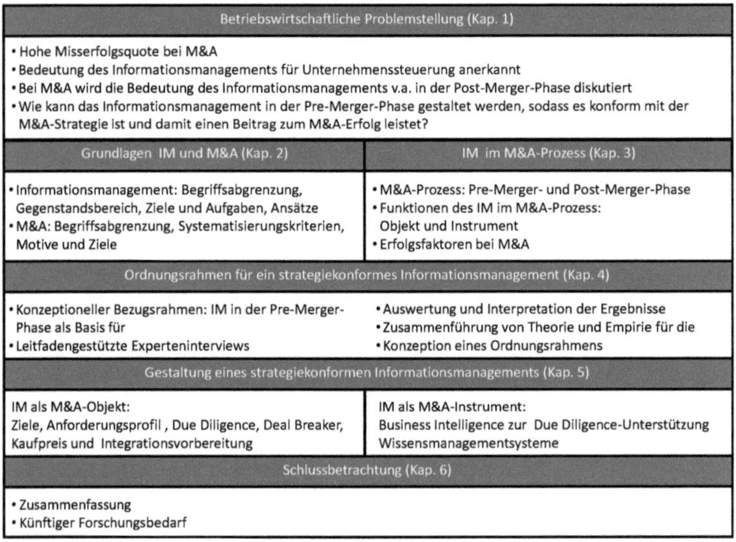

Abbildung 1: Forschungskonzeption[27]

Zunächst werden in Kapitel 2 die Grundlagen der Themengebiete Informationsmanagement und M&A eingeführt und der für die Arbeit relevante Realitätsausschnitt festgelegt. Dabei sind die Schaffung eines gemeinsamen Begriffsverständnisses und die Abgrenzung der Untersuchungsgebiete von besonderer Bedeutung. Anhand der Einführung wird in Kapitel 3 der M&A-Prozess mit seinen einzelnen Phasen und Aktivitäten reflektiert. Hierbei werden die zwischen den Phasen, Aktivitäten und Funktionsbereichen bestehenden Interdependenzen deutlich, die zur

[25] U.a. Literaturanalyse und Experteninterviews.
[26] Ähnlich bei *Schawel* (2002), S. 5.
[27] Eigene Darstellung.

Komplexität von M&A-Transaktionen beitragen. Ferner werden die Rollen, die das IM im M&A-Prozess annehmen kann, abgeleitet. Den Abschluss des Kapitels 3 bildet eine Darstellung der in der Literatur diskutierten M&A-Erfolgsfaktoren, insbesondere dem Informationsmanagement.

In Kapitel 4 wird ein Ordnungsrahmen für ein strategiekonformes IM entwickelt. Dabei wird zunächst aus den Erkenntnissen der Kapitel 2 und 3 ein konzeptioneller Bezugsrahmen für die Wirkung des IM in der Pre-Merger-Phase auf den M&A-Erfolg abgeleitet. Neben den Erkenntnissen aus der Literatur, basiert die Entwicklung des Ordnungsrahmens und die Gestaltung des IM auch auf Erfahrungen aus der Praxis, die im Rahmen einer explorativ-systematisierenden Untersuchung mit Hilfe von Experteninterviews in Form semi-strukturierter Gespräche erhoben werden. Dadurch fließen auch bisher nicht berücksichtigte praktische Erfahrungen ein und ergänzen die theoretisch fundierten Erkenntnisse. Aus den kombinierten Erkenntnissen aus Literatur und Praxis werden im Anschluss Dimensionen für die Strategiekonformität des IM abgeleitet und in einen strukturierenden Ordnungsrahmen eingebettet. Abschließend erfolgt eine kritische Reflexion der Vorgehensweise und der gewonnenen Erkenntnisse.

Die Konkretisierung des eigenentwickelten Ordnungsrahmens im Sinne der Gestaltung des IM in den Pre-Merger-Aktivitäten Strategiebildung, Auswahl eines Zielunternehmens, Due Diligence, Deal Breaker- und Kaufpreisermittlung sowie Vorbereitung der Post-Merger-Integration (kurz: PMI) erfolgt in Kapitel 5. Dabei wird konsequent nach den Rollen des IM als M&A-Objekt und -Instrument unterteilt und entsprechende Gestaltungsmöglichkeiten aufgezeigt. Auch hier fließen die Erkenntnisse aus den Experteninterviews ein. Kapitel 6 bildet den Abschluss der Arbeit und enthält eine Reflexion der Forschungsergebnisse und einen Ausblick auf neu entstandene und offen gebliebene Fragestellungen.

2. Grundlagen Informationsmanagement und M&A

Zur Schaffung eines gemeinsamen Verständnisses und zur Abgrenzung der in der Literatur vielfältig verwendeten Begriffe, wird nachfolgend in die beiden Themenfelder IM sowie M&A eingeführt. Dabei werden die relevanten Grundlagen dargestellt und ein terminologisches Instrumentarium für die Beantwortung der Forschungsfrage abgeleitet.

2.1 Informationsmanagement

Der Begriff des Informationsmanagements wird in verschiedenen Wissenschaftsdisziplinen in unterschiedlichen Zusammenhängen und Bedeutungen gebraucht. In der Wirtschaftsinformatik hat sich dieser Begriff Ende 1970 Anfang 1980 etabliert[28], in Folge der Zunahme der betrieblichen Informationsverarbeitung und deren steigender Komplexität.

Die Entwicklung von Information zum „vierten" Produktionsfaktor und die Durchdringung des wirtschaftlichen und privaten Umfeldes mit Informations- und Kommunikationstechnologie zeigt die Aktualität des Themenfeldes. Die kurzen Entwicklungszyklen in der Informations- und Kommunikationsbranche sind Treiber für die stetige Weiterentwicklung des Informationsmanagements. Neuartige Technologien ermöglichen die Realisierung bestehender Optimierungspotenziale und die Erschließung neuer Einsatzgebiete und stellen das Informationsmanagement vor neue Herausforderungen.

2.1.1 Begriffsabgrenzung und Einordnung

In der einschlägigen Wirtschaftsinformatikliteratur hat sich bisher kein einheitliches Begriffsverständnis des Informationsmanagements herausgebildet.[29] Ein Grund hierfür kann in dem Diskurs über die Eingruppierung des IM in die Wissenschaftsdisziplinen gesehen werden. Gefolgt wird der Argumentation von HEINRICH, der darlegt, dass das IM weder eine eigene Disziplin darstellt noch der Managementlehre zuzuordnen ist, da sein Aufgabenschwerpunkt in der Informati-

[28] Vgl. *Griese* (1990), S. 643.
[29] Vgl. *Krcmar* (2010), S. 31; *Biethahn/Mucksch/Ruf* (2004), S. 18 f.

onsfunktion liegt und es daher eine Teildisziplin der Wirtschaftsinformatik darstellt.[30]

Die vorliegenden Begriffserläuterungen[31] stammen aus der Wirtschaftsinformatik und betrachten das IM aus verschiedenen Perspektiven mit unterschiedlichem Fokus. Dies spiegelt den Umfang und das Facettenreichtum des Forschungsfeldes wider und zeigt die Notwendigkeit einer Abgrenzung des Untersuchungsgegenstands für die vorliegende Fragestellung auf. Trotz unterschiedlicher Schwerpunktsetzungen der Begriffserklärungen,[32] wird die strategische Bedeutung des Informationsmanagements durch die adäquate Nutzung des Potenzials der Ressource Information zur Erreichung der Unternehmensziele deutlich.

In Anlehnung an die aus der Literatur bekannten Begriffserklärungen[33], liegt der Arbeit ein umfassendes Begriffsverständnis zugrunde, das verschiedene Aspekte kombiniert und auf die Beantwortung der Forschungsfrage ausgerichtet ist. Das Informationsmanagement zeichnet sich aus durch

- die Planung, Steuerung und Kontrolle einer systematischen, effektiven und effizienten Beschaffung und Bereitstellung von Informationen zur Schaffung eines Informationsangebotes, welches die Informationsnachfrage befriedigt und anregt,
- den Aufbau geeigneter Informationssysteme und -infrastrukturen über alle Unternehmenshierarchieebenen hinweg zur Unterstützung zielgerichteter Entscheidungsfindung und effizienter Prozessabläufe sowie
- die Identifikation und Nutzung mittels Informations- und Kommunikationstechnologien neu geschaffener betriebswirtschaftlicher Potenziale im Hinblick auf die optimale Erreichung bzw. Ausgestaltung der Unternehmensziele[34].

[30] Vgl. *Heinrich/Stelzer* (2011), S. 9.
[31] Begriffserklärungen finden sich u.a. bei *Voß/Gutenschwager* (2001), S. 70; *Fickenscher/Hanke/Kollmann* (1991), S. 15; *Krcmar* (2010), S. 52; *Heinrich/Stelzer* (2011), S. 2; *Schönsleben* (2001), S. 24; *Hinton* (2006), S. 2. Siehe auch Anhang 1.
[32] Vgl. *Fink/Schneidereit/Voß* (2005), S. 64 f. Eine Erarbeitung unterschiedlicher Schwerpunkte findet sich bei *Schwarze* (1998), S. 44.
[33] Siehe beispielsweise Anhang 1.
[34] Dies wird auch als enabler-Funktion des IM bezeichnet. Vgl. *Krcmar* (2010), S. 399.

Das IM[35] stellt eine Führungsaufgabe im Sinne der Umsetzung der Unternehmensstrategie in Unternehmenserfolg dar.

Abbildung 2 veranschaulicht den strategischen Charakter des Informationsmanagements, verstanden als ganzheitliche Aufgabe, indem Informationen zur Entscheidungsunterstützung bereitgestellt, bestehende Informationsinfrastrukturen (kurz: IIS) weiterentwickelt und durch die Nutzung von Innovationen neue Potenziale erschlossen werden.

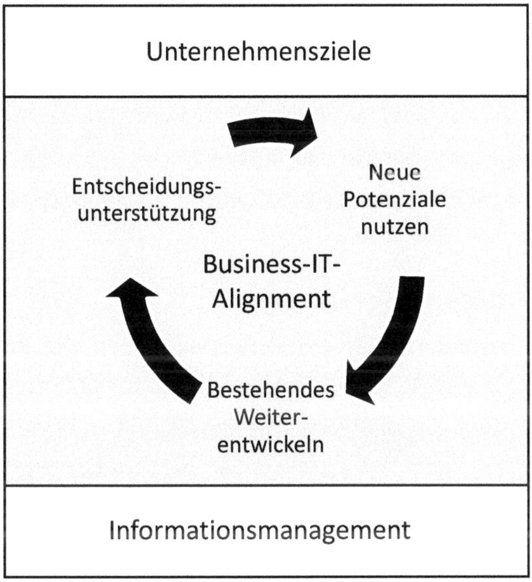

Abbildung 2: Strategischer Charakter des Informationsmanagements[36]

Für die Notwendigkeit eines Informationsmanagements lassen sich je nach Reifegrad des Unternehmens verschiedene Motive finden. Als Ausgangspunkt kann dabei das Verständnis von Information als Produktionsfaktor und Ressource im betriebswirtschaftlichen Kontext gesehen werden. Durch diesen Paradigmenwechsel gewann der Begriff Information in der Funktion als Grundlage für Managemententscheidungen und als immaterielles Wirtschaftsgut zunehmend an

[35] Der Begriff Management kann in diesem Zusammenhang synonym mit Führung oder Leitung genutzt werden und beschreibt allgemein „die Steuerung, Gestaltung und Entwicklung des Unternehmens". *Thommen* (2008), S. 249 Stichwort: Führung.

[36] Eigene Darstellung.

Bedeutung. Dabei hat sich das Aufgabenfeld des Informationsmanagements[37] vom Dienstleistungszentrum für das Unternehmen hin zur strategischen Steuerung des Unternehmens verändert.

Rahmenbedingungen für das Handeln des Informationsmanagements sind u.a. schneller technologischer Wandel, kürzere Produktlebenszyklen, hoher Bedarf an Standardisierung sowie an Sicherheit.[38] Daher sind Flexibilität, Anpassungsvermögen und Offenheit wichtige Eigenschaften der zu gestaltenden Informationsinfrastruktur.

2.1.2 Gegenstandsbereiche

Der Gegenstandsbereich des IM umfasst verschiedene Themengebiete. Nachfolgend werden die für den weiteren Verlauf der Arbeit wichtigen Gegenstandsbereiche Information und Informationsfunktion sowie Informationssystem und Informationsinfrastruktur näher erläutert.

2.1.2.1 Information und Informationsfunktion

Information[39] verstanden als betriebliche Ressource ist ein zentraler Begriff des Informationsmanagements. Für den Informationsbegriff gibt es unterschiedliche Definitionen, die sich je nach Kontext unterscheiden.[40] In der Betriebswirtschaftslehre hat sich die Bezeichnung „Information ist zweckorientiertes Wissen“[41] durchgesetzt. Dabei steht Zweckorientierung für die Verwendungsabsicht in einer bestimmten Handlungssituation, wie beispielsweise die Erfüllung einer betrieblichen Aufgabe.[42] Information kann in diesem Zusammenhang auch als „Handlung bestimmendes Wissen über vergangene, gegenwärtige und zukünftige Zustände

[37] Die Organisationsstruktur des IM ist unternehmensspezifisch zu gestalten. Für die Aufgaben des IM wird häufig auf oberster Unternehmensebene die Stelle eines Chief Information Officer geschaffen. Vgl. *Heinrich/Stelzer* (2011), S. 34; *Ferstl/Sinz* (2008), S. 434.

[38] Vgl. *Ferstl/Sinz* (2008), S. 435 f.

[39] Information und Kommunikation, verstanden als Austausch von Information, sind zwei Aspekte eines Phänomens. Vgl. *Heinrich/Heinzl/Roithmayr* (2004), S. 317.

[40] Vgl. *Kremar* (2011), S. 3 f.

[41] *Wittmann* (1959), S. 14. (Im Original kursiv.)

[42] Vgl. *Heinrich/Heinzl/Roithmayr* (2007), S. 132.

der Wirklichkeit und Vorgänge in der Wirklichkeit“[43] definiert werden. Wissen wiederum entsteht durch die Vernetzung von Informationen.[44]

Informationen bilden die Grundlage für betriebliche Entscheidungen und daraus resultierenden Handlungen und können daher als immaterieller Produktionsfaktor betrachtet werden.[45] Damit die Handlungen und Entscheidungen im Sinne des Unternehmens getroffen werden, ist für die Bereitstellung eines angemessenen Informationsangebotes durch das Informationsmanagement zu sorgen. Dabei ist ein Gleichgewicht von Informationsangebot und Informationsnachfrage[46] zu gewährleisten[47], wobei auch darüber hinaus gehende Informationen bereitzustellen sind, die den Aufgabenträgern neue Optionen aufzeigen können.

Die Balance zwischen der Vermeidung von Informationsdefiziten einerseits und Informationsüberschuss andererseits stellt eine Herausforderung des Informationsmanagements dar, die es durch geeignete Methoden der Informationsbedarfsanalyse und Informationsselektion zu meistern gilt.[48] Eine weitere Herausforderung stellt das Management des Produktionsfaktors Information dar, der im Vergleich mit materiellen Produktionsfaktoren andere Eigenschaften aufweist, die besondere Anforderungen an das Management stellen.[49]

Betrachtet man Information als betriebliche Ressource, können alle Aufgaben einer Unternehmung im Hinblick auf Information und Kommunikation in einer betrieblichen Funktion, der Informationsfunktion, zusammengefasst werden.[50] Die Informationsfunktion zeichnet sich dadurch aus, dass sie sich als Querschnitts-

---

[43] *Heinrich/Heinzl/Roithmayr* (2007), S. 132.

[44] Vgl. *Krcmar* (2011), S. 3. Weitere Auffassungen des Informations- und Wissensbegriffs finden sich z.B. bei *Alpar/Grob/Weimann et al.* (2008), S. 7 f.

[45] Vgl. *Fink/Schneidereit/Voß* (2005), S. 67 f.

[46] Die vom Benutzer nachgefragte Information wird sowohl durch den objektiven als auch durch den subjektiven Informationsbedarf (Informationsbedürfnis) wie auch durch die Umstände in der konkreten Nachfragesituation wie beispielsweise Zeitdruck bestimmt. Vgl. *Heinrich/Heinzl/Roithmayr* (2007), S. 153 f.

[47] Vgl. *Heinrich/Heinzl/Roithmayr* (2007), S. 157.

[48] Vgl. *Heinrich/Heinzl/Roithmayr* (2007), S. 157. Die adäquate Informationsversorgung der Aufgabenträger beeinflusst nicht nur die Aufgabenerfüllung z.B. im Hinblick auf Fehleranzahl, Bearbeitungsdauer und Nachvollziehbarkeit, sondern spielt auch eine Rolle bei der Beurteilung der Arbeitssituation.

[49] Vgl. *Stickel* (2001), S. 3; *Lehner/Wildner/Scholz* (2007), S. 33 f. Informationen sind einerseits flexibler im Hinblick auf die Vervielfältigung, die Veränderbarkeit sowie die Transportierbarkeit und andererseits weniger greifbar im Hinblick auf die Kosten-, Wert-, Bestands- und Qualitätsermittlung sowie den Schutz. Vgl. *Heinrich/Heinzl/Roithmayr* (2007), S. 135.

[50] Vgl. *Heinrich/Heinzl/Roithmayr* (2007), S. 145.

funktion über alle Unternehmensbereiche erstreckt und auch andere Querschnittsfunktionen wie beispielsweise Personal oder Finanzierung durchdringt.[51]

Die unternehmensindividuelle Informationsfunktion bestimmt sich durch den Anteil der Informationsfunktion an der Gesamtheit der betrieblichen Aufgaben (Mächtigkeit der Informationsfunktion) bzw. der Art der Informationsaufgaben (Komplexität, Strukturiertheit, Veränderlichkeit) und kann so den Unternehmenserfolg unterschiedlich stark beeinflussen.[52] Der Beitrag zum Unternehmenserfolg wird als Leistungspotenzial der Informationsfunktion bezeichnet und ist umso größer, je höher ihr Anteil an der Gesamtheit der betrieblichen Aufgaben ist. Je stärker sich die Informationsfunktionen zweier Unternehmen im Hinblick auf ihren Anteil an den Gesamtaufgaben ähneln, desto ähnlicher ist auch ihr Leistungspotenzial.[53] Die Realisierung des Leistungspotenzials der Informationsfunktion in Unternehmenserfolg ist Aufgabe der Informationsinfrastruktur.[54]

2.1.2.2 Informationssystem und Informationsinfrastruktur

Informationssysteme können im betrieblichen Kontext als Systeme zur Informationsproduktion verstanden werden, die aus dem Rohstoff Daten Informationen herstellen. Sie dienen damit der Deckung der Informationsnachfrage und stellen das Informationsangebot bereit.[55] Sie liefern eine fundierte Informationsbasis, auf deren Grundlage Entscheidungen auf allen Ebenen des Unternehmens getroffen werden und tragen somit zur Erreichung der Unternehmensziele bei.

Das Verständnis von Informationssystemen als sozio-technische Systeme mit den konstituierenden Elementen Mensch, Aufgabe und Technik im organisatorischen Kontext herrscht in der Wirtschaftsinformatik vor.[56] Menschen als Aufgabenträger lösen mit Hilfe der Technik ihre Aufgaben im Unternehmen. Dabei sind besonders die Aufgabenbewältigung, die Funktionalität und die Benutzbarkeit als die charakteristischen Beziehungen zwischen diesen Elementen von Interesse.

[51] Vgl. *Lehner/Wildner/Scholz* (2007), S. 37; *Heinrich/Heinzl/Roithmayr* (2007), S. 145.
[52] Vgl. *Heinrich/Stelzer* (2011), S. 19 und 92.
[53] Vgl. *Heinrich/Heinzl/Roithmayr* (2007), S. 146.
[54] Vgl. *Heinrich/Stelzer* (2011), S. 19.
[55] Vgl. *Heinrich/Heinzl/Roithmayr* (2007), S. 185 und 188.
[56] Vgl. *Lehner/Wildner/Scholz* (2007), S. 11 und 38; *Stickel* (2001), S. 4.

Informationssysteme werden daher auch häufig als Mensch-Aufgabe-Technik-Systeme bezeichnet.[57]

Die Art der Aufgabe, z.B. ihr Grad an Veränderlichkeit oder Strukturiertheit und die Eigenschaften des Aufgabenträgers, wie beispielweise Erfahrung oder Ausbildung beeinflussen die Anforderungen an die Bereitstellung und Darstellung der nachgefragten Information. Aus der individuellen und situativen Informationsnachfrage lassen sich Anforderungen an die entsprechenden Informationssysteme ableiten, die bei der Gestaltung zu berücksichtigen sind.[58] Flexibilität und Veränderbarkeit stellen solche Anforderungen dar, die im Rahmen der Konstruktion als auch des Betriebs von Informationssystemen zu beachten sind.

Informationssysteme unterliegen einem Lebenszyklus. Nach ihrer Einführung nimmt der Veränderungsdruck im Zeitablauf zu, sodass Anpassungen notwendig werden.[59] Das Informationsmanagement ist für die Identifikation und Gestaltung der Anpassungen verantwortlich und kann sich verschiedener Konzepte wie Modularisierung und Parametrisierung bedienen. Grundsätzlich können Informationssysteme als offene, dynamische, komplexe sowie ziel- und zweckorientierte Systeme charakterisiert werden.[60]

Informationssysteme können anhand verschiedener Kriterien einer Systematisierung unterzogen werden. Mögliche Kriterien sind betriebliche Funktionsbereiche, verwendete Technologien oder auch die organisatorische Reichweite.[61] Aufgrund des Untersuchungskontexts und der Fragestellung der vorliegenden Arbeit, erfolgt die Kategorisierung der Informationssysteme anhand des Kriteriums der unterstützten Managementaufgaben. Abbildung 3 veranschaulicht abstrahiert ein Unternehmen mit Managementebenen, -aufgaben und den entsprechenden Informationssystemkategorien.

---

[57] Vgl. *Heinrich/Heinzl/Roithmayr* (2007), S. 15; *Lehner/Wildner/Scholz* (2007), S. 10.
[58] Vgl. *Fink/Schneidereit/Voß* (2005), S. 69.
[59] Vgl. *Fink/Schneidereit/Voß* (2005), S. 80; *Heinrich/Heinzl/Roithmayr* (2007), S. 188.
[60] Vgl. *Heinrich/Heinzl/Roithmayr* (2007), S. 187 f.; *Fink/Schneidereit/Voß* (2005), S. 3.
[61] Vgl. *Heinrich/Heinzl/Roithmayr* (2007), S. 189 ff.

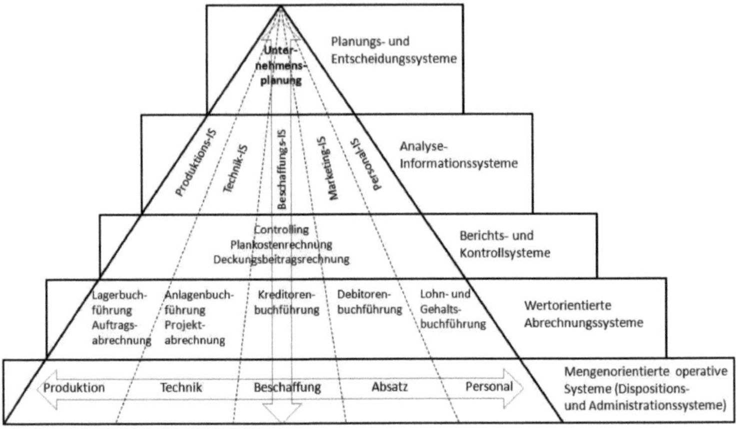

Abbildung 3: Systematisierung IS nach der Managementaufgabe[62]

Im Allgemeinen können in einem Unternehmen Administrations-, Dispositions-, Planungs- und Kontrollaufgaben unterschieden werden, die sich bei hierarchisch aufgebauten Unternehmen den Unternehmensebenen zuordnen lassen. Administrations- und Dispositionssysteme unterstützen operative, gut strukturierte, regelmäßig anfallende Tätigkeiten[63]. Planungs- und Kontrollsysteme hingegen kommen bei taktischen oder strategischen, eher unstrukturierten, aperiodisch anfallenden Aufgaben[64] zum Einsatz. Planungs- und Kontrollsysteme lassen sich je nach Aufgabenträger bzw. Aufgabe in (Gruppen-)Entscheidungs-unterstützungssysteme, Führungsunterstützungssysteme und Führungsinformationssysteme unterteilen.[65]

In der Praxis sind die einzelnen Systemkategorien nicht klar voneinander abgrenzbar und auch die Grenzen der Managementaufgaben, die sie unterstützen, verschwimmen im betrieblichen Alltag. Ferner ist es eine Zielsetzung der Wirtschaftsinformatik, Konzepte für die Integration der Systeme zu entwickeln und ihre Geschäftsprozessorientierung zu fördern.[66] Dennoch vermittelt die Systemati-

[62] In Anlehnung an *Scheer* (1990), S. 67 und *Lehner/Wildner/Scholz* (2007), S. 42.
[63] Beispielweise Lohn- und Gehaltsabrechnung oder Wiederbeschaffung von Material. Vgl. *Heinrich/Heinzl/Roithmayr* (2007), S. 190.
[64] Zum Beispiel Budgetplanung und -kontrolle. Vgl. *Heinrich/Heinzl/Roithmayr* (2007), S. 190.
[65] Vgl. *Heinrich/Heinzl/Roithmayr* (2007), S. 190.
[66] Vgl. *Mertens* (2009), S. 1 und 10.

sierung einen Überblick über die verschiedenen Arten betrieblicher Informationssysteme und ihre Einsatzfelder.

Neben der Gewährleistung eines Ausgleichs zwischen Informationsnachfrage und -angebot und deren Anpassung an individuelle, kontextspezifische Anforderungen, ist die bereits erwähnte Integration der eingesetzten Informationssysteme eine zentrale Herausforderung des Informationsmanagements. Integration kann sowohl interorganisational als auch intraorganisational, sowie horizontal, d.h. entlang der Wertschöpfungskette, und vertikal, d.h. Hierarchieebenen übergreifend stattfinden. Durch das Zusammenspiel der einzelnen Systeme im Hinblick auf Daten, Funktionen, Prozesse und Methoden können erhebliche Synergien realisiert werden. Redundanz- und Fehlervermeidung, Zeit- und Kostenersparnisse, Qualitäts- und Nutzensteigerungen, Erhöhung der Transparenz und Konsistenz sind wichtige Ziele von Integrationsprojekten, die Wettbewerbsvorteile generieren können.[67] Die interorganisationale Integration stellt auch im Hinblick auf M&A eine große Herausforderung dar.[68]

Die Gesamtheit der Informationssysteme innerhalb eines Unternehmens sowie die zum Betrieb erforderlichen Ressourcen werden als Informationsinfrastruktur bezeichnet. Die Informationsinfrastruktur umfasst alle „Einrichtungen, Mittel und Maßnahmen zur Beschaffung, Verteilung und Nutzung von Information und Ermöglichung von Kommunikation“[69] im Unternehmen. Der Informationsinfrastruktur liegt die Informationsversorgung des gesamten Unternehmens zugrunde, daher nimmt sie eine unternehmensweite, langfristige, auf die Unternehmensziele ausgerichtete Position ein.[70]

Zu den Komponenten der Informationsinfrastruktur zählen neben den materiellen und immateriellen Bestandteilen der Informationssysteme die verantwortlichen Mitarbeiter, die beanspruchten räumlichen Kapazitäten sowie die statischen und dynamischen Beziehungen zwischen den IS und den Mitarbeitern.[71] Sie umfasst

[67] Siehe auch *Mertens* (2009), S. 2 und 10 f.
[68] Vgl. *Schönsleben* (2001), S. 2.
[69] *Heinrich/Stelzer* (2011), S. 17.
[70] Vgl. *Heinrich/Heinzl/Roithmayr* (2007), S. 194.
[71] Vgl. *Lehner/Wildner/Scholz* (2007), S. 37.

Hardware[72], Software[73] sowie die Anzahl und Qualifikation der IT-Mitarbeiter, die Ressourcenausstattung der entsprechenden IT-Abteilung sowie aufbau- und ablauforganisatorische Aspekte[74].

Tabelle 1 stellt die Komponenten einer IIS gegliedert in die Perspektiven materielle, personelle und institutionelle Infrastruktur dar, die bei der Gestaltung einer ganzheitlichen, zielgerechten Planung der IIS zu berücksichtigen sind. Die Koordination der einzelnen Perspektiven und die Schaffung von Schnittstellen ist Aufgabe des IM.

Materielle Infrastruktur	• Technikinfrastruktur • Computerinfrastruktur (Hard- und Systemsoftware) • Kommunikationsinfrastruktur (Einrichtungen und Standards) • Dateninfrastruktur (Datenbanken; -definitionen; -transaktionen) • Anwendungsinfrastruktur (Anwendungsprogramme) • Organisatorische Infrastruktur (Regeln für Entwicklung, Einführung und Nutzung) • Räumliche Infrastruktur • Sonstige Infrastruktur (z.B. Energieversorgung)
Institutionelle Infrastruktur	• IT-Lenkungsausschuss (strategische IT-Aufgaben) • IT-Abteilung (Standards auf methodischer und operativer Ebene) • Benutzerservice (Unterstützung von Benutzern) • Datenschutz- und Sicherheitsbeauftragter (Standards für Einhaltung des Datenschutzes und der Sicherheit)
Personelle Infrastruktur	• Wissen und Können der Mitarbeiter im Unternehmen • Fähigkeiten und Fertigkeiten • Qualifikation und Ausbildung

Tabelle 1: Systematisierung der Informationsinfrastruktur[75]

[72] U.a. Rechner, Server, Bildschirme und Drucker.
[73] U.a. Betriebssysteme, Anwendungssysteme, Standardsoftwarepakete und deren Lizenzen.
[74] U.a. Regelungen, Vorschriften und Prozessbeschreibungen.
[75] In Anlehnung an *Heinrich/Heinzl/Roithmayr* (2007), S. 193 f.

Die Informationsinfrastruktur ist mehr als ein System von Informationssystemen.[76] Ihr Zweck besteht in der Informationsbereitstellung für alle Aufgaben und Aufgabenträger im Unternehmen, „also für alle in einem Unternehmen auftretenden internen und externen Verwendungszwecke“[77]. Informationsinfrastrukturen sind in der Praxis häufig bottom-up entstanden[78] und enthalten über Jahre gewachsene Strukturen sowie heterogene Systeme. Ein weiterer Begriff in diesem Zusammenhang, der z.T. synonym für die IIS benutzt wird, ist die Informationsverarbeitung, die sowohl die Informationsproduktion und Informationsdarstellung als auch die Sammlung, Erfassung, Auswertung, Speicherung und Übertragung von Daten zu Informationszwecken bezeichnet.[79]

Insbesondere der Technologieeinsatz bei der Gestaltung der IIS stellt ein zentrales Tätigkeitsfeld für das IM dar. Die Festlegung auf eine technologische Basis sowie deren Implementierung hat langfristigen Charakter und ist in der Regel mit hohem finanziellem Aufwand verbunden. Besonders neue, innovative Technologien versprechen einerseits hohes Optimierungs- und Veränderungspotenzial, bergen aber andererseits auch hohe Risiken. Neben der Berücksichtigung neuer Entwicklungen, sind die bereits eingesetzten Technologien und dafür notwendige Schnittstellen in die Planung einzubeziehen. Diese Spannungsfelder sind bei der (Um-)Gestaltung der IIS zu beachten und können diese u.U. einschränken.[80]

Die Informationsinfrastruktur soll das Leistungspotenzial der Informationsfunktion so wirksam und wirtschaftlich wie möglich in Unternehmenserfolg umsetzen bzw. die Umsetzung überhaupt ermöglichen. Diese Fähigkeit der IIS wird auch als ihr Erfolgspotenzial bezeichnet. Eine strategische Aufgabe des IM ist die Schaffung einer IIS, die das Leistungspotenzial der Informationsfunktion ausschöpfen kann und deren Erfolgspotenzial größer ist, als das des Mitbewerbers.[81]

[76] Vgl. *Heinrich/Heinzl/Roithmayr* (2007), S. 192 f.
[77] *Heinrich/Heinzl/Roithmayr* (2007), S. 185. (Hervorhebungen im Original.)
[78] Idealtypisch sind sie unternehmensweit top-down zu planen und umzusetzen. Vgl. *Heinrich/Heinzl/Roithmayr* (2007), S. 194.
[79] Vgl. *Heinrich/Heinzl/Roithmayr* (2004), S. 327 Stichwort: Informationsverarbeitung.
[80] Vgl. *Heinrich/Stelzer* (2011), S. 165 ff.; *Schönsleben* (2001), S. 1 f.
[81] Vgl. *Heinrich/Heinzl/Roithmayr* (2007), S. 146. Annahmen sind dabei, dass das Leistungspotenzial des Mitbewerbers ungefähr gleich groß ist und dass das Erfolgspotenzial nicht größer als das Leistungspotenzial sein kann.

2.1.3 Ziele und Aufgaben

An der Spitze der Zielhierarchie des IM steht das Ziel, den geforderten Beitrag zum Unternehmenserfolg zu leisten und die Unternehmensziele umzusetzen. Der Beitrag zum Unternehmenserfolg ist unternehmensspezifisch und hängt vom Leistungspotenzial der individuellen Informationsfunktion ab. Dieses abstrakte und vielschichtige Ziel kann durch herunter brechen in mehrere Teilziele operationalisiert und strukturiert werden. Eine Gliederung nach der Reichweite der Ziele in strategische, administrative und operative Ziele oder eine Unterteilung in Sach- und Formalziele[82] ist möglich.

Als Sachziel[83] kann neben der Umsetzung des Leistungspotenzials der Informationsfunktion in Unternehmenserfolg auch die Abstimmung zwischen Leistungspotenzial, Erfolgspotenzial und Unternehmenszielen genannt werden. Dieses Business-IT-Alignment kann operativ durch die Anpassung der IIS an sich ändernde Anforderungen oder strategisch durch die Ausrichtung der IIS an den strategischen Unternehmenszielen ausgelegt werden.[84] Die Bildung von Teilzielen im Rahmen der Sach- und Formalziele erfolgt unternehmensspezifisch.

„Die effiziente Unterstützung von Entscheidungen und Entscheidungsprozessen ist ein übergeordnetes Ziel des Informationsmanagements“[85], zu dem auch der Abbau von Informationsasymmetrien innerhalb des Unternehmens gezählt werden kann.[86] Durch das IM können Wettbewerbsvorteile erzielt werden bzw. Alleinstellungsmerkmale im Wettbewerb realisiert werden, es kann aber auch dazu beitragen, dass keine Wettbewerbsnachteile im Vergleich zum Mitbewerber entstehen.[87]

Ziele werden durch entsprechende Aufgaben umgesetzt, die analog zu den Zielen nach ihrer Tragweite in strategische, administrative und operative Aufgaben diffe-

[82] Vgl. *Heinrich/Stelzer* (2011), S. 21.
[83] Die wirtschaftliche Umsetzung der Sachziele stellt ein wichtiges Formalziel des Informationsmanagements dar. Vgl. *Heinrich/Stelzer* (2011), S. 23.
[84] Vgl. *Heinrich/Stelzer* (2011), S. 22.
[85] *Voß/Gutenschwager* (2001), S. 57.
[86] Vgl. *Voß/Gutenschwager* (2001), S. 57 f. Es ist denkbar, dass Informationsasymmetrien innerhalb eines Unternehmens u.U. auch gewollt sein können. Dieser Ansatz wird in der Arbeit nicht weiter verfolgt.
[87] Vgl. *Krcmar* (2010), S. 2.

renziert werden können, deren Übergang allerdings oft fließend ist und deren Zuordnung dynamischen Veränderungen unterliegt.[88] Tabelle 2 zeigt eine typische Aufgabenzuordnung im Rahmen des Informationsmanagements.

Strategische Aufgaben	• Strategische IT-Planung von Informationsfunktion und IIS: ▪ Strategische Situationsanalyse ▪ Strategische Zielplanung ▪ Strategieentwicklung ▪ Strategische Maßnahmenplanung • Informationsbeschaffung für die Planung, Überwachung und Steuerung aller Strukturen und Prozesse, die zur wirksamen und wirtschaftlichen Schaffung, Aufrechterhaltung und Nutzung von Informationsfunktion und IIS erforderlich sind: ▪ Strukturmanagement ▪ Qualitätsmanagement ▪ Technologiemanagement ▪ Sicherheitsmanagement ▪ Katastrophenmanagement ▪ Controlling ▪ Revision ▪ Outsourcing
Administrative Aufgaben	• Entwicklung und Einführung von IS • Personalmanagement • Datensystemmanagement • Geschäftsprozessmanagement • Wissensmanagement • Vertragsmanagement
Operative Aufgaben	• Servicemanagement • Produktionsmanagement • Problemmanagement

Tabelle 2: Aufgabenzuordnung nach Heinrich[89]

[88] Vgl. *Heinrich/Stelzer* (2011), S. 24 f.
[89] Vgl. *Heinrich/Stelzer* (2011), S. 25 f. und zu den operativen Aufgaben *Heinrich/Lehner* (2005), S. 35.

Nachfolgend werden Ansätze des Informationsmanagements vorgestellt, die einen Ordnungsrahmen bereitstellen, indem sie Gegenstandsbereiche, Ziele und Aufgaben systematisieren und miteinander verknüpfen. Ferner werden Methoden aufgezeigt, die die Umsetzung der Aufgaben und die Erreichung der gesetzten Ziele unterstützen.

2.1.4 Ansätze und Methoden

Die genannten Aufgaben und Ziele finden sich in verschiedenen Ansätzen des Informationsmanagements wieder und geben diesen eine Struktur und ein Rahmenwerk. Die Ansätze lassen sich je nach Ausrichtung und Schwerpunkt in aufgaben-, prozess- und problemorientierte Ansätze sowie in Ebenen- und Architektur-Ansätze gliedern.[90]

Nachfolgend soll ein Modell des ganzheitlichen Informationsmanagements nach BIETHAHN, MUCKSCH und RUF[91] vertiefend betrachtet werden, das auch den Ordnungsrahmen für das IM für die Arbeit bildet. Das Modell eignet sich besonders für die Fragestellung der vorliegenden Arbeit, da es eine ganzheitliche, umfassende Sichtweise auf das IM betont und somit die unterschiedlichen Gegenstandsbereiche, Aufgaben und Entscheidungsebenen des IM, die auch bei M&A eine Rolle spielen, berücksichtigt werden. Ganzheitlich bedeutet, dass explizit Zusammenhänge und Interdependenzen sowohl innerhalb des Informationsmanagements als auch im Zusammenspiel mit dem Unternehmenskontext betrachtet werden und so eine umfassende, integrative Darstellung, nicht nur einzelner Subsysteme, sondern des Systems als Ganzem, ermöglicht wird. Besondere Bedeutung kommt hierbei der strategischen Aufgabe zu, die Ressource Information den Unternehmenszielen entsprechend einzusetzen und der dazu notwendigen Abstimmung zwischen Unternehmensstrategie und Informationsstrategie.[92] Im Rahmen des ganzheitlichen Informationsmanagements wird Information als Betrachtungsobjekt mit allen seinen Facetten untersucht.[93]

[90] Vgl. *Krcmar* (2010), S. 32.
[91] Vgl. *Biethahn/Mucksch/Ruf* (2004), S. 38 ff.
[92] Vgl. *Biethahn/Mucksch/Ruf* (2004), S. 23-30.
[93] Vgl. *Biethahn/Mucksch/Ruf* (2004), S. 26.

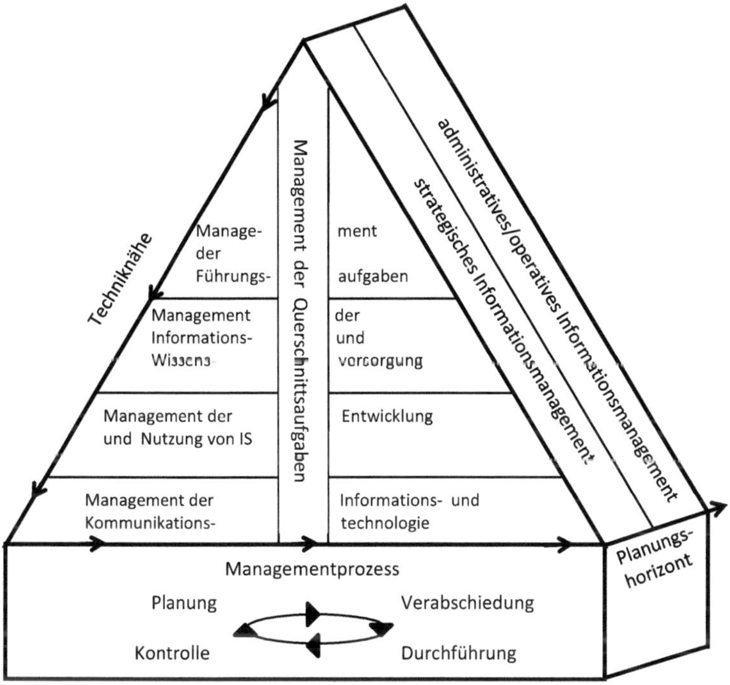

Abbildung 4: Modell des ganzheitlichen Informationsmanagements[94]

Abbildung 4 stellt die organisatorischen Aufgabenbereiche des IM dar, die durch die Dimensionen Techniknähe, Planungshorizont und Managementprozess charakterisiert werden. Die Aufgaben des IM, die sich aus der Dimension Techniknähe ableiten lassen, werden durch die Ebenen Management der Informations- und Kommunikationstechnologie, Management der Entwicklung und Nutzung von Informationssystemen, Management der Informations- und Wissensversorgung sowie Management der Führungsaufgaben und Management der Querschnittsaufgaben repräsentiert, die aufeinander aufbauen bzw. parallel zueinander stehen.[95]

Das Management der Führungsaufgaben leitet die Informationsstrategie aus den Unternehmenszielen ab und gibt die Richtung für die weiteren Ebenen des Informationsmanagements vor. So soll gewährleistet werden, dass die Ressource In-

[94] Modifiziert nach *Biethahn/Mucksch/Ruf* (2004), S. 41.
[95] Vgl. *Biethahn/Mucksch/Ruf* (2004), S. 42 f.

formation ihren Beitrag zum Unternehmenserfolg leistet und den an sie gestellten Ansprüchen gerecht wird.[96]

Mit der wirtschaftlichen Versorgung der verschiedenen betrieblichen Funktionen mit entscheidungsrelevantem Wissen und Informationen befasst sich die Ebene des Managements der Informations- und Wissensversorgung. Hier werden Informationsangebot und -nachfrage kanalisiert, die Architektur der unternehmensweiten Informationsflüsse und -systeme auf übergeordneter Ebene geplant sowie die entsprechenden Schnittstellen bestimmt. Hieraus leitet sich das Management der Entwicklung und Nutzung von Informationssystemen ab, das sich mit der Bereitstellung des Informationsangebotes zur Deckung des Informationsbedarfs beschäftigt und die Informationssystemstrategie festlegt.[97]

Das Management der Informations- und Kommunikationstechnologie umfasst sämtliche Aufgaben, die sich mit dem Einsatz und Betrieb der für die anderen Ebenen erforderlichen Technologien auseinandersetzen und bildet die Grundlage für die darüber liegenden Schichten. Parallel zu den beschriebenen Ebenen steht die Ebene des Managements der Querschnittsaufgaben, welche verschiedene Anwendungen und Methoden für die anderen Ebenen zur Verfügung stellt und das Management unterstützt.[98]

Während sich die Dimension Techniknähe an der typischen betrieblichen Aufbau- bzw. Ablauforganisation orientiert, ordnet die Dimension Planungshorizont die Aufgaben nach ihrer Reichweite in strategische, administrative und operative Aufgaben, die in allen Ebenen vorkommen. Um die Verwirklichung der Aufgaben zu steuern, wird mit der Dimension Managementprozess ein Steuerungskreis installiert, der die Dynamik und Komplexität der Prozesse transparenter macht und bei Fehlentwicklungen ein Eingreifen erlaubt. Durch diese Konstruktion des Modells, kann eine Zuordnung der Aufgaben der einzelnen Ebenen auf betriebliche Organisationseinheiten und durch die Dimension Planungshorizont auf bestimmte Aufgabenträger innerhalb der Organisationseinheit erfolgen.[99] Zwischen den fünf

[96] Vgl. *Biethahn/Mucksch/Ruf* (2004), S. 42 f.
[97] Vgl. *Biethahn/Mucksch/Ruf* (2004), S. 42.
[98] Vgl. *Biethahn/Mucksch/Ruf* (2004), S. 42 f.
[99] Vgl. *Biethahn/Mucksch/Ruf* (2004), S. 39 f.

Ebenen gibt es vielfältige Schnittstellen und Interdependenzen, die im Rahmen des ganzheitlichen Ansatzes auch ausdrücklich betrachtet werden sollen. Es kann zwischen den Ebenen zu Rückkopplungen in beide Richtungen kommen.

Für die Umsetzung der beschriebenen Aufgaben des Informationsmanagements kommen verschiedene Methoden[100] aus unterschiedlichen Wissenschaftsdisziplinen zum Einsatz, was sich durch die komplexe und unternehmensweite Fragestellung begründen lässt. Für die Systematisierung der Methoden des IM gibt es unterschiedliche Ansätze. Eine Möglichkeit besteht in der Zuordnung der Methoden zu der strategischen, administrativen und operativen Unternehmensebene. Die Methoden können nach der Art der Verrichtung, die an einem Objekt ausgeführt und durch sie unterstützt wird u.a. in Erhebungs-, Beschreibungs-, Dokumentations-, Analyse-, Erklärungs-, Gestaltungs- und Prognosemethoden gegliedert werden.[101] Außerdem können sie nach typischen Einsatzgebieten beispielweise in Methoden zur Aufstellung eines Zielsystems, zur Strategiefindung, zum Controlling, zur Ist-Analyse, zur Wirtschaftlichkeitsbetrachtung und zum Projektmanagement unterteilt werden.[102] Im Rahmen der vorliegenden Arbeit wird an verschiedenen Stellen auf entsprechende Methoden des Informationsmanagements zurückgegriffen und diese erläutert.[103]

Das vorgestellte ganzheitliche Informationsmanagementmodell spiegelt ein umfassendes Verständnis des Informationsmanagements wider, dem hier gefolgt wird. Zusammen mit dem dargestellten Gegenstandsbereich und den Aufgaben bildet es die Basis für die weitere Arbeit. Nachfolgend werden die Grundlagen des Themengebiets Mergers und Acquisitions erläutert, um auch hier eine gemeinsame Basis zu schaffen.

[100] Der Begriff Methode wird in diesem Kontext im Sinne von Forschungsmethode gebraucht und als planvolles Vorgehen zur Gewinnung und Prüfung von Erkenntnissen charakterisiert. Vgl. *Heinrich/Heinzl/Roithmayr* (2007), S. 91

[101] Vgl. *Heinrich/Stelzer* (2011), S. 27.

[102] Vgl. *Biethahn/Mucksch/Ruf* (2004), Kapitel 6.

[103] Ein Überblick über die Methoden des IM findet sich in Anhang 2.

2.2 Mergers & Acquisitions

Mergers and Acquisitions stellen eine Option der strategischen Unternehmensführung dar, die mit großen Chancen aber auch hohen Risiken verbunden ist.[104] M&A stellen keine neuartige Unternehmensstrategie dar, sondern können bis Anfang des 20. Jahrhunderts zurückverfolgt werden. Seit Beginn der 1980 Jahre erfahren M&A-Transaktionen in der deutschsprachigen Forschungslandschaft eine verstärkte Bedeutung und die wissenschaftliche Auseinandersetzung mit diesem Themengebiet nimmt zu.[105]

Die Marktentwicklung von M&A-Transaktionen weist im Zeitablauf deutliche Schwankungen auf. M&A treten in zyklischen Wellen auf, die u.a. durch Deregulierungen, Managementtrends, Globalisierung und technologische Weiterentwicklungen vorangetrieben werden. Seit Beginn des 20. Jahrhunderts konnten international sechs M&A-Wellen identifiziert werden.[106]

2.2.1 Begriffsabgrenzung und Einordnung

Das aus dem angloamerikanischen Sprachraum stammende Begriffspaar Mergers and Acquisitions ist mittlerweile auch im deutschen Sprachraum weitverbreitet. Bislang hat sich jedoch in der einschlägigen Literatur kein einheitliches Begriffsverständnis entwickelt[107], sodass eine Vielzahl von Definitionen und Begriffsabgrenzungen bestehen[108], die zu Intransparenzen und verschiedener Verwendung dieser Termini führen. Für eine erste Einordnung können M&A als Form des externen Wachstums durch den Erwerb von bereits bestehenden Unternehmen oder Unternehmensteilen betrachtet werden.[109]

---

[104] Vgl. *Müller-Stewens* (2010), S. 5; *Lucks/Meckl* (2002), S. 10.

[105] Vgl. *Wirtz* (2003), S. 10; *Jansen* (2008), S. 91.

[106] Vgl. auch für eine ausführliche Darstellung der Wellen *Jansen* (2008), S. 60-82; *Müller-Stewens* (2010); *Wirtz* (2003), S. 88 ff.

[107] Vgl. *Lucks/Meckl* (2002), S. 23; *Wirtz* (2003), S. 10; *Glaum/Lindemann/Friedrich* (2006), S. 290; *Frank* (1993), S. 6.

[108] Begriffe, die häufig synonym zu M&A gebraucht werden, sind: Unternehmenszusammenschluss, Unternehmenstransaktion, Unternehmensübernahme, Unternehmensverkauf, Konzentration, Takeover, Strategische Allianz. Vgl. *Lucks/Meckl* (2002), S. 23; *Gerpott* (1993), S. 18.

[109] Vgl. *Glaum/Lindemann/Friedrich* (2006), S. 290.

Wörtlich übersetzt steht das Begriffspaar Mergers and Acquisitions für Fusionen und Akquisitionen[110], die Formen der Unternehmenskonzentration darstellen und als eng gefasstes Begriffsverständnis von M&A interpretiert werden können.[111] LUCKS und MECKL konstatieren als „konstitutives Merkmal von M&A .. die Änderung der Eigentumsverhältnisse am Eigenkapital von Unternehmen bzw. Unternehmensteilen“[112] und erweitern das Begriffsverständnis um Joint Ventures, einer Form der Unternehmenskooperation.[113] Ferner werden M&A-Transaktionen als strategische Option der Unternehmensführung charakterisiert, die eine Ausübung von Leitungs- und Kontrollrechten an anderen Unternehmen einschließt.[114] Ausschließlich finanziell motivierte Transaktionen zur passiven Finanzanlage können demnach abgegrenzt werden, da hier kein Eingriff in das Zielunternehmen stattfindet.[115]

Weiter gefasste Begriffseinordnungen subsumieren neben Formen der Unternehmenskonzentration und -kooperation u.a. auch Neu- und Umgründungen, Restrukturierungen und Nachfolgesicherung, Outsourcing sowie Verkäufe und Liquidationen unter dem Begriff M&A und decken somit eine breite Spanne an Transaktionsformen ab.[116] Als Unterscheidungskriterium zwischen den unterschiedlichen Formen von M&A kann die Bindungsintensität, d.h. das Ausmaß der rechtlichen und wirtschaftlichen Selbstständigkeit der Unternehmen nach einem M&A-Projekt herangezogen werden. Danach lassen sich Unternehmenskooperationen und Unternehmenskonzentrationen unterscheiden.[117]

Unternehmenskonzentrationen zeichnen sich durch den Verlust der wirtschaftlichen Selbstständigkeit von mindestens einem der beteiligten Unternehmen aus und weisen einen hohen Grad an Bindungsintensität auf. Bei Unternehmenko-

[110] Auch Übernahme, Erwerb, Kauf als 100% Erwerb der Anteile. Vgl. *Jansen* (2008), S. 92.
[111] Vgl. *Wirtz* (2003), S. 13.
[112] *Lucks/Meckl* (2002), S. 23.
[113] Vgl. *Lucks/Meckl* (2002), S. 25.
[114] Vgl. *Lucks/Meckl* (2002), S. 24; *Wirtz* (2003), S. 12.
[115] Vgl. *Lucks/Meckl* (2002), S. 24; *Müller-Stewens* (2010), S. 4.
[116] Vgl. *Picot* (2008), S. 3; *Jansen* (2008), S. 94; *Frank* (1993), S. 7.
[117] Vgl. *Jansen* (2008), S. 95; *Pausenberger* (1989), S. 623 f.

operationen hingegen handelt es sich um die freiwillige, meist vertraglich geregelte Zusammenarbeit wirtschaftlich und rechtlich selbstständiger Unternehmen.[118]

Die folgende Abbildung 5 grenzt die beschriebenen Begriffe und ihre Ausprägungsformen voneinander ab.

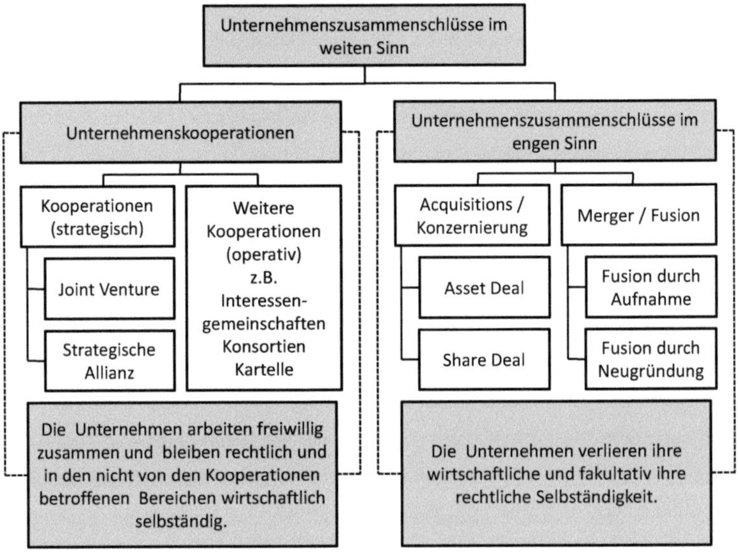

Abbildung 5: Begriffsverständnis Unternehmenszusammenschluss[119]

Das der Arbeit zugrunde liegende Begriffsverständnis orientiert sich an der engen Auffassung des M&A-Begriffs und zeichnet sich durch folgende Charakteristika aus:

- Mindestens ein Unternehmen verliert seine wirtschaftliche Selbständigkeit[120] (zusätzlich ist die Aufgabe der rechtlichen Selbstständigkeit möglich),
- eine Veränderung der Eigentumsverhältnisse am Eigenkapital der beteiligten Unternehmen bzw. Unternehmensteilen[121] erfolgt,

[118] Vgl. *Wirtz* (2003), S. 13; *Pausenberger* (1989), S. 623 f.
[119] In Anlehnung an: *Wirtz* (2003), S. 13; *Gerpott* (1993), S. 39; *Pausenberger* (1989), S. 625.
[120] Vgl. *Glaum/Hutzschenreuter* (2010), S. 16.
[121] Vgl. *Lucks/Meckl* (2002), S. 23.

- strategische Motive stehen im Vordergrund[122] und
- Eingriffe in die Führung des akquirierten Unternehmens im Sinne der Ausübung von Entscheidungs-, Leitungs-, Kontroll- und Verfügungsbefugnissen durch den Käufer sind möglich[123].

Betrachtungsgegenstand sind demzufolge strategisch motivierte M&A-Vorhaben[124] in Form von Akquisitionen und Fusionen.

- Akquisition:

  Der Kauf eines Unternehmens oder der Erwerb von Teilen eines Unternehmens, bei dem das akquirierte Unternehmen seine rechtliche Selbstständigkeit behält, seine wirtschaftliche Selbstständigkeit aber teilweise oder gänzlich verliert, wird als Akquisition[125] bezeichnet.[126]

  Beim Erwerb des Unternehmens lassen sich der Asset Deal und der Share Deal unterscheiden. Während beim Asset Deal (Vermögenserwerb) nicht nur der Besitz, sondern auch das Eigentum erworben wird, zeichnet sich der Share Deal (Beteiligungserwerb) durch eine mehrheitliche Übernahme von Gesellschaftskapitalanteilen aus.[127]

- Fusion:

  Die Fusion von Unternehmen weist die höchste Bindungsintensität von Unternehmenszusammenschlüssen auf, da mindestens ein Unternehmen nicht nur seine wirtschaftliche sondern auch seine rechtliche Selbständigkeit verliert.[128] Bei einer Fusion[129] können zwei Formen unterschieden werden. Bei der Fusion durch Aufnahme nimmt ein Unternehmen das andere in sich auf inklusive seines Vermögens und seiner Verbindlichkeiten

[122] Vgl. *Wirtz* (2003), S. 12.
[123] Vgl. *Wirtz* (2003), S. 12; *Lucks/Meckl* (2002), S. 24; *Vogel* (2002b), S. 5.
[124] Die im weiteren Verlauf der Arbeit verwendeten Begriffe Transaktion und Zusammenschluss werden im Sinne der M&A-Begriffsabgrenzung der Arbeit gebraucht.
[125] Man spricht auch von Konzernierung. Vgl. *Pausenberger* (1989), S. 624.
[126] Vgl. *Vogel* (2002b), S. 9; *Wirtz* (2003), S. 15.
[127] Vgl. *Wirtz* (2003), S. 16; *Lucks/Meckl* (2002), S. 28.
[128] Vgl. *Pausenberger* (1989), S. 624; *Wirtz* (2003), S. 16.
[129] Man spricht von einem merger of equals, wenn die an der Transaktion beteiligten Unternehmen ähnlich bewertet werden und als gleichberechtigt im Sinne der Verhandlungsmacht anzusehen sind. Dabei wird nicht immer streng differenziert, ob es sich tatsächlich um eine Fusion oder um eine Akquisition handelt. Vgl. *Glaum/Hutzschenreuter* (2010), S. 18.

Das aufnehmende Unternehmen bleibt bestehen, das Aufgenommene geht darin auf. Bei der Fusion durch Neugründung schließen sich die beteiligten Unternehmen zu einem neuen Unternehmen zusammen. Die bisher bestehenden Unternehmen gehen in dem neuen Unternehmen auf.[130]

Die unterschiedliche Ausrichtung von Unternehmenskooperationen und -konzentrationen im Hinblick auf die verfolgten Ziele, die Ausgestaltung des Zusammenschlussprozesses und die damit verbundenen Konsequenzen für die beteiligten Unternehmen begründen u.a. die Fokussierung auf Akquisitionen und Fusionen. Ausgehend von der Forschungsfrage wird im weiteren Verlauf der Arbeit von einer expliziten Unterscheidung der beiden Zusammenschlussformen abgesehen.[131] Ferner wird aus Sicht des Käuferunternehmens argumentiert. Die Kapselung des Untersuchungsfeldes erlaubt eine intensive Auseinandersetzung und lässt aussagekräftige und differenzierte Ergebnisse zu.

Rahmenbedingungen, die Unternehmen zu strukturellen Überlegungen und zur Öffnung für neue Formen der Organisation bewegen, sind Folgen unternehmensexterner und -interner Veränderungen. Die zunehmende Globalisierung und Dezentralisierung der Märkte zwingen Unternehmen, sich neuen Herausforderungen zu stellen und neue Märkte zu erschließen. Umweltveränderungen im Sinne steigenden Wettbewerbs, kürzerer Produktlebenszyklen, hoher Innovationsgeschwindigkeit und verändertem Verbrauchs- und Nachfrageverhalten begründen M&A-Transaktionen als angemessene unternehmerische Reaktion. Ferner sind der tech-

[130] Vgl. *Wirtz* (2003), S. 16 f.

[131] Akquisitionen und Fusionen als Formen der Unternehmenskonzentration weisen in ihrer grundlegenden Ausrichtung weitgehende Übereinstimmung auf. Insbesondere die mit der M&A-Transaktion verbundene Zielsetzung kann als grundsätzlich gleichartig hervorgehoben werden. Vgl. *Wirtz* (2003), S. 126. WIRTZ weist darauf hin, dass vor allem innerhalb des Transaktionsprozesses an manchen Stellen Unterschiede auftreten und auch die Gewichtung der Phasen im Rahmen des M&A-Prozesses voneinander abweichen. Laut WIRTZ spielt tendenziell die Pre-Merger-Phase bei Akquisitionen eine größere Rolle, wohingegen bei Fusionen der Post-Merger-Phase eine stärkere Bedeutung zukommt. Auch das Verhältnis von Käufer- und Zielunternehmen ist bei Fusionen eher partnerschaftlich geprägt, während bei Akquisitionen der Käufer eher dominiert. Vgl. *Wirtz* (2003), S. 17 und 126. Siehe auch *Pausenberger* (1989), S. 624 f., der anmerkt, dass unter einem weit gefassten Fusionsbegriff auch Akquisitionen subsumiert werden können, wobei er darauf hinweist, dass der Vollzug und die Ergebnisse beider Unterschiede aufweisen, z.B. dass „im Fall der Fusion eine rechtliche Einheit wegfällt, hat Auswirkungen auf die (z.T. mitbestimmten) Leitungsorgane, auf Rechnungslegung und Publizitätspflichten sowie auf Risiko- und Haftungsstruktur der Unternehmung" (*Pausenberger* (1989), S. 625) und deshalb eine Unterscheidung angemessen sei.

nologische Wandel sowie die Durchdringung mit Informations- und Kommunikationstechnologie als Treiber zu nennen.[132] Neben diesen externen Aspekten, können auch interne Veränderungen bei den Unternehmensstrukturen und Wertschöpfungsketten Anstoß für einen Veränderungsprozess im Unternehmen sein.[133]

M&A-Transaktionen werden im Kontext der Arbeit als strategische Unternehmensentscheidungen[134] verstanden, welche die Möglichkeit bieten, sich den Rahmenbedingungen anzupassen. Die Entscheidung für ein M&A-Vorhaben sollte sich aus der Unternehmensstrategie ableiten und entscheidend zur Erfüllung der Unternehmensziele beitragen, da durch sie nachhaltige Veränderungen im Unternehmen ausgelöst werden.[135] Sie ist von der Unternehmensleitung bzw. den Eigentümern zu treffen, deren Unterstützung auch für die gesamte Dauer der Durchführung des Projekts notwendig ist.[136]

Nach WOLLERSHEIM herrscht in der Literatur Einigkeit darüber, dass M&A-Vorhaben Auslöser für gravierende Veränderungen auf Gruppen- und Organisationsebene darstellen.[137] M&A-Transaktionen heben sich daher von alltäglichen Aktivitäten ab und zeichnen sich durch ihren Projektcharakter aus. Dies bedeutet nicht, dass es sich in der Unternehmensgeschichte um ein singuläres Ereignis handeln muss. Für zahlreiche Unternehmen sind M&A-Transaktionen fester Bestandteil der Unternehmensstrategie, die sich in einer eigenen Akquisitionsstrate-

---

[132] Vgl. *Lucks/Meckl* (2002), S. 6 f. HORNUNG schreibt der Entwicklung in der IKT einen „überragenden Einfluss auf den Strukturwandel im Bankenwesen" (*Hornung* (1998), S. 30) zu. Als strategische Ressource beeinflusst sie zum einen die Erhaltung und Weiterentwicklung der Wettbewerbsposition und zum anderen die Kostenstruktur.

[133] Vgl. *Jansen* (2008), S. 18.

[134] Im Forschungsgebiet des strategischen Managements herrscht ein gemeinschaftliches Grundverständnis, dass unter strategischen Managemententscheidungen solche Entscheidungen verstanden werden, „die aus einer übergeordneten Perspektive die grundsätzliche Ausrichtung eines Unternehmens bestimmen. Sie determinieren seine Position im Markt und die Ausgestaltung seiner Ressourcenbasis mit dem Ziel, Vorteile im Wettbewerb zu erlangen und auf diesem Weg den langfristigen Erfolg des Unternehmens zu sichern" *Hungenberg* (2011), S. 6. Sie sind zukunftsorientiert und komplex, sollen Unsicherheiten berücksichtigen, Erfolgspotenziale für das gesamte Unternehmen schaffen und sind vom Topmanagement zu treffen. Vgl. *Hungenberg* (2011), S. 4 ff.

[135] Vgl. *Glaum/Hutzschenreuter* (2010), S. 43.

[136] Vgl. *Lucks/Meckl* (2002), S. 29 ff.; *Schubert/Küting* (1981), S. 12 f.

[137] Vgl. *Wollersheim* (2010), S. 2.

gie[138] abbilden lassen. Häufig werden in diesen Unternehmen M&A-Abteilungen institutionalisiert, die für das Management der Transaktion verantwortlich sind.[139]

M&A-Vorhaben können zum einen strategisch geplant sein, sie können sich aber auch aufgrund einer günstigen Gelegenheit ergeben, z.B. aufgrund veränderter Marktbedingungen durch Wirtschaftskrisen oder veränderter Umstände im Zielunternehmen durch Nachfolgefragestellungen oder wirtschaftlicher Schieflage. Auch diese als opportunistisch bezeichneten Transaktionen bedürfen eines strukturierten Vorgehens, um die damit verbundenen Chancen und Risiken richtig einschätzen zu können.[140]. In der Arbeit wird von geplanten M&A-Vorhaben ausgegangen, wobei sich die Ergebnisse auch auf opportunistische M&A-Transaktionen übertragen lassen, da Unterschiede im Vorgehen vor allem in der Strategischen Analyse- und Konzeptionsphase, insbesondere in der Aktivität Alternativensuche und Selektion, liegen.

Bei M&A handelt es sich um äußerst komplexe Vorhaben, bei denen viele unterschiedliche Faktoren zu berücksichtigen sind und an welche hohe Erwartungen der Beteiligten geknüpft werden. Zeitdruck, Geheimhaltungspflichten und Informationsasymmetrien beeinflussen häufig das Handeln der Beteiligten und machen deutlich, dass an ein M&A-Management besondere Anforderungen zu stellen sind[141]. Darüber hinaus bestehen meist unterschiedliche Präferenzen und Interessen zwischen Käufer- und Zielunternehmen, was das Vorhaben zusätzlich anspruchsvoll macht.

2.2.2 Systematisierungskriterien

M&A können nach verschiedenen Merkmalen gegliedert werden. Die Systematisierung nach bestimmten Kriterien ermöglicht eine Klassenbildung und beschreibt idealtypisch Charakteristika von M&A-Vorhaben. Der leistungswirtschaftliche Zusammenhang, die Bindungsintensität, die Zustimmungsbereitschaft der Beteiligten, die Anzahl an Kaufinteressenten, die Finanzierungs- und Erwerbsform, die Übernahmetechnik, die steuerliche Auswirkungen sowie die Wettbewerbswirkun-

[138] Zur begrifflichen Erläuterung siehe *Voss/Müller-Stewens* (2006), S. 7 f.
[139] Vgl. *Lucks/Meckl* (2002), S. 32 f.
[140] Vgl. *Becker* (2010), S. 232.
[141] Vgl. *Lucks/Meckl* (2002), S. 11.

gen stellen einige mögliche Kriterien dar.[142] Die folgende Tabelle 3 gibt eine Übersicht über verschiedene Ausprägungen.

<table>
<tr><td>Konzentrationstyp</td><td colspan="2">Akquisition
(Erhalt rechtliche Selbständigkeit)</td><td colspan="2">Fusion
(Bildung einer rechtlichen Einheit)</td></tr>
<tr><td>Partnersymmetrie Verkäufersicht</td><td>Überordnung[143]
(Reverse Merger)</td><td colspan="2">Unterordnung
(Akquisition)</td><td>Gleichordnung
(merger of equals)</td></tr>
<tr><td>Finanzierung</td><td>Barzahlung
(cash offer)</td><td colspan="2">Fremdfinanzierung
(leveraged buy out)</td><td>Aktientausch
(share offer)</td></tr>
<tr><td>Zustimmungsbereitschaft Verkäufer</td><td colspan="2">freundlich</td><td colspan="2">feindlich</td></tr>
<tr><td>Erwerbertyp</td><td>Finanzinvestor</td><td colspan="2">Private Equity</td><td>Strategischer Investor</td></tr>
<tr><td>Erwerbsform</td><td>Auktion</td><td colspan="2">Exklusivverhandlung</td><td>Öffentliches Übernahmeangebot</td></tr>
<tr><td>Leistungswirtschaftl. Zusammenhang</td><td>horizontal</td><td colspan="2">vertikal</td><td>konglomerat</td></tr>
<tr><td>Ziele/Motive</td><td>strategieorientiert</td><td colspan="2">kapitalorientiert</td><td>managementorientiert</td></tr>
<tr><td>Nationalität</td><td colspan="2">Nationaler Zusammenschluss</td><td colspan="2">Grenzüberschreitender Zusammenschluss</td></tr>
</table>

Tabelle 3: Systematisierungskriterien M&A-Transaktionen im engeren Sinne [144]

Aufgrund ihrer Auswirkungen auf die Informationserhebung im Rahmen der Pre-Merger-Phase, werden nachfolgend die Kriterien leistungswirtschaftlicher Zusammenhang der sich zusammenschließenden Unternehmen, Erwerbsform und Zusammenschlussbereitschaft eingehender betrachtet.

[142] Vgl. Zusammenstellung durch *Wirtz* (2003), S. 17; *Neumann* (1994), S. 33; *Pausenberger* (1989), S. 622.

[143] „Die Idee des >>Reverse Merger<< hingegen basiert auf der zumindest theoretischen Idee, daß der Käufer sich in - zumeist ausgesuchten Funktionsbereichen des Managements - an die als fortschrittlicher angesehenen Systeme des Verkäufers anpaßt. Dennoch ist es in der Tat - mit Ausnahme z.B. der informationstechnologischen Systeme - überaus selten, daß das Instrument des Unternehmenskaufs bereits in der strategischen Zielrichtung als eine umfassende Reorganisationsmaßnahme des Käufers gesehen wird. Im Nachgang ist diese Perspektive allerdings häufig unausweichlich.“ *Jansen* (2004), S. 48.

[144] In Anlehnung an *Jansen* (2004), S. 46.

2.2.2.1 Leistungswirtschaftlicher Zusammenhang

Gehören die an einer M&A-Transaktion beteiligten Unternehmen derselben oder einer ähnlichen Branche an, kann die Stellung innerhalb der verschiedenen Wirtschaftsebenen als Systematisierungskriterium herangezogen werden. Befinden sich die Transaktionspartner auf einer gleichgestellten Ebene, spricht man von einem horizontalen Zusammenschluss; sind sie auf vor- bzw. nachgelagerter Ebene angesiedelt, wird der Zusammenschluss als vertikal bezeichnet. Handelt es sich bei den Zusammenschließenden um Unternehmen aus unterschiedlichen Branchen, bezeichnet man diese Art der Transaktion als konglomeraten Zusammenschluss.

- Horizontale M&A:

  M&A-Transaktionen werden als horizontal bezeichnet, wenn das kaufende und das zu kaufende Unternehmen in der gleichen oder in einer ähnlichen Branche tätig sind und auf derselben Wettbewerbsstufe stehen.[145] Die beteiligten Unternehmen stehen meist im Wettbewerb zueinander[146] und sind ggf. direkte Konkurrenten, falls sie sich im gleichen Markt mit denselben Produkten bewegen.

  Mögliche Synergieeffekte wie ein höherer Marktanteil, eine größere Ausbringungsmenge, Rationalisierungen bei Projekten, eine Degression der Stückkosten, ein erhöhter Gewinn sowie günstigere Absatz- bzw. Einkaufspreise, die sich in den funktionalen Bereichen Forschung und Entwicklung, Beschaffung, Produktion, Absatz und Verwaltung eines Unternehmens auswirken können, werden als Motive für horizontale M&A-Transaktionen angesehen.[147]

  Sind Unternehmen in der gleichen Branche mit gleichen oder ähnlichen Produkten tätig, kann angenommen werden, dass auch bei den von den Unternehmen benötigten Informationen und der erforderlichen Informationsinfrastruktur Ähnlichkeiten gegeben sind. Ziel ist es, ein gemeinsames

---

[145] Vgl. *Neumann* (1994), S. 66.
[146] Vgl. *Hungenberg* (2011), S. 516.
[147] Vgl. *Neumann* (1994), S. 74 ff.

Informationsmanagement zu etablieren. Für das Käuferunternehmen bedeutet ein horizontaler Zusammenschluss, dass die eigene Informationsinfrastruktur in der Regel ohne große Veränderungen beibehalten werden kann. Das Informationsmanagement des Zielunternehmens kann in diesem Fall durch das Informationsmanagement des Käuferunternehmens abgelöst werden. Dabei bietet sich die Chance, Optimierungspotenziale des Informationsmanagements des Käufers durch den Vergleich mit dem des Zielunternehmens aufzudecken. So kann es zu sinnvollen Ergänzungen der Informationsinfrastruktur kommen bzw. kann der Bedarf für Neugestaltungen bzw. Übernahmen von Komponenten des Zielunternehmens erkannt werden.

Bei der Auswahl und Due Diligence ist daher besonderer Wert auf die Beurteilung von Integrationsmöglichkeiten bzw. das Erkennen von Ergänzungen und Abweichungen zur eigenen Informationsinfrastruktur und auf mögliche Synergie- bzw. Kosteneinsparungspotenziale[148] des IM zu legen.

- Vertikale M&A:

  Vertikale M&A-Transaktionen zeichnen sich durch die Verbindung von Unternehmen aus, die sich im Produktions- bzw. Handelsprozess auf unterschiedlichen Stufen befinden.[149] Eine Rückwärtsintegration bezeichnet dabei die Verbindung des Käuferunternehmens mit einem Unternehmen aus der vorgelagerten Stufe, sodass Produkte, die zuvor aus Fremdfertigung bezogen wurden, nun in Eigenfertigung produziert werden können. Ziele solcher „make or buy“-Entscheidungen können beispielsweise in einer Reduzierung der Kosten und in einer Sicherstellung der Lieferung gesehen werden.[150] Unter Vorwärtsintegration versteht man dagegen den Zusammenschluss des kaufenden Unternehmens mit einem Unternehmen auf nachgelagerter Stufe.[151]

[148] Vgl. *Neumann* (1994), S. 78.
[149] Vgl. *Hungenberg* (2011), S. 516.
[150] Vgl. *Neumann* (1994), S. 69 f.; *Frank* (1993), S. 25. Wird auch als Backward Integration oder Upstream bezeichnet.
[151] Vgl. *Glaum/Hutzschenreuter* (2010), S. 20. Wird auch als Forward Integration oder Downstream bezeichnet.

Bei vertikalen M&A wird die Leistungstiefe bei gleichbleibender Leistungsbreite erhöht. Wird durch den Unternehmenszusammenschluss eine geschlossene Produktionskette von der Rohstoffgewinnung bis zum Verkauf des Endproduktes an den Verbraucher geschaffen, kann von einer „durchgezogenen Hauptlinie des Beschaffungs-, Produktions- und Absatzweges gesprochen“ [152] werden.

Motive für eine Rückwärtsintegration können unter anderen in der Sicherung des Beschaffungsbedarfs hinsichtlich der Kriterien Qualität, Quantität und Zeit und somit in der Erreichung einer gewissen Marktunabhängigkeit sowie im Aufbau von Markteintrittsbarrieren für mögliche Mitbewerber gesehen werden. Ferner kann durch die Rückwärtsintegration eine vertikale Marktsicherung betrieben werden, indem Informationen über die vorgelagerte Produktionsstufe leichter zugänglich sind und Unsicherheiten bezüglich Preisentwicklungen und Vertragsbeziehungen abgebaut werden können.[153] Für eine Vorwärtsintegration sprechen eine verbesserte Koordinationsfähigkeit von Produktion und Absatz sowie die Möglichkeit die Produkte besser zu vermarkten und so die Handelsmargen zu internalisieren.[154]

Es ist anzunehmen, dass sich der Informationsbedarf von Unternehmen aus unterschiedlichen Handelsstufen unterscheidet und deshalb auch unterschiedliche Informationsinfrastrukturen vorzufinden sind. Da auch nach einer M&A-Transaktion weiterhin verschiedene Handelsstufen abgedeckt werden, soll bei der Auswahl und Due Diligence, neben den hier vorhandenen Synergiepotenzialen, besonderes Augenmerk auf die Schnittstellen zwischen den Informationssystemen gelegt werden.[155] Dabei spielt die Integrationsfähigkeit eine wichtige Rolle, um durchgängige Geschäftsprozesse realisieren zu können und eine flexible, anpassungsfähige Organisationsstruktur zu schaffen.

[152] *Neumann* (1994), S. 69.
[153] Vgl. *Neumann* (1994), S. 80 ff.
[154] Vgl. *Neumann* (1994), S. 83 f.; *Wirtz* (2003), S. 18.
[155] Vgl. *Rigall/Hornke* (2007), S. 497.

- Konglomerate M&A:

  Konglomerate[156] M&A zeichnen sich durch den Zusammenschluss von Unternehmen aus, die weder eine horizontale noch vertikale Verbindung aufweisen, sodass der Zusammenschluss „zu einer Expansion in neue Produkt-Markt-Felder führt“[157].[158] Ein leistungswirtschaftlicher Zusammenhang ist nur in geringem Maße vorhanden.[159] Neben der Risikoglättung durch Diversifikation, stellt das Unternehmenswachstum einen Beweggrund für konglomerate Unternehmenszusammenschlüsse dar.[160]

  Aufgrund der Heterogenität zwischen Käufer- und Zielunternehmen ist im Rahmen der Selektion und der Due Diligence besonders auf die Struktur und Ausgestaltung des Informationsmanagements im Zielunternehmen zu achten. Dabei können Kriterien wie Wirtschaftlichkeit, Wirksamkeit, Flexibilität, Sicherheit, Qualität und Anpassungsfähigkeit zur Beurteilung herangezogen werden. Ferner spielen auch mögliche Synergie- und Kostenpotenziale durch die Schaffung von Schnittstellen bzw. durch die Integration eine Rolle.

2.2.2.2 Erwerbsform

Das Vorgehen beim Erwerb hat großen Einfluss auf die Durchführung der Due Diligence. Die Wahl des Vorgehens wird dabei von verschiedenen Faktoren beeinflusst, wie beispielsweise Rechtsform, Unternehmensgröße oder Branche. Als mögliche Erwerbswege kommen Auktionsverfahren, Exklusivverhandlungen oder Öffentliche Übernahmeangebote in Frage.[161]

---

[156] Andere Bezeichnungen für konglomerate M&A sind laterale, heterogene, diagonale, anorganische, diversifizierte, gemischt gegliederte, komplexe oder branchenfremde Zusammenschlüsse. Vgl. *Pausenberger* (1989), S. 623; *Neumann* (1994), S. 33.

[157] *Wirtz* (2003), S. 19.

[158] Vgl. *Glaum/Hutzschenreuter* (2010), S. 20.

[159] Unter konglomeraten Zusammenschlüssen können Transaktionen subsumiert werden, die sich nicht horizontalen oder vertikalen Transaktionen zuordnen lassen. Vgl. *Hungenberg* (2011), S. 516 f.

[160] Vgl. *Wirtz* (2003), S. 19.

[161] Vgl. *Berens/Mertes/Strauch* (2008), S. 31. Hier findet sich eine Zusammenfassung und übersichtliche Darstellung der Erwerbsformen.

- Exklusivverhandlungen:

  Exklusivverhandlungen können sowohl vom Verkäufer als auch vom Käufer angestoßen werden und sind unabhängig von der Rechtsform des Zielunternehmens.[162] Während einer Exklusivverhandlung führt der Verkäufer exklusiv, nur mit einem interessierten Käuferunternehmen Gespräche. Dies bietet sich an, wenn die Gefahr besteht, dass sich der Wert des Zielunternehmens durch das Bekanntwerden von M&A-Absichten negativ ändern könnte.[163]

  Durch den engen Kontakt zwischen Käufer und Verkäufer hat der Verkäufer die Möglichkeit, sensible Daten nur an die für ihn am besten geeigneten Interessenten weiterzuleiten und so das Risiko der Indiskretion zu verringern. Dadurch kann es aber auch zu einem geringeren Zielerreichungsgrad kommen, da nur wenige Interessenten angesprochen werden. Außerdem besteht durch die Geheimhaltung die Gefahr, dass Akzeptanzprobleme bei Mitarbeitern auftreten, wenn sie nicht frühzeitig über den Zusammenschluss informiert werden. Eine weitreichende Due Diligence ist möglich, da man mit dem Zielunternehmen in direktem Kontakt steht und der Transaktionsablauf auf die Bedürfnisse angepasst werden kann.[164]

- Auktionsverfahren:

  Bei einem Auktionsverfahren stehen einem Zielunternehmen mehrere interessierte Käuferunternehmen gegenüber, die um den Zuschlag des Kaufs in einem vom Verkäufer vorgegebenen Zeitraum konkurrieren.[165] Das Auktionsverfahren ermöglicht dem Zielunternehmen einen strukturierten Verkaufsprozess mit mehreren Interessenten bei dem es die Regeln be-

[162] Vgl. *Berens/Mertes/Strauch* (2008), S. 31. Exklusivverhandlungen werden auch als direkte Verhandlungen bezeichnet und sind die am häufigsten gewählte Erwerbsform in Deutschland.
[163] Vgl. *Berens/Mertes/Strauch* (2008), S. 32. Z.B. durch die Abwanderung leistungsstarker Mitarbeiter, spezieller Kunden oder Lieferanten.
[164] Vgl. *Berens/Mertes/Strauch* (2008), S. 32.
[165] Vgl. *Andreas* (2010), S. 17; *Berens/Mertes/Strauch* (2008), S. 32 f. Eröffnet das Zielunternehmen seine Verkaufsabsicht einem unbekannten Kreis von Interessenten spricht man von einer öffentlichen Auktion, während die Bekanntgabe an einen ausgewählten Kreis von Kaufinteressierten als kontrollierte Auktion bezeichnet wird.

stimmt, z.B. hinsichtlich der Menge an bereitgestellten Informationen.[166] Der Verkäufer erstellt ein Informationsmemorandum, welches der potenzielle Käufer bereits früh ausgehändigt bekommt, um auf dessen Basis ein erstes Angebot abgeben zu können. Für den Käufer bedeutet dies, dass er eine erste Due Diligence auf Basis des Memorandums durchführt ohne auf weitere interne Informationen aus dem Zielunternehmen zurückgreifen zu können. Im weiteren Verlauf kann die Möglichkeit einer tiefgehenden Due Diligence Prüfung gegeben sein, allerdings ist die Zeit hierfür in der Regel knapp bemessen.[167]

- Öffentliche Übernahmeangebote:

  Werden Aktien des Zielunternehmens in einem bestimmten Zeitraum zu einem festgelegten Preis vom Käuferunternehmen aufgekauft oder durch Tausch gegen andere Aktien erworben, mit dem Ziel, die Kontrolle über das Zielunternehmen durch die öffentliche und direkte Ansprache der Aktionäre zu erhalten, bezeichnet man dies als öffentliches Übernahmeangebot. Dieses Übernahmeangebot kann je nach Zustimmungsbereitschaft des Managements der Zielgesellschaft als freundliches bzw. feindliches Angebot bezeichnet werden.[168] Die Durchführung einer Due Diligence kann bei einer öffentlichen Übernahme nicht möglich sein.[169]

2.2.2.3 Zustimmungsbereitschaft

Je nach Zustimmungsbereitschaft des Managements des Zielunternehmens zur M&A-Transaktion, lassen sich freundliche und feindliche Übernahmen unterscheiden. Während bei einer freundlichen Übernahme von einem Konsens zwischen dem Management des Käufer- und Zielunternehmens über den Zusammenschluss und das Übernahmeangebot an die Aktionäre des Zielunternehmens ausgegangen werden kann, fehlt die Zustimmung des Managements bei einer feindli-

[166] Vgl. *Berens/Mertes/Strauch* (2008), S. 32 f.; *Gomez/Weber* (1989), S. 55.

[167] Vgl. *Andreas* (2010), S. 17 f. BEISEL gibt an, dass dem Käufer bei einem Auktionsverfahren in der Regel nur bis zu drei Tage für die Prüfung des Unternehmens vor Ort eingeräumt werden. Vgl. *Beisel* (2010), S. 85.

[168] Vgl. *Berens/Mertes/Strauch* (2008), S. 36.

[169] Vgl. *Beisel* (2010), S. 83.

chen Übernahme. Im Gegensatz zum Management, können die Eigentümer der Akquisition dabei durchaus positiv gegenüberstehen.[170]

Bei feindlichen Übernahmen macht das Käuferunternehmen den Aktionären des Zielunternehmens ein Angebot über den Kauf ihrer Anteile zu einem in der Regel über dem Börsenkurs liegenden Preis.[171] Bei freundlichen Übernahmen ist in der Regel eine effizientere Gestaltung der Akquisition möglich, da keine gesonderte Managementaufmerksamkeit notwendig wird. Es werden keine u.U. Wert vernichtenden Abwehrreaktionen des Zielunternehmens veranlasst, auf die eine entsprechende Reaktion des Käuferunternehmens folgen muss. Des weiteren kann sich eine feindliche Übernahme negativ auf das Image des Käuferunternehmens sowie auf die Motivation, Weiterbeschäftigung und Integration der beteiligten Mitarbeitern auswirken und den Erfolg der Transaktion mindern. Ferner ist die Akquisitionsprämie, die dem Aufschlag gegenüber dem Marktwert vor dem bekannt werden der Übernahme entspricht, bei freundlichen Übernahmen geringer als bei feindlichen Übernahmen.[172]

Auch die Durchführung einer Due Diligence kann bei einer feindlichen Übernahme ausgeschlossen sein. Der Käufer muss sich bei der Unternehmensprüfung auf externe Informationen verlassen, die öffentlich zugänglich sind. Dies kann zu einer Verschlechterung der Informationsgrundlage gegenüber der Durchführung einer Due Diligence Prüfung führen. Bestehende Chancen und Risiken können weniger präzise eingeschätzt werden und sorgen für eine größere Unsicherheit des M&A-Vorhabens.[173]

2.2.3 Motive und Ziele

Akquisitionen und Fusionen können als Bestandteil einer Anpassungsstrategie an veränderte unternehmensexterne und -interne Rahmenbedingungen verstanden werden.[174] Als Konsequenz eines solchen Veränderungsprozesses sowie der Diskussion und Definition der Ziele kann die Entscheidung für M&A fallen. Dabei

[170] Vgl. *Müller-Stewens* (2010), S. 4.
[171] Vgl. *Picot* (2008), S. 298.
[172] Vgl. *Sautter* (1989), S. 31 f.
[173] Vgl. *Vogel* (2002b), S. 23; *Howson* (2003), S. 11.
[174] Vgl. *Wirtz* (2003), S. 57.

sind die Ziele, die Unternehmen mit einer Transaktion anstreben und die Motive, die sie dazu veranlassen, vielfältig und unternehmensspezifisch. Aufgrund der Komplexität einer solchen Entscheidung spielen in der Regel mehrere Ziele und Motive eine Rolle, sodass von einer individuellen Kombination der Ziele und Motive ausgegangen werden kann und von einem Zielsystem bzw. einem Motivbündel oder -Komplex gesprochen wird.[175] Die Gewichtung einzelner Ziele bzw. Motive innerhalb des Kontinuums kann sich durch die jeweilige Schwerpunktsetzung unterscheiden.

Die Bestimmung und Festlegung der Ziele und Motive begründen die Entscheidung für die strategische Alternative M&A-Transaktion und bestimmen entscheidend das weitere Vorgehen. Sie sind als wesentlich und erfolgskritisch für das M&A-Vorhaben aber auch für die Entwicklung des Unternehmens einzuschätzen. Daher ist bei ihrer Bestimmung und Festlegung sorgfältiges, umfassendes Handeln im Sinne der Zukunftsfähigkeit des Unternehmens unabdingbar.

Ziele und Motive bilden sowohl die Grundlage als auch den Bewertungsmaßstab für ein M&A-Projekt. Sie bestimmen die Festlegung der Kriterien für die Auswahl möglicher Zielunternehmen, beeinflussen die Gestaltung der Due Diligence[176] und der anschließenden Integration und bilden den Rahmen für alle im Rahmen des M&A-Projekts zu treffende Entscheidungen. Auch die Bedeutung, die dem Informationsmanagement bei M&A-Transaktionen zukommt, ist von den verfolgten Zielen und Motiven abhängig.

Eine Differenzierung zwischen Zielen und Motiven ist kaum trennscharf möglich. Zwischen beiden besteht in der Regel ein enger Zusammenhang. Daher wird im Folgenden ein Überblick über die für die M&A-Praxis und für die Fragestellung relevanten Ziele und Motive gegeben. Zur systematischen Darstellung wird eine in der Literatur häufig anzutreffende und für die Beantwortung der Fragestellung

[175] Vgl. *Neumann* (1994), S. 88.
[176] Vgl. *Berens/Mertes/Strauch* (2008), S. 47.

geeignete Kategorisierung anhand der Dimensionen strategieorientiert, kapitalorientiert und managementorientiert[177] herangezogen.

2.2.3.1 Strategieorientierte Motive

Im Mittelpunkt der strategieorientierten Motive steht die Realisierung von Synergien. Weitere wichtige Ziele sind die Kostenreduktion, die Risikominimierung und die Positionierung im Markt. Gemein ist allen Theorien dieser Kategorie, dass sie auf den erzielbaren Wertzuwachs des Unternehmens durch den Zusammenschluss abzielen. Sie lassen sich aus der Unternehmensstrategie ableiten und dienen derer Umsetzung.

- Synergietheorie:

  Die Realisierung von Synergien im Rahmen von M&A ist Gegenstand der Synergietheorie. In diesem Kontext können Synergien als Vorteile, die „Unternehmungen im Zusammenwirken und im Zusammenschluß mit anderen Unternehmungen .. realisieren können, die der allein operierenden Unternehmung nicht offenstehen"[178] interpretiert werden. Die Synergietheorie ist in der Praxis weit verbreitet und wird oft als Begründung für einen Zusammenschluss herangezogen. Synergiepotenziale[179] können nur durch die Integration, unabhängig vom Integrationsgrad, der Unternehmen in Synergieeffekte umgewandelt werden, daher ist sie konstitutiv für alle M&A-Transaktionen, deren Hauptmotiv die Verwirklichung von Synergiepotenzialen darstellen.[180]

  Die Realisierung von Synergieeffekten ist abhängig von der Ähnlichkeit der Leistungsspektren und den dazugehörigen Prozessen der sich zusammenschließenden Unternehmen. Durch die Analyse der Wertschöpfungsketten beider Unternehmen können mögliche Synergiepotenziale identifi-

[177] Ähnlich bei *Wirtz* (2003), S. 58, der nach strategischen, finanziellen und persönlichen Motiven gliedert. Andere Kategorisierungen finden sich z.B. bei *Neumann* (1994), S. 74, der nach integrationsartspezifischen und integrationsartunabhängigen Motiven trennt und bei *Weinmann* (2004), S. 27, der wertorientierte und nicht wertorientierte Motivtheorien unterscheidet.

[178] *Pausenberger* (1989), S. 621.

[179] Synergie- bzw. Dissynergiepotenziale bezeichnen erwartete Auswirkungen (ex ante) durch die M&A-Transaktion, während Synergie- bzw. Dissynergieeffekte, die realisierten (ex post) Synergie- bzw. Dissynergiepotenziale darstellen. Vgl. *Hofmann* (2005), S. 484.

[180] Vgl. *Hofmann* (2005), S. 484; *Hungenberg* (2011), S. 526 und 529.

ziert werden. Dabei kann zwischen Synergieeffekten durch Aufgabenzentralisierung und Synergieeffekten durch Know-how-Transfer unterschieden werden.[181] Die Realisierung von Synergieeffekten kommt bei horizontalen Unternehmenskonzentrationen besonders zum Tragen aufgrund der Positionierung der beiden Unternehmen innerhalb einer Wettbewerbsstufe und der daraus angenommenen Ähnlichkeit der Unternehmen.

Während sich die Realisierung von Synergien positiv auf das Unternehmen auswirkt, können Dissynergien einen gegenteiligen Effekt erzielen und den Wert des Unternehmens schwächen. Dissynergien stellen sich meist ohne Zutun des Managements ein, während für das Ausschöpfen der Synergien im Sinne potenzieller Vorteile aktives, planvolles und zielorientiertes Handeln und entsprechende Maßnahmen erforderlich sind[182].

Dem IM bzw. der in den Unternehmen eingesetzten IIS werden häufig erhebliche Synergiepotenziale zugeschrieben, beispielsweise durch den gemeinsamen Erwerb von Lizenzen und Hardware, die Zusammenlegung und Konsolidierung von Rechenzentren, Applikationen oder dem Nutzer-Support sowie die Schaffung von Prozess- und Architekturstandards.[183] Nach SCHWARZE, RÖSCHEISEN und MENGUE kann nach kurz-, mittel- und langfristigen Synergiemaßnahmen unterschieden werden, wie in Tabelle 4 dargestellt.

[181] Vgl. *Porter* (1987), S. 41; *Porter* (2010), S. 417 ff.
[182] Vgl. *Hungenberg* (2011), S. 527.
[183] Vgl. *Schmid/Dahlberg* (2008), S. 521; *Schwarze/Röscheisen/Mengue* (2007), S. 64 f.

Kurzfristige Synergiemaßnahmen: (3 bis 6 Monate) Erfordern minimalen Aufwand bei schneller Umsetzbarkeit und können bis zu 5%igen Kostensenkungseffekt haben.	• Rationalisierung von Projektmanagement und -ressourcen • Optimierung der Beschaffung und des Lizenzmanagements sowie des Speicherbedarfs
Mittelfristige Synergiemaßnahmen: (6 bis 12 Monate) Hauptsächlich Beitrag zur Optimierung der IT-Kostenbasis. Basierend auf Best Practices Einsparungen bis zu 15 % der IT-Kosten des fusionierten Unternehmens möglich.	• Zentralisierung bzw. Konsolidierung von Applikationen, Servern, Rechenzentren, Netzwerken und IT-Support • Reduzierung von Systemschnittstellen • Ablösung alter Kern- und Back-Office-Systeme
Langfristige Synergiemaßnahmen: (12 bis 24 Monate) Zielen auf Neugestaltung des IT-Organisations- und Servicemodells im Rahmen von Transformationsprogrammen ab. Stringente Umsetzung ist zeit- und ressourcenaufwendig, wobei eine Reduktion der IT-Kosten um 25 bis 40 % möglich ist.	• Anpassung der IT-Strategie und Governance • Standardisierung von IT-Prozessen und Architektur • Gestaltung der Wertschöpfungstiefe • Prüfung von Sourcing-Optionen

Tabelle 4: IT-Synergiemaßnahmen[184]

Um die Synergiepotenziale in entsprechendem Umfang und mit angemessenem Aufwand nutzen zu können, ist eine umfassende und sorgfältige Prüfung des IM der Unternehmen im Hinblick auf Integrationsfähigkeit Voraussetzung.

- Theorie des ineffizienten Managements:

  Ausgangspunkt ist die Feststellung, dass es Unternehmen gibt, die nicht ausgeschöpftes Potenzial besitzen und in dieser Hinsicht unterbewertet werden. Das Management dieser Unternehmen besitzt nicht die Fähigkeiten das vorhandene Leistungsvermögen zu nutzen und weist Ineffizienzen auf. Das Management des Käuferunternehmens erkennt die Situation des

[184] In Anlehnung an *Schwarze/Röscheisen/Mengue* (2007), S. 64 f.

Zielunternehmens und kann im Zuge der M&A-Transaktion das vorhandene Management auswechseln. Durch die Übertragung von Management-Know-how und die Reorganisation von Prozessen und Strukturen, beispielsweise innerhalb des Informationsmanagements, sollen die bisher nicht genutzten Potenziale ausgeschöpft werden. Nach erfolgreicher Sanierung kann das Unternehmen mit Gewinn verkauft werden.[185] Die Integration der Unternehmen steht nicht im Vordergrund.

- Monopol- bzw. Marktmachttheorie:

  Gemäß diesem Ansatz ist die Erlangung einer Monopolstellung Treiber eines Unternehmens, um dadurch die Preise auf den Absatz- und Faktormärkten setzen zu können. Der Monopolist setzt einen Preis über seinen Grenzkosten und erzielt dadurch mit geringeren Produktionsmengen Monopolrenten. Durch M&A wird versucht diese Monopolstellung im Markt zu generieren, die eigene Marktmacht zu steigern und den Wettbewerb zu reduzieren. Insbesondere horizontale Unternehmenskonzentrationen scheinen hierfür geeignet.[186]

- Portfoliomotive:

  Risikoreduktion durch Diversifikation ist ein Kennzeichen portfoliomotivierte M&A-Projekte. Ausgehend von den Geschäftsfeldern des eigenen Unternehmens wird in interessante Zielunternehmen investiert, die in nicht selbst besetzten, attraktiven Märkten tätig sind. Durch die Aktivität auf verschiedenen Märkten können auftretende Marktunsicherheiten wie beispielsweise saisonale, konjunkturelle oder strukturelle Schwankungen ausgeglichen werden. Die Ausgleichsfunktion wirkt insbesondere bei möglichst negativ korrelierten Erträgen von Käufer und Zielunternehmen.[187]

[185] Vgl. *Berens/Mertes/Strauch* (2008), S. 41 f. und die dort genannten Quellen. Das Käuferunternehmen tritt als Restrukturierer auf. Vgl. *Porter* (1987), S. 38.

[186] Vgl. *Jansen* (2008), S. 133.

[187] Vgl. *Sautter* (1989), S. 184 f. Während sich im nationalen Kontext besonders konglomerate M&A-Vorhaben für die Realisierung einer Diversifikationsstrategie eignen, sind international auch horizontale Konzentrationen aufgrund der geringeren Korrelation ähnlicher Märkte in verschiedenen Ländern attraktiv. Vgl. *Berens/Mertes/Strauch* (2008), S. 41.

Bei der Suche nach geeigneten Zielunternehmen ist neben dem Markt, in dem das Unternehmen tätig ist, auch die wirtschaftliche Lage entscheidend. Attraktiv sind erfolgreiche, unterbewertete Unternehmen. Im Rahmen des Portfoliomanagements steht die Eigenständigkeit der Unternehmen im Vordergrund und Synergien werden in der Regel nicht durch Integration, sondern durch Übertragung von Know-how und Managementkompetenz realisiert.[188] Trägt das Informationsmanagement entscheidend zum Unternehmenserfolg des Zielunternehmens bei, ist es bei der Transaktion im Rahmen der Kaufpreisermittlung von Bedeutung. Dabei ist auf ein an den Unternehmenszielen ausgerichtetes IM zu achten.

- Informationstechnologie als Treiber:

  Weiterentwicklungen im Bereich der Informationstechnologie und deren Potenziale für den betrieblichen Einsatz können wettbewerbskritisch für Unternehmen sein. Als M&A-Motiv kommen daher auch die Gewinnung von Neuentwicklungen im IT-Bereich sowie entsprechendem Know-how in Frage. Insbesondere für Unternehmen mit einer unzureichenden Ausstattung an Ressourcen z.B. in Bezug auf das vorhandene Eigenkapital, können M&A eine Möglichkeit darstellen, ihre Ressourcenausstattung zu verbessern und Investitionen in neue Technologien zu tätigen.[189]

  Bei M&A-Transaktionen, bei denen die IT als Treiber fungiert, ist eine intensive Prüfung der vorhandenen Informationssysteme und Informationsinfrastruktur sowie des Leistungsspektrums des IM unabdingbar.

2.2.3.2 Kapitalorientierte Motive

Zu den kapitalorientierten Motiven zählen sowohl steuerliche als auch kapitalmarktbedingte Aspekte, die eine M&A-Transaktion vorteilhaft bewerten. Das „Streben nach Gewinn- bzw. Rentabilitätsmaximierung“[190] beschreibt das vorrangige Ziel der Theorien dieser Kategorie, wobei auch hier der Wertzuwachs des

[188] Vgl. *Porter* (1987), S. 35 ff.
[189] Vgl. *Koch/Menke* (2008), S. 608; *Schawel* (2002), S. 18; *Menke* (2008), S. 183. Er merkt an, dass IT als alleiniges Motiv für M&A-Entscheidungen, z.B. im Hinblick auf die Integrationsmöglichkeiten, kritisch zu prüfen sei.
[190] *Neumann* (1994), S. 88. (Im Original teilweise hervorgehoben.)

Unternehmens als gemeinsames Ziel unterstützt wird. Kapitalorientierte Motive können sich in einer Erleichterung der Beschaffung von Fremdmitteln, der Gewährung günstigerer Konditionen sowie einer erhöhten Finanzkraft widerspiegeln.[191]

- Steuerliche Motive:

  Steuervorteile beispielweise durch Abschreibungsmöglichkeiten oder einen nicht genutzten Verlustvortrag sind nach diesem Ansatz der Grund für einen Zusammenschluss.[192] Das Informationsmanagement hat hier nur geringe, indirekte Bedeutung, falls es sich auf die steuerliche Situation des Käuferunternehmens auswirken sollte.

- Spekulative Motive:

  M&A mit spekulativem Hintergrund zielen auf die Realisierung von Arbitragegewinnen ab. Das Käuferunternehmen schätzt den Wert des Zielunternehmens aufgrund eines Informationsvorsprungs höher ein als der Markt und spekuliert auf einen höheren Verkaufspreis in der Zukunft. Informationsdefizite des Marktes und die Erfahrung des Käufers ermöglichen die Gewinne durch Spekulation.[193] Ist das Informationsmanagement ein Hauptgrund für die Einschätzung des Werts des Zielunternehmens, ist es für diese Art von M&A-Transaktion relevant.

2.2.3.3 Managementorientierte Motive[194]

Managementorientierte Motive führen M&A auf persönliche Belange des Managements des Käuferunternehmens zurück. Dabei kann das Verhalten der Manager unabsichtlich oder absichtlich gemäß der Prinzipal-Agenten-Theorie erfolgen. Während die strategie- und kapitalorientierten Motive eine Wertsteigerung des Unternehmens zum Ziel haben, ist dies bei den managementorientierten Motiven

---

[191] Vgl. *Neumann* (1994), S. 88 f.; *Rauch* (2004), S. 31.
[192] Vgl. *Jansen* (2008), S. 138.
[193] Vgl. *Berens/Mertes/Strauch* (2008), S. 45 f. und die dort genannten Quellen.
[194] Andere Bezeichnung sind persönliche Motive, psychisch-soziale Motive oder Agency-Probleme. Vgl. *Wirtz* (2003), S. 69; *Berens/Mertes/Strauch* (2008), S. 46.

nicht zwingend gegeben.[195] Im Vordergrund stehen hier persönliche Wertzuwächse für das Management u.a. die Steigerung der Reputation und des Ansehens, der Entlohnung und persönlicher Macht sowie die Sicherung des eigenen Arbeitsplatzes.[196]

Trotz dieser Interessendivergenz, stehen die managementorientierte Ziele nicht zwingend im Konflikt mit den marktwertsteigernden Zielen.[197] Prinzipiell kann davon ausgegangen werden, dass auch ein von persönlichen Motiven geleitetes Management grundsätzlich am Erfolg des Unternehmens interessiert ist. Dieser wirkt sich ebenso auf das Ansehen und die Stellung des Managements aus und es besteht kein Interesse daran, sich selbst zu Schaden. Der Begriff Unternehmenswert bzw. Unternehmenserfolg hat unterschiedliche Bedeutung für die verschiedenen Gruppen im Unternehmen.[198] Möglicherweise steht daher die Wertsteigerung im Sinne der Eigentümer nicht im Vordergrund der Manager, der Unternehmenserfolg im Sinne der Unternehmensstrategie kann aber auch in diesem Kontext als oberstes Ziel angenommen werden.

Den theoretischen Rahmen der managementorientierten Motive bildet die Prinzipal-Agenten-Theorie.[199] Die strategische Bedeutung des Informationsmanagements ist bei M&A basierend auf managementorientierten Motiven als gering einzuschätzen. Dies bedeutet nicht, dass es im Rahmen der Gestaltung und der Durchführung der Transaktion keine Rolle spielt. Hier kann es je nach Art der Transaktion von Bedeutung sein.[200] Mögliche Erklärungsansätze in diesem Zu-

[195] Einige Autoren kategorisieren die managementorientierten Motive als nicht marktwertsteigernde bzw. nicht wertorientierte Motive. Vgl. beispielsweise *Berens/Mertes/Strauch* (2008), S. 46; *Weinmann* (2004), S. 28.

[196] Vgl. *Bauch* (2004), S. 31; *Lucks/Meckl* (2002), S. 10.

[197] Vgl. *Bauch* (2004), S. 34; *Gerpott* (1993), S. 71 geht von einer eher harmonischen, zumindest aber indifferenten Zielbeziehung aus.

[198] Vgl. *Haspeslagh/Jemison* (1992), S. 32.

[199] Vgl. *Wirtz* (2003), S. 69. Dabei steht die Vertragsgestaltung unter asymmetrischer Informationsverteilung, Unsicherheit und Risikoverteilung im Mittelpunkt. Der Eigentümer (Prinzipal) gibt die Leitung seines Unternehmens an das Management (Agent) ab, das dieses im Sinne des Eigentümers führen soll. Die Interessen des Managements setzen sich nicht nur aus monetären sondern auch aus nicht monetären Aspekten, wie z.B. Macht, Ansehen und Freizeit zusammen, die es bei einer entsprechenden Anreiz- und Entlohnungsstruktur dazu veranlassen können, nicht im Sinne des Eigentümers zu handeln. Zusätzlich kann dem Management ein opportunistisches Verhalten unterstellt werden. Vgl. *Weinmann* (2004), S. 34 ff. und die dort genannten Quellen.

[200] Siehe Kapitel 2.2.2.

sammenhang stellen die Hybristheorie, die Manageralismustheorie, die Free-Cash-Flow-Theorie sowie die Diversifikationstheorie dar, auf die in Anbetracht der Fragestellung der Arbeit nicht näher eingegangen wird.[201]

Die unterschiedlichen Motive und Ziele zeigen eine Dimension der Komplexität von M&A-Transaktionen auf und können als ein Grund für die divergierenden Ergebnisse empirischer Untersuchungen zum Erfolg bzw. Misserfolg von M&A-Projekten genannt werden.

2.3 Zusammenfassung

Die problemorientierte Darstellung der Forschungsgebiete IM und M&A zeigt, dass es sich bei beiden um vielschichtige Bereiche handelt, die unternehmensindividuell auszugestalten sind. Für die Handhabung der damit einhergehenden Komplexität und die Fokussierung des Forschungsprozesses wurden die Begriffe IM und M&A für die vorliegende Arbeit definiert und von anderen Begriffen abgegrenzt. Die Betrachtung des IM orientiert sich dabei an einem ganzheitlichen Modell, während der Fokus bei M&A auf strategisch motivierten Akquisitionen und Fusionen liegt.

Sowohl das IM als Aufgabe wie auch M&A als Handlungsoption sind Bestandteile des strategischen Managements eines Unternehmens und wirken sich auf den Unternehmenserfolg aus. Die Untersuchung des Informationsmanagements im Rahmen von M&A liegt daher nahe und hat gezeigt, dass das IM sowohl als eigenständiges Motiv als auch als Synergietreiber M&A-Transaktionen motivieren kann. Ferner wurde deutlich, dass die Rahmenbedingungen der Transaktion Auswirkungen auf die Berücksichtigung des IM im M&A-Prozess und damit für die Gestaltung eines strategiekonformen IM für die Pre-Merger-Phase haben.

Nach Darlegung der Grundlagen der Themengebiete IM und M&A und der ersten Verknüpfung der beiden Forschungsfelder, wird diese in Kapitel 3 intensiviert. Dabei stehen der M&A-Prozess und die Rolle des IM darin im Mittelpunkt der wissenschaftlichen Betrachtung.

201 Darstellungen der einzelnen Theorien finden sich z.B. bei *Wirtz* (2003), S. 69-71; *Jansen* (2008), S. 138 f.; *Weinmann* (2004), S. 34-44; *Hornung* (1998), S. 41-44.

3. Informationsmanagement im M&A-Prozess

Nach der Klärung der forschungsrelevanten Grundlagen und der Abgrenzung der Begrifflichkeiten im vorangegangenen Kapitel, wird im Folgenden die Rolle des IM bei der Durchführung einer M&A-Transaktion dargelegt. Hierzu wird zunächst die idealtypische Vorgehensweise bei einem M&A-Projekt in Form eines Prozesses vorgestellt und anhand der Prozessphasen erläutert. Darauf aufbauend werden die Rollen, die das Informationsmanagement im Rahmen einer M&A-Transaktion einnehmen kann, identifiziert und präzisiert. Abschließend wird auf Erfolgsfaktoren und Risiken bei M&A-Transaktionen eingegangen und das IM entsprechend seiner Bedeutung eingeordnet.

3.1 M&A-Prozess

Für die Beschreibung eines M&A-Vorhabens hat sich die Darstellung als Prozess bzw. Phasenkonzept durchgesetzt. Die Vorgehensweise wird anhand einzelner Aktivitäten abgebildet, die sich den verschiedenen Phasen des Prozesses zuordnen lassen. Ein idealtypischer M&A-Prozess gliedert sich in die drei Phasen strategische Analyse- und Konzeptionsphase, Transaktionsphase und Integrationsphase.[202] In der vorliegenden Arbeit werden die strategische Analyse- und Konzeptionsphase sowie die Transaktionsphase als Pre-Merger-Phase bezeichnet[203] und die Integrationsphase als Post-Merger-Phase.[204] Diese Einteilung unterstützt die Zielsetzung der Arbeit, den bisherigen Fokus der Forschung auf die Aktivitäten zu lenken, die der Post-Merger-Phase vorgelagert sind. Daher ist als Kriterium dieser Einteilung der Aufgabenschwerpunkt der jeweiligen Phase im Ablauf des M&A-Prozesses zu sehen, wobei das Closing den Übergang zwischen Pre- und Post-Merger-Phase darstellt. Die Phasendarstellung erlaubt eine Strukturierung der

202 Vgl. u.a. *Jansen* (2008), S. 249; *Picot* (2008), S. 22. Über die Gliederung des M&A-Prozesses in drei Phasen besteht weitgehende Übereinstimmung in der Literatur. Die Bezeichnungen der Phasen und die Zuordnung der Aktivitäten zu den einzelnen Phasen weichen allerdings z.T. voneinander ab. Die strategische Analyse- und Konzeptionsphase wird auch als Pre-Merger-Phase, die Transaktionsphase als Merger-Phase und die Integrationsphase als Post-Merger-Phase bezeichnet. Vgl. *Jansen* (2008), S. 249.

203 Wirtz fasst die beiden Phasen unter dem Begriff Akquisitionsmanagement zusammen. Vgl. *Wirtz* (2003), S. 107.

204 Vgl. *Mehta/Hirschheim* (2007), S. 145; *Rentrop* (2004), S. 35 f.

Vorgehensweise und trägt durch die Gliederung in Handlungsschritte zur besseren Handhabung der Komplexität eines M&A-Projekts bei.[205]

Dennoch bedarf es einer Beachtung der Interdependenzen und Rückkopplungen zwischen den einzelnen Phasen und Aktivitäten, sowohl hinsichtlich ihrer Aufgaben als auch ihrer zeitlichen Anordnung. Sie sind „integrativ und iterativ zu sehen und entsprechen daher gerade nicht einer chronologischen Reihenfolge"[206].[207] Die folgende Abbildung 6 veranschaulicht den M&A-Prozess unter Berücksichtigung der bestehenden Verflechtungen.

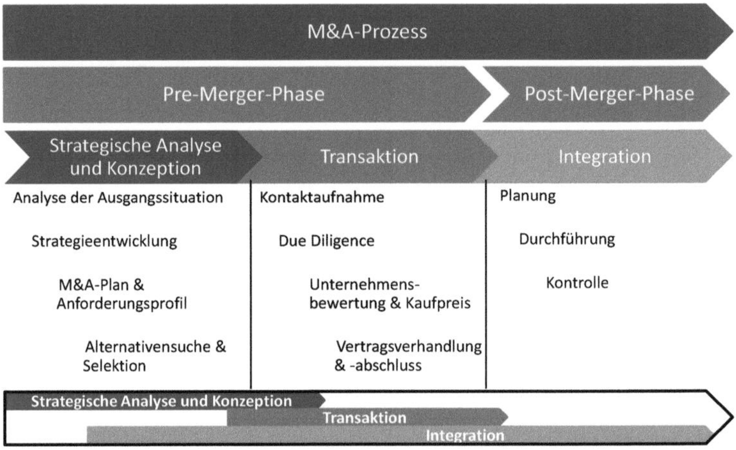

Abbildung 6: Idealtypischer M&A-Prozess[208]

Für die Analyse eines strategiekonformen Informationsmanagements in der Pre-Merger-Phase gilt es, die Interdependenzen zwischen den einzelnen Phasen und Aktivitäten zu identifizieren und zu berücksichtigen. Insbesondere die Verflechtungen mit der Integrationsphase[209] im Hinblick auf Entscheidungen, welche die Integrationsintensität und -ausgestaltung betreffen, spielen innerhalb der Pre-

[205] Vgl. *Lucks/Meckl* (2002), S. 53 f.; *Berens/Mertes/Strauch* (2008), S. 47 f. und die dort genannten Quellen.
[206] *Jansen* (2008), S. 249.
[207] Vgl. *Lucks/Meckl* (2002), S. 229 f.
[208] Eigene Darstellung in Anlehnung an *Jansen* (2008), S. 249; *Wirtz* (2003), S. 107.
[209] Der Arbeit zugrunde liegende M&A-Definition impliziert eine Integration der sich zusammenschließenden Unternehmen, unabhängig von deren Intensität und Form. Rein finanziell motivierte Transaktionen sind nicht Bestandteil der Arbeit.

Merger-Phase bereits eine große Rolle und durchziehen somit den gesamten M&A-Prozess.[210] Abgeleitet aus den Zielen und Motiven, welche der M&A-Transaktion zugrunde liegen, ist die Frage der Integration schon bei der Auswahl und Prüfung des Zielunternehmens sowie bei der Kaufpreisermittlung zu berücksichtigen. Die Umsetzung der passenden Integrationsstrategie ermöglicht die Realisierung der verfolgten Ziele und die Wandlung von Wertsteigerungspotenzialen in -effekte.[211]

Nachfolgend wird der M&A-Prozess anhand seiner Phasen und darin vorgenommenen Handlungen erläutert. Dabei liegt der Fokus auf den für die Arbeit relevanten Aktivitäten der Strategiebildung, der Formulierung eines Anforderungsprofils, der Selektion geeigneter M&A-Kandidaten, der Due Diligence sowie der Vorbereitung der Integration. Diese werden entsprechend des typischen Prozessablaufs eingeordnet und zunächst allgemein ohne spezifische Ausrichtung auf das Informationsmanagement erläutert. Dadurch wird eine Einordung in den Gesamtkontext ermöglicht und ein Verständnis über den typischen Ablauf eines solchen Projekts geschaffen. Dieses Verständnis bildet die Grundlage für die Konzeption des Ordnungsrahmens in Kapitel 4 und die Ausgestaltung des IM in der Pre-Merger-Phase in Kapitel 5.

3.2 Pre-Merger-Phase

In der Pre-Merger-Phase steht vor allem die Planung des M&A-Vorhabens im Mittelpunkt. Wichtig bei der Planung sind eine ganzheitliche Sichtweise der Transaktion sowie die Berücksichtigung möglicher Alternativen. Die Option, das Vorhaben bei aufkommenden schwerwiegenden Schwierigkeiten zu verwerfen und eine andere Alternative stattdessen zu bevorzugen, sollte jederzeit gegeben sein und auch berücksichtigt werden. Wichtige Fragen, die es während der Planungsphase zu beantworten gilt, sind ob, wann und wie ein M&A-Vorhaben durchgeführt werden soll.[212]

Nachfolgend wird das Vorgehen in der Pre-Merger-Phase eingehend erläutert und die sich daraus ergebenden Problemstellungen abgeleitet.

[210] Vgl. *Clever* (1993a), S. 124 f.; *Schreiner/Wirth/Wirth* (2010), S. 292.
[211] Vgl. *Jansen* (2008), S. 318 ff.
[212] Vgl. *Picot* (2008), S. 27.

3.2.1 Strategische Analyse- und Konzeptionsphase

In der strategischen Analyse- und Konzeptionsphase, auch als Vorfeldphase bezeichnet, wird zunächst die Ausgangssituation analysiert. Die Ergebnisse der Analyse dienen zur Erarbeitung einer auf die Unternehmensziele ausgerichteten Strategie.[213] Diese wird im Rahmen eines M&A-Plans konkretisiert und ein Anforderungsprofil für potenzielle Zielunternehmen wird erstellt. Daraufhin kann mit der Suche nach diesen Unternehmen begonnen werden.

In dieser Phase werden die Grundlagen für die Transaktion und die nachfolgende Integration gelegt.[214] Die Frage, ob eine Transaktion eine geeignete Alternative darstellt, wird hier im Rahmen eines schlüssigen strategischen Konzepts beantwortet, welches zur Steuerung des weiteren M&A-Prozesses herangezogen werden kann und die Vorteile aus einer M&A-Transaktion aufzeigt.[215]

3.2.1.1 Analyse der Ausgangssituation

Ziel der Analyse der Ausgangssituation ist die Erstellung eines Unternehmensprofils, das sowohl Chancen und Risiken der Unternehmensumwelt als auch unternehmensspezifische Stärken und Schwächen abbildet und einen Abgleich ermöglicht.[216] Die unternehmensexterne Analyse umfasst dabei u.a. die Veränderung des unternehmerischen Umfelds, die Wettbewerbssituation und die Entwicklung auf den relevanten Märkten. Unternehmensintern stehen die Identifikation von Kernkompetenzen, der Einsatz von Ressourcen sowie die Schaffung von Wettbewerbsvorteilen im Fokus. Die Bestimmung der Position des Unternehmens unter den gegebenen Rahmenbedingungen und das Erkennen von Zukunftspotenzialen und -risiken sind das Ergebnis dieser Aktivität, das die Basis für die weiteren Prozessschritte bildet.[217]

[213] Vgl. *Wirtz* (2003), S. 127.
[214] Vgl. *Wirtz* (2003), S. 127; *Clever* (1993a), S. 124.
[215] Vgl. *Müller-Stewens* (2010), S. 9; *Clever* (1993b), S. 29.
[216] Vgl. *Wirtz* (2003), S. 132.
[217] Vgl. *Wirtz* (2003), S. 132 f. und 140 ff.; *Berens/Mertes/Strauch* (2008), S. 49.

3.2.1.2 Strategieentwicklung

Strategien dienen zur Erreichung bestimmter Ziele und geben auf übergeordneter Ebene die Art und Weise vor, wie diese Ziele erreicht werden sollen.[218] Im Falle einer Unternehmensstrategie bilden die strategischen Unternehmensziele den Ausgangspunkt für die Strategieentwicklung. Dabei werden die Unternehmensziele selbst aus der Unternehmensvision, verstanden als übergeordnete Leitidee des Unternehmens, abgeleitet und besitzen Gültigkeit für das Gesamtunternehmen.[219]

Im Rahmen der Strategieentwicklung gilt es eine Strategie zu formulieren, welche die optimale Erreichung der strategischen Unternehmensziele ermöglicht unter Berücksichtigung der Ergebnisse der Analyse der Ausgangssituation. Der Abgleich von Stärken und Schwächen des Unternehmens mit den angestrebten Unternehmenszielen ermöglicht die Identifikation sogenannter strategischer Lücken, die zu füllen sind. Neben anderen Alternativen stellen M&A-Transaktionen eine Möglichkeit dar, diese Lücken zu schließen.[220] Nachfolgend wird ein Überblick über die zur Wahl stehenden Alternativen zur Schließung strategischer Lücken gegeben.[221]

- Selbermachen (make):

  Nutzung und Weiterentwicklung unternehmenseigener, intern bereits vorhandener Kenntnisse und Fähigkeiten.

- Zukaufen (buy):

  Zukauf entsprechender externer Kenntnisse und Ressourcen durch M&A-Transaktionen.

- Kooperieren:

  Nutzung von Fähigkeiten und Kapazitäten durch Formen der Unternehmenskooperation.

---

[218] Vgl. *Thommen* (2008), S. 620 Stichwort: Strategie.
[219] Vgl. *Wirtz* (2003), S. 129 ff.
[220] Vgl. *Wirtz* (2003), S. 147 ff.
[221] Vgl. *Gomez/Weber* (1989), S. 15; *Wirtz* (2003), S. 156.

Für die Auswahl der passenden Alternative können die Kriterien Zeit, Kosten und Integrations- bzw. Organisationsrisiko herangezogen werden.[222] Stellt die Option Zukaufen, also eine M&A-Transaktion, die bestmögliche Alternative dar, wird ein M&A-Plan festgelegt und ein Anforderungsprofil erstellt.

3.2.1.3 M&A-Plan und Anforderungsprofil

Der M&A-Plan konkretisiert die mit der Transaktion zu verfolgenden Ziele im Hinblick auf die Schließung der strategischen Lücken. Ferner ist ein Anforderungsprofil für Zielunternehmen Bestandteil des Plans. Das Anforderungsprofil stellt die Grundlage für die Suche nach möglichen Zielunternehmen dar und ist damit erfolgskritisch für die Erreichung der mit der Transaktion gesteckten Ziele zu bewerten.[223] Eine sorgfältige und umfassende Anforderungsanalyse ist Voraussetzung für die Festlegung angemessener Zielvorgaben für einen M&A-Kandidaten und eine Priorisierung der Anforderungen. Fehleinschätzungen können sich durch den weiteren M&A-Prozess ziehen und sind nachträglich nur schwer zu beheben. Aus dem Anforderungsprofil lassen sich Angaben zum Suchraum und Informationsbedarf für die Suche nach geeigneten Zielunternehmen ableiten.[224]

Dem Anforderungsprofil liegen unterschiedliche Arten von Kriterien zugrunde. Zum einen sind dies die Qualifying Criteria[225], d.h. Anforderungen, die zwingend notwendig für die Erfüllung der strategischen Ziele sind[226] und zum anderen die nice to have Criteria, „die erwünscht sind, jedoch eine gewisse Flexibilität bei der Objektauswahl erlauben“[227]. Typische Inhalte des Anforderungsprofils sind gemäß einer Zusammenstellung durch WIRTZ unter anderem der Sitz der Gesellschaft, die Produkte, das Distributionssystem, der Stand der Technik, der Marktanteil, die Mitarbeiterzahl, der erwartete Mindest- und Höchstumsatz, die Rechts-

---

[222] Vgl. *Welge/Al-Laham* (2008), S. 605; *Gomez/Weber* (1989), S. 15.
[223] Vgl. *Berens/Mertes/Strauch* (2008), S. 50; *Reißner* (1992), S. 152.
[224] Vgl. *Berens/Mertes/Strauch* (2008), S. 50; *Gomez/Weber* (1989), S. 44 f.
[225] Typische Qualifying Criteria oder auch K.O.-Kriterien für das Zielunternehmen sind beispielsweise dessen Branchenzugehörigkeit, Tätigkeitsspektrum und Standorte, Finanzkennzahlen, Produkt- und Kundenspektrum sowie die Möglichkeit Synergien zu realisieren. Vgl. *Glaum/Hutzschenreuter* (2010), S. 121.
[226] Vgl. *Reißner* (1992), S. 152.
[227] *Berens/Mertes/Strauch* (2008), S. 50.

form sowie die Qualität und das Alter des Managements.[228] Abbildung 7 zeigt ein Radar-Diagramm zum Abgleich eines potenziellen Zielunternehmens mit exemplarischen Kriterien eines Anforderungsprofils.

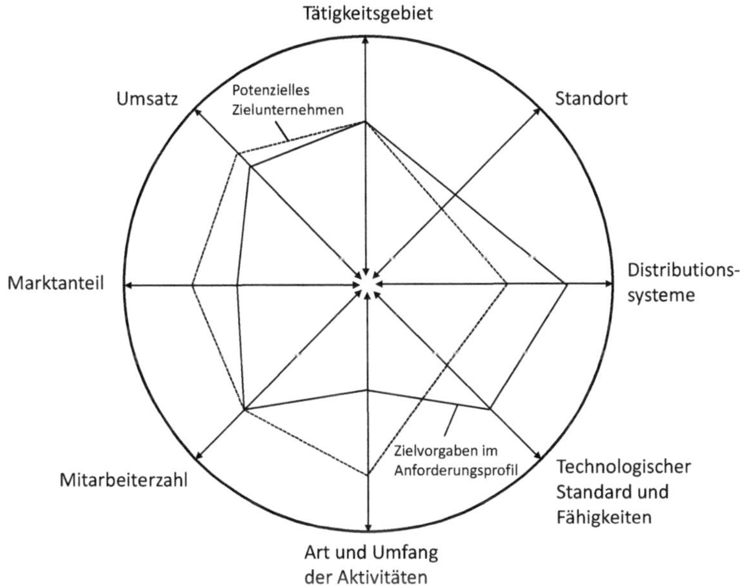

Abbildung 7: Vergleich Anforderungsprofil und potenzielles Zielunternehmen[229]

Nach der Erstellung des M&A-Plans kann die zielgerichtete Suche nach Kandidaten beginnen, die dem Anforderungsprofil entsprechen.

3.2.1.4 Alternativensuche und Selektionsprozess

Für eine angemessene Suche nach geeigneten Unternehmen sind zunächst die dafür heranzuziehenden Informationsquellen und die für den Suchprozess verantwortlichen Personen[230] festzulegen. Im Anschluss kann auf Basis des Anforderungsprofils mit dem Auffinden geeigneter Kandidaten begonnen werden. Das Anforderungsprofil ermöglicht die Eingrenzung der in Frage kommenden Zielun-

[228] Vgl. *Wirtz* (2003), S. 158 und die dort genannten Quellen.
[229] In Anlehnung an *Wirtz* (2003), S. 159.
[230] Es können sowohl interne M&A Teams als auch externe Beratungs- bzw. Vermittlungsdienstleistungen von Unternehmen für die Alternativensuche eingesetzt werden. Vgl. *Berens/Mertes/Strauch* (2008), S. 51; *Reißner* (1992), S. 154.

ternehmen und begrenzt somit auch die dafür notwendigen Suchkosten. Sind Kandidaten identifiziert, kann eine Reihung nach dem Grad der Übereinstimmung mit dem Anforderungsprofil vorgenommen werden.[231]

Das Resultat des Suchprozesses bildet eine Menge an möglichen Zielunternehmen, die in einer sogenannten Long List mit ihren Unternehmensprofilen erfasst werden. Ziel des anschließenden Selektionsprozesses ist die Reduzierung der Long List auf eine sogenannte Short List, mit Unternehmen, die dem Anforderungsprofil möglichst gut entsprechen. Hierzu werden alle Unternehmen der Long List mithilfe vor allem öffentlich verfügbarer Informationen einer ersten groben Beurteilung im Hinblick auf die Übereinstimmung mit dem Anforderungsprofil unterzogen. Die Unternehmen der Short List werden im weiteren Verlauf detaillierter überprüft, mit dem Ziel wenige potenzielle Zielunternehmen zu identifizieren. Durch diese schrittweise Verfeinerung der Analyse wird der frühzeitige Ausschluss[232] unpassender Unternehmen und die Fokussierung der Verantwortlichen auf passende Unternehmen ermöglicht.[233]

Für die detaillierte Untersuchung der Unternehmen der Short List sind weitergehende, auch unternehmensinterne Informationen notwendig, die durch die Kontaktaufnahme mit den möglichen Zielunternehmen beschafft werden können.[234] Die Kontaktaufnahme bildet den fließenden Übergang zwischen der strategischen Analyse- und Konzeptionsphase und der Transaktionsphase, deren Handlungen und Aktivitäten nachfolgend näher betrachtet werden.

3.2.2 Transaktionsphase

Auf Basis der Ergebnisse der vorangegangenen Phase wird in der Transaktionsphase die konkrete Ausgestaltung der Transaktion bis hin zur Vertragsunterzeichnung vollzogen. Nach der Kontaktaufnahme mit den potenziellen Zielunternehmen werden Verhandlungen aufgenommen und die weitere Vorgehensweise ver-

---

[231] Vgl. *Berens/Mertes/Strauch* (2008), S. 50.

[232] Der frühzeitige Ausschluss von Unternehmen kann auch zur Fehlerquelle bei dem „trichterförmigen Vorgehen“ (*Wirtz* (2003), S. 172) werden. Werden passende Unternehmen ausgeschlossen wird von einem β-Fehler gesprochen, während die weitere detaillierte Analyse eines unpassenden Unternehmens als α-Fehler bezeichnet wird. Vgl. *Berens/Mertes/Strauch* (2008), S. 51.

[233] Vgl. *Wirtz* (2003), S. 172 ff.; *Berens/Mertes/Strauch* (2008), S. 51.

[234] Vgl. *Wirtz* (2003), S. 179.

einbart. Auf Grundlage der Ergebnisse der Due Diligence erfolgt die Unternehmensbewertung und Kaufpreisermittlung. Mit der kartellrechtlichen Prüfung und der darauffolgenden Vertragsunterzeichnung enden die Transaktionsphase und damit auch die Pre-Merger-Phase.

3.2.2.1 Kontaktaufnahme

Ziele der Kontaktaufnahme sind detaillierte, tiefergehende Kenntnisse über die potenziellen Kandidaten zu erlangen, die M&A-Bereitschaft des Managements bzw. der Eigentümer zu erfragen und ggf. einen ersten Austausch über zukünftige Strategien, Synergien und das weitere Vorgehen herzustellen. Dabei kann die Ansprache der Zielunternehmen unmittelbar erfolgen oder mittelbar, d.h. anonym. Kriterien für die Wahl der geeigneten Form sind die Anzahl der potenziellen Zielunternehmen, deren Eigentümerstruktur sowie die Transaktionserfahrung des Käuferunternehmens.[235]

Nach Auswertung der zusätzlich erhobenen Informationen und deren Abgleich mit dem Anforderungsprofil findet eine weitere Selektion der potenziellen Zielunternehmen statt. Nach WIRTZ sollen im Entscheidungsprozess insbesondere die Unternehmensstrategie und -kultur sowie die finanziellen Gegebenheiten Berücksichtigung finden. Erfüllt nach eingehender Prüfung kein potenzieller Kandidat die gestellten Anforderungen, ist eine erneute Alternativensuche mit entsprechend angepassten Auswahlkriterien durchzuführen.[236] Erfüllt dagegen ein Kandidat die erhobenen Anforderungen, werden weiterführende Verhandlungen aufgenommen.

Für die folgenden Verhandlungen wird die Schaffung einer Vertrauensbasis zwischen den Beteiligten als wichtiger Baustein angesehen.[237] Diese kann auch entscheidend zum Abbau der Informationsasymmetrie und zur Vorbeugung möglichen Interessendivergenzen beitragen. Als vertrauensbildende Maßnahmen können die Unterzeichnung einer Geheimhaltungs- und Unterlassungsvereinbarung,

[235] Vgl. *Wirtz* (2003), S. 179 f.
[236] Vgl. *Wirtz* (2003), S. 180 ff.
[237] Vgl. *Reißner* (1992), S. 159.

eines sogenannten Non-Disclosure-Agreement und eines Letter of Intent[238] verstanden werden.

Nach ersten Einblicken in unternehmensinterne Dokumente und einer groben Abstimmung des Kaufpreises, sind die Strukturierung des weiteren Vorgehens sowie die Formalisierung des Informationsprozesses wichtige Inhalte der ersten Gespräche. Ferner sind die zeitliche und organisatorische Planung der Due Diligence, die Festlegung der daran beteiligten Personen sowie die anzuwendende Methode bei der Unternehmensbewertung wichtige Planungsschritte im weiteren Verlauf des M&A-Prozesses und im Rahmen der Vorverhandlungen abzustimmen.[239]

3.2.2.2 Due Diligence

Die Due Diligence[240] kann als erfolgskritisches Instrument im Rahmen einer M&A-Transaktion angesehen werden. Ihre Ergebnisse bilden die Grundlage für die Entscheidung über die Durchführung oder den Abbruch der Transaktion, die Unternehmensbewertung und Kaufpreisermittlung, die Vertragsgestaltung sowie die Integration in der anschließenden Post-Merger-Phase.[241] Die Due Diligence steht für eine ergebnisoffene[242], „bewusste, systematische, professionelle Untersuchung der Unternehmens-Chancen und -Risiken während der laufenden Kaufverhandlungen. Sie beurteilt mit möglichst präzisen Analysen, ob und wieweit der Wert der zu erwerbenden Gesellschaft zu erhöhen oder eben zu diskontieren ist – unter den Perspektiven der strategischen Ziele und der kostenreduzierenden Synergien."[243] Dabei ist die Orientierung der Due Diligence auch auf zukünftige Sachverhalte hervorzuheben.[244]

---

[238] Der Letter of Intent fasst die bisher getroffenen Vereinbarungen zusammen. Die Präzisierung des Kaufobjektes, die Transaktionsform, die Geheimhaltungsvereinbarungen sowie der Ausschluss von Bindungs- und Haftungswirkungen beim Scheitern der Gespräche zeigen beispielhaft typische Inhalte auf. Vgl. *Jansen* (2008), S. 273 f.

[239] Vgl. *Berens/Mertes/Strauch* (2008), S. 52 und die dort genannten Quellen.

[240] Der bei Transaktionen verwendete Begriff Due Diligence kann mit „sorgsame Erfüllung, im Verkehr erforderliche Sorgfalt" (*Berens/Schmitting/Strauch* (2008), S. 85) übersetzt werden.

[241] Vgl. *Rockholtz* (1999), S. 2; *Krüger* (2000), S. 155; *Lucks/Meckl* (2002), S. 162 und 168; *Beisel* (2010), S. 11.

[242] Vgl. *Belian* (2009), S. 22.

[243] *Binder/Lanz* (1993), S. 15 zitiert nach *Berens/Strauch* (2008), S. 11.

[244] Vgl. *Lucks/Meckl* (2002), S. 168; *Howson* (2003), S. 6.

Informationsasymmetrien zwischen Käufer- und Zielunternehmen sind typisch für M&A-Projekte.[245] Diese sind vor allem auf die ungleiche Informationsverteilung zwischen den Vertragsparteien zurückzuführen. Zusätzlich bestehen häufig unterschiedliche Interessen zwischen den beteiligten Unternehmen bezüglich der Höhe des Kaufpreises und der Offenlegung interner Informationen[246].

Das Zielunternehmen kann die Due Diligence als Mittel der Wissensübertragung[247] nutzen, um das Potenzial des Unternehmens herauszustellen und durch die geschaffene Transparenz und verbesserte Informationssituation das Vertrauen des Käuferunternehmens zu gewinnen. Dem Käufer hingegen dient die Due Diligence im Rahmen der Wissenserarbeitung[248] als Mittel Informationen über das Zielunternehmen, dessen Passung zur M&A-Strategie, den Verkäufer und dessen Motive zu generieren, um so seine Informationslage zu verbessern und fundierte Entscheidungen treffen zu können.[249]

Für die durchzuführende Unternehmensanalyse beinhaltet die Due Diligence die Prüfung verschiedener Bereiche des Zielunternehmens. Die Auswahl der Prüfungsgebiete sowie die Intensität der Prüfung sind kontextspezifisch und abhängig von den Zielen, den Rahmenbedingungen, wie Zeit, Kosten, personelle Ressourcen, der Risikoeinschätzung sowie des jeweiligen Informationsstands der beteiligten Unternehmen zu bestimmen.[250] Dabei ist zu berücksichtigen, dass sich die Ausgangslage bzw. der Informationsstand während der Due Diligence verändert, was eine Anpassung der ex ante festgelegten Konzeption bedingen kann.[251] Für die Prüfung werden häufig standardisierte Checklisten herangezogen.[252] Für die Planung kann auch auf Projektmanagementanwendungen zurückgegriffen werden.[253] Tabelle 5 zeigt typische Teilreviews einer Due Diligence auf.

245 Vgl. *Lucks/Meckl* (2002), S. 156.
246 Insbesondere kritisch, falls es sich um Konkurrenzunternehmen handelt. Vgl. *Beisel* (2010), S. 4.
247 In der Prinzipal-Agenten-Theorie als Signalling bezeichnet.
248 In der Prinzipal-Agenten-Theorie als Screening bezeichnet.
249 Vgl. *Berens/Strauch* (2008), S. 5; *Andreas* (2010), S. 23; *Vogel* (2002b), S. 159.
250 Vgl. *Jungblut* (2003), S. 11; *Berens/Strauch* (2008), S. 13; *Vogel* (2002b), S. 163 f.
251 Vgl. *Jungblut* (2003), S. 11.
252 Vgl. *Picot* (2008), S. 194.
253 Vgl. *Andreas* (2010), S. 97.

Teilreviews	Zielsetzung	Analyseschwerpunkt
Financial Review	Einblick in die Vermögens-, Finanz- und Ertragslage	Bilanz, GuV, Kapitalflussrechnung, Kostenrechnung und Risikobericht
Legal and Tax Review	Prüfung der formalrechtlichen Existenz, der gesellschaftsrechtlichen und steuerlichen Struktur und Situation sowie der Rechtsbeziehungen zu Dritten	Handelsregistereintrag, Gesellschaftsvertrag, unternehmensinterne und -externe vertragliche Beziehungen, laufende und drohende Rechtsstreitigkeiten, Steueraufkommen und -sitz
Human Resources Review	Analyse und Bewertung des Humankapitals	Mitarbeiterqualifikation, Personalentwicklungsmaßnahmen, Vergütungssystem, betriebliche Altersvorsorge
Market(ing) Review	Einschätzung der Wettbewerbsposition und Zukunftsträchtigkeit des bearbeiteten Marktes	Unternehmens-, Markt-, Branchen- und Wettbewerbsanalyse
Cultural Review	Erkenntnisse über Wertvorstellungen und Unternehmenskultur	Standardisierte Mitarbeiterbefragungen, individuelle Interviews mit ausgewählten Führungskräften
Organizational and IT Review	Analyse und Bewertung der Aufbau- und Ablauforganisation sowie der Systemarchitektur	Organisationspläne, Stellenbeschreibungen, Ablaufdiagramme, eingesetzte Hard- und Software, IT-Budgets, -Projekte und Pflichtenhefte
Environmental Review	Identifikation und Bewertung möglicher Umweltrisiken	Einhaltung umweltrechtlicher Vorschriften, Altlasten, notwendige Ersatzinvestitionen, Abriss- und Entsorgungsarbeiten sowie Sanierungen

Tabelle 5: Typische Teilreviews einer Due Diligence[254]

Demnach erfüllt die Due Diligence verschiedene Funktionen[255] mit den Zielen umfassende sowie tiefgehende Einblicke in das Zielunternehmen zu erhalten, bestehende Informationsdefizite auszugleichen, Chancen und Risiken frühzeitig zu erkennen, zukünftige, gemeinsame Potenziale aufzuzeigen und die Post-Merger-Phase vorzubereiten.[256]

---

[254] Nach *Wirtz* (2003), S. 199.
[255] Vgl. *Andreas* (2010), S. 23 f.; *Picot* (2008), S. 167.
[256] Vgl. *Howson* (2003), S. 6; *Jungblut* (2003), S. 9 ff.

- Informationsfunktion:

  Im Rahmen der Informationsfunktion dient die Due Diligence zum Abbau der Informationsasymmetrie zwischen den beteiligten Unternehmen und der Schaffung einer angemessenen Informationsgrundlage als Basis für den weiteren Verlauf der Transaktion.[257]

- Analysefunktion:

  Die ziel- und zukunftsgerichtete Prüfung der während der Due Diligence erhobenen Informationen im Hinblick auf Chancen und Risiken bzw. Stärken und Schwächen beinhaltet die Analysefunktion. Dabei stehen das Zielunternehmen und sein Umfeld im Mittelpunkt, aber auch die Passung zwischen Zielunternehmen und dem eigenen Unternehmen ist entsprechend den Zielvorgaben der M&A-Transaktion zu analysieren. Neben den detaillierten Analysen der einzelnen Prüfungsgebiete, ist eine ganzheitliche Sichtweise der Ergebnisse inklusive möglicher Abhängigkeiten untereinander ein erfolgskritisches Charakteristikum der Due Diligence.[258]

- Bewertungsfunktion:

  Durch die Bewertungsfunktion unterstützt die Due Diligence die darauffolgende Vertragsverhandlung, indem sie die Informationsbasis für die Unternehmensbewertung und Kaufpreisermittlung bereitstellt[259] und zur Aufdeckung möglicher Deal Breaker[260] beiträgt.

- Exkulpationsfunktion:

  Neben der Unterstützung der Unternehmensbewertung, dienen die erhobenen Informationen und deren Dokumentation auch als Nachweis der „sorgfältigen Prüfung" des Zielunternehmens und können bei rechtlichen Auseinandersetzungen herangezogen werden.[261] „Unter der Exkulpationsfunktion der Due Diligence sollen diejenigen Sachverhalte verstanden

[257] Vgl. *Berens/Schmitting/Strauch* (2008), S. 73.
[258] Vgl. *Jungblut* (2003), S. 9 ff.
[259] Vgl. *Beisel* (2010), S. 8 f.
[260] Deal Breaker beschreiben Sachverhalte, die für den Käufer nicht tragbar sind und zum Abbruch der Transaktion führen, wie beispielsweise schlecht bewertbare Risiken, Fehlbewertungen von Marktpositionen oder technologischem Know-how. Vgl. *Lucks/Meckl* (2002), S. 163.
[261] Vgl. *Beisel* (2010), S. 7 f.

> werden, bei denen der zur Rechenschaft Gezogene mit Hilfe der bei der Due Diligence durchgeführten Arbeiten einschließlich ihrer Dokumentation den Entlastungsbeweis antritt, dass er sorgfältig alle für die Transaktion relevanten Aspekte aufgedeckt und beurteilt hat und ihn somit die Behauptung der Fahrlässigkeit bei eventuellen späteren Rechtsstreitigkeiten nicht treffen kann."[262]
>
> Auch für das Zielunternehmen kann die Exkulpationsfunktion von Bedeutung sein, beispielsweise im Hinblick auf Gewährleistungsansprüche seitens des Käufers, die bei offen gelegten Umständen in der Regel nicht geltend gemacht werden können.[263] Das zu verkaufende Unternehmen kann durch die Informationsoffenbarung „Schadenersatzansprüche aus culpa in contrahendo wegen Verletzung einer ihn eventuell treffenden Aufklärungspflicht"[264] umgehen.

Während das Käuferunternehmen von der Due Diligence profitiert und eine umfassende Informationsoffenlegung wünscht, ist die Situation des Zielunternehmens differenzierter. Neben einer möglichen Kaufpreisreduktion besteht auch die Gefahr, dass vertrauliche Informationen weitergegeben werden und die Transaktion danach nicht zustande kommt.[265] So kommen BERENS und STRAUCH zu dem Ergebnis, dass der Kaufpreis nach bzw. aufgrund der Durchführung einer Due Diligence in 67,4% der Fälle sank, während er sich lediglich in 5,3% der untersuchten Akquisitionen erhöhte.[266] Nach Abschluss der Due Diligence wird entschieden, ob die Transaktion weiter verfolgt wird oder Deal Breaker zum Abbruch und der Suche nach Alternativen führen. Wurden keine Deal Breaker entdeckt, dienen die in der Due Diligence erhobenen Informationen als Basis der folgenden Unternehmensbewertung und Kaufpreisermittlung[267].

---

[262] *Berens/Schmitting/Strauch* (2008), S. 85.
[263] Vgl. *Krüger* (2000), S. 155; *Lucks/Meckl* (2002), S. 163 f.
[264] *Krüger* (2000), S. 155.
[265] Vgl. *Berens/Schmitting/Strauch* (2008), S. 73.
[266] Vgl. *Berens/Strauch/Behrens* (2002), S. 90.
[267] Vgl. *Lucks/Meckl* (2002), S. 175. Zwischen der Due Diligence und der Unternehmensbewertung erfolgt die Erstellung eines Memorandum of Understanding. Dieses richtet sich an die oberste Unternehmensebene und enthält eine Zusammenfassung der bisher erzielten Ergebnisse, noch zu klärende Bereiche und die Festlegung des weiteren Vorgehens. Vgl. *Jansen* (2008), S. 274 f.

3.2.2.3 Unternehmensbewertung und Kaufpreisermittlung

Die Ermittlung des Kaufpreises wird als erfolgsentscheidend für eine Unternehmenstransaktion angesehen. Aus Käufersicht ergibt sich der Maximalpreis aus der Summe des Stand-alone-Werts des Zielunternehmens, dem Wertsteigerungspotenzial durch Restrukturierung und Realisierung von Synergien abzüglich der Kosten und Risiken der Transaktion. Der Minimalpreis des Verkäufers entspricht dem Stand-alone-Wert[268] des Zielunternehmens. Die Differenz zwischen Maximal- und Minimalpreis bildet den Verhandlungsspielraum der Beteiligten, wobei der Käufer einen möglichst geringen Preis und der Verkäufer einen möglichst hohen Preis innerhalb der Spanne anstrebt.[269]

Für die Unternehmensbewertung und die daraus folgende Kaufpreisermittlung stehen eine Vielzahl von Methoden, wie die Multiplikator-, die Diskontierungs- und die Substanzwertmethode bereit.[270] Da die Ausgestaltung bzw. Anwendung der Methoden keine Relevanz für die Beantwortung der Fragestellung hat, wird hier nicht näher darauf eingegangen. Die Resultate der Unternehmensbewertung und der ermittelte Kaufpreis bilden den Ausgangspunkt für die abschließenden Vertragsverhandlungen.

3.2.2.4 Vertragsverhandlung und -abschluss

Im Rahmen der Vertragsverhandlungen werden die Rechte und Pflichten der Beteiligten festgelegt und rechtlich bindend vereinbart. Der Kaufpreis wird ausgehandelt und ist Bestandteil des Vertrages.[271] Vor der Vertragsunterzeichnung ist eine erneute Prüfung des M&A-Vorhabens aus Käuferperspektive im Hinblick auf die Passung zwischen Zielunternehmen und M&A-Zielen sinnvoll.[272] Die Informationsasymmetrien sind weitgehend abgebaut und eine fundierte Informationsbasis liegt vor.

---

[268] Auch der Verkäufer kann vorhandenes Wertsteigerungspotenzial in seine Unternehmensbewertung einbeziehen. Dann setzt sich sein Minimalpreis aus dem Stand-alone-Wert zuzüglich des identifizierten Wertsteigerungspotenzials zusammen. Vgl. *Lucks/Meckl* (2002), S. 190.

[269] Vgl. *Wirtz* (2003), S. 202 f.

[270] Ein Überblick sowie eine nähere Erläuterung der einzelnen Methoden finden sich u.a. bei *Wirtz* (2003), S. 205-233; *Lucks/Meckl* (2002), S. 175-190.

[271] Zu weiteren Vertragsbestandteilen siehe eine Zusammenstellung durch *Wirtz* (2003), S. 262 ff.

[272] Vgl. *Wirtz* (2003), S. 255.

Sind sich die beteiligten Parteien einig, finden die Vertragsverhandlungen ihren Abschluss in der Vertragsunterzeichnung, auch Signing genannt und der Vertragserfüllung, dem Closing.[273] Das Closing beschreibt den Zeitpunkt der Übertragung der Leitungsgewalt und der unternehmerischen Verantwortung vom Verkäufer hin zum Käufer. Es markiert somit den Zeitpunkt für die Erfüllung des Vertrages hinsichtlich quantitativer und qualitativer Kriterien und den Übergang von der Pre-Merger-Phase in die Post-Merger-Phase.[274]

3.3 Post-Merger-Phase

Die Integration, verstanden als die Verflechtung der am Zusammenschluss beteiligten Unternehmen, bildet den Abschluss des M&A-Prozesses und steht im Mittelpunkt der Post-Merger-Phase. Ziel der Post-Merger-Phase ist es, die während der Pre-Merger-Phase identifizierten Zusammenschlusspotenziale umzusetzen und somit die mit der M&A-Transaktion verfolgten Ziele zu verwirklichen und eine Wertsteigerung zu erzielen.[275]

Im Rahmen der Post-Merger-Phase ist ein Integrationsteam zu bilden, das für die zielorientierte und erfolgreiche Zusammenführung verantwortlich ist. Dabei ist darauf zu achten, dass sich das Team aus Mitarbeitern aller beteiligten Unternehmen und aller entscheidenden und betroffenen Unternehmensbereiche zusammensetzt.[276] Die Post-Merger-Phase lässt sich in die Aktivitäten Integrationsplanung, -durchführung und anschließende Integrationskontrolle untergliedern. Mit der Integrationsplanung wird in der Regel bereits während der Pre-Merger-Phase begonnen.

[273] Zwischen Signing und Closing kann die Transaktion von unterschiedlichen Institutionen geprüft werden, z.B. kartellrechtliche Prüfung. Vgl. *Lucks/Meckl* (2002), S. 119. Auch der Käufer kann die Zeitspanne zwischen Signing und Closing nutzen, um das Zielunternehmen weiterer eingehender Prüfungen zu unterziehen. Je nach Ausgestaltung des Kaufvertrages, kann das Käuferunternehmen im Falle von entdeckten Mängeln vom Vertrag zurückzutreten. Vgl. *Berens/Mertes/Strauch* (2008), S. 57.

[274] Vgl. *Berens/Mertes/Strauch* (2008), S. 56 f.

[275] Vgl. *Wirtz* (2003), S. 274 ff.; *Berens/Mertes/Strauch* (2008), S. 57.

[276] Vgl. *Clever* (1993b), S. 135. Es können auch externe Spezialisten bzw. Berater eingesetzt werden.

3.3.1 Integrationsplanung

Zu Beginn der Integrationsplanung erfolgt die Definition der Integrationsziele, die aus der übergeordneten Zielsetzung der M&A-Transaktion abzuleiten und zu operationalisieren sind sowie die Identifikation entsprechender Erfolgsfaktoren zur Zielerreichung.[277] Von den übergeordneten M&A-Zielen und den zu realisierenden Synergiepotenzialen ist auch der Integrationsgrad der beteiligten Unternehmen abhängig.[278] Je nach Ausprägung des zugrunde liegenden Motivbündels, kann eine vollständige oder teilweise Integration bzw. die Unabhängigkeit der beteiligten Unternehmen zielführend sein.

Nach HASPESLAGH und JEMISON spannen die Dimension *Bedarf nach strategischer Interdependenz*, die die Intensität des Ressourcentransfers wiedergibt sowie die Dimension *Bedarf nach organisatorischer Autonomie*, welche die Notwendigkeit zur Erhaltung von Fähigkeiten beinhaltet, ein Feld möglicher Integrationsansätze auf.[279] Insbesondere bei horizontalen M&A, bei denen die Realisierung von Synergien angestrebt wird, wird dies durch den Transfer strategischer Ressourcen entlang der gesamten Wertschöpfungskette ermöglicht. Hier besteht ein starker Bedarf nach strategischen Verflechtungen, um die verfolgte Zielsetzung zu erreichen. Während in diesen Fällen die Unternehmensgrenzen aufweichen, besteht bei strategischen personengebunden Fähigkeiten oftmals der Bedarf nach Autonomie, um die Identifikation mit dem Unternehmen und somit die Leistungsbereitschaft und Motivation wichtiger Mitarbeiter zu erhalten.[280] Die nachfolgende Abbildung 8 veranschaulicht die möglichen Integrationstypen im Rahmen der Dimensionen *strategische Interdependenzen* und *organisatorische Autonomie*.

[277] Vgl. *Wirtz* (2003), S. 276.
[278] Vgl. *Reißner* (1992), S. 146
[279] Vgl. *Haspeslagh/Jemison* (1992), S. 166.
[280] Vgl. *Haspeslagh/Jemison* (1992), S. 167 und 170; *Wirtz* (2003), S. 284.

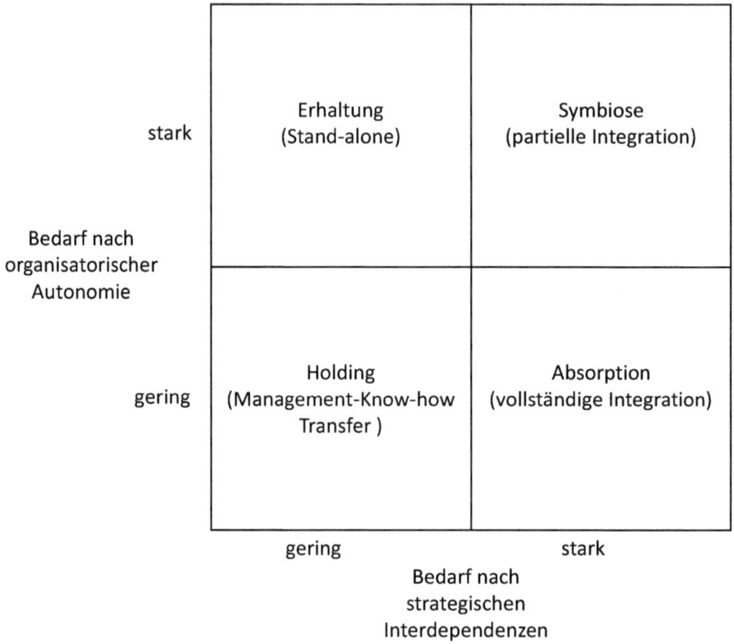

Abbildung 8: Integrationsansätze[281]

- Erhaltung:

  Der Integrationstyp Erhaltung zeichnet sich durch einen hohen Bedarf an organisatorischer Autonomie und einem sehr geringen Bedarf an strategischen Interdependenzen aus. Dieser Integrationsansatz bietet sich beim Kauf erfolgreicher Unternehmen an, bei denen die Realisierung von Synergien gegenüber der Beteiligung an der Wertschöpfung zurücktritt. Demzufolge steht die Notwendigkeit der Erhaltung von Fähigkeiten im Mittelpunkt und das Unternehmen wird Stand-alone weitergeführt.[282] Ziel ist die Förderung des Zielunternehmens im Hinblick auf die Erhaltung und Weiterentwicklung der Wertschöpfung.[283] Dieser Integrationstyp eignet sich

[281] In Anlehnung an *Haspeslagh/Jemison* (1992), S. 174; *Wirtz* (2003), S. 285; *Jansen* (2008), S. 326.
[282] Vgl. *Wirtz* (2003), S. 285; *Jansen* (2008), S. 327; *Haspeslagh/Jemison* (1992), S. 176 f.
[283] Vgl. *Haspeslagh/Jemison* (1992), S. 177.

beispielsweise für M&A-Transaktionen bei denen das Motiv der Diversifikation bzw. der Portfolio-Bildung ausgeprägt ist.[284]

- Holding:

  Bedarf das gekaufte Unternehmen vor allem des Transfers von Know-how, um damit Optimierungspotenzial in verschiedenen Bereichen wie der Finanzierung, der Ressourcenqualität und dem Management umzusetzen und die Wertschöpfung zu steigern, bietet sich der Integrationstyp Holding an. Dieser Integrationsansatz kommt in der Regel beim Kauf von Unternehmen mit Restrukturierungsbedarf zum Einsatz, bei denen zwar „keine Integration im eigentlichen Sinne"[285] stattfindet, das Käuferunternehmen aber in die Führung des Zielunternehmens eingreift und weisungsbefugt ist.[286] „Dazu bedarf es eines integrierten Planungs-, Kontroll- und Informationssystems."[287] Für Transaktionen mit dem Motiv der Portfoliobildung kommt dieser Integrationstyp in Frage.

- Symbiose:

  Viel organisatorische Autonomie und starke strategische Interdependenzen charakterisieren den Integrationstyp Symbiose. Dabei steht die Realisierung von Synergien durch Standardisierung, Koordination, Konsolidierung und Anpassung im Vordergrund, wobei die Unternehmenskulturen weitestgehend erhalten bleiben sollen, um die Fähigkeiten der Leistungsträger zu erhalten und deren Abwanderung zu vermeiden.[288]

  Ergebnis ist eine schrittweise Integration, „indem die Trennung zwischen beiden Firmen, die Identität und Charakter der Zielgesellschaft im wesentlichen garantiert, nicht angetastet wird, aber gleichzeitig die Grenze durchlässig gemacht wird für eine ganze Reihe von Interaktionen, die den Transfer von funktionellen Fertigkeiten und allgemeinen Management-

[284] Vgl. *Jansen* (2008), S. 326.
[285] *Berens/Mertes/Strauch* (2008), S. 59.
[286] Vgl. *Wirtz* (2003), S. 286; *Jansen* (2008), S. 327.
[287] *Jansen* (2008), S. 327.
[288] Vgl. *Wirtz* (2003), S. 286; *Jansen* (2008), S. 327 f.; *Haspeslagh/Jemison* (1992), S. 178.

Fähigkeiten zum Ziel haben."[289] Mit diesem Integrationsansatz kann beispielsweise die Zielsetzung der Expansion verfolgt werden.[290]

- Absorption:

  Der Ansatz der Absorption weist den umfassendsten Integrationsgrad auf, in dem eine vollständige Integration der beteiligten Unternehmen im Hinblick auf die Unternehmenskultur, die -prozesse und die -organisation angestrebt wird.[291] Konsolidierung, Standardisierung, Koordination, Anpassung und Neustrukturierung sind hierbei wichtige Maßnahmen, die sowohl zeit- als auch ressourcenintensiv sein können.[292] Ziele sind die Unternehmensgrenzen vollständig aufzulösen[293] und das Käuferunternehmen zu komplementieren[294].

Die Wahl des passenden Integrationsgrades und Integrationsansatzes ist fallspezifisch, individuell auf die Rahmenbedingungen der M&A-Transaktion und der damit verfolgten Zielsetzung zu treffen.[295] Beispielweise können Transaktionen, die zwar ähnliche M&A-Ziele aufweisen, sich aber durch den leistungswirtschaftlichen Zusammenhang der beteiligten Unternehmen unterscheiden, andere Integrationsansätze und -maßnahmen erfordern. Ferner ist eine Kombination bzw. eine flexible Handhabung der beschriebenen Ansätze angebracht.[296]

3.3.2 Integrationsdurchführung und -controlling

Nachdem die Planung der Integration abgeschlossen ist und die strategischen Integrationsziele abgeleitet und festgelegt wurden, folgt die Umsetzung der Integrationsplanung. Die Integrationsdurchführung kann nach organisations-[297], markt-[298] und informationsorientierten Aspekten gegliedert werden.[299] Den Abschluss

---

[289] *Haspeslagh/Jemison* (1992), S. 178.
[290] Vgl. *Jansen* (2008), S. 326.
[291] Vgl. *Haspeslagh/Jemison* (1992), S. 176.
[292] Vgl. *Wirtz* (2003), S. 287; *Jansen* (2008), S. 328.
[293] Vgl. *Haspeslagh/Jemison* (1992), S. 176.
[294] Vgl. *Jansen* (2008), S. 326.
[295] Vgl. *Jansen* (2008), S. 328.
[296] Vgl. *Haspeslagh/Jemison* (1992), S. 166.
[297] Die organisationsorientierten Aspekte beinhalten die Integration der Unternehmensstruktur, der -kultur und des Personals. Vgl. *Wirtz* (2003), S. 297.
[298] Eine externe Sichtweise kennzeichnet die marktorientierte Integration, die das Kunden- und Markenmanagement beinhaltet. Vgl. *Wirtz* (2003), S. 364.

des gesamten Integrationsprozesses bildet eine Ergebnisbewertung, die im Rahmen des Integrationscontrollings stattfindet.

Die Überprüfung der Integrationsergebnisse sowohl nach Abschluss der Integration als auch während ihrer Durchführung ist Bestandteil des Integrationscontrollings. Das prozessbegleitende Monitoring ermöglicht ein zeitnahes Eingreifen bei Planabweichungen und ist daher Voraussetzung für eine zielorientierte Integrationssteuerung. Neben Fortschritts- und Abweichungskontrollen spielt die Prozessoptimierung – auch im Hinblick der Kompetenzerweiterung für zukünftige M&A-Transaktionen – eine Rolle.[300]

Die Ergebniskontrolle im Hinblick auf die Zielerreichung bezieht sich zum einen direkt auf die einzelnen Aktivitäten des Integrationsprozesses und zum anderen auf die gesamte M&A-Transaktion.[301] Während bei der Integrationsbewertung die Integrationsresultate mit den Zielen der Integrationskonzeption verglichen werden, steht bei der Erfolgskontrolle der M&A-Transaktion der Vergleich zwischen den Integrationsergebnissen und der Zielsetzung des M&A-Projekts im Mittelpunkt.[302] Bevor in Kapitel 3.5 auf die Erfolgsrelevanz des Informationsmanagements bei M&A-Transaktionen eingegangen wird, erfolgt zunächst die Einordnung des IM in den M&A-Prozess.

3.4 Rollen des Informationsmanagements im M&A-Prozess

Das Informationsmanagement spielt bei M&A-Transaktionen eine besondere Rolle. Zum einen ist es als Unternehmensfunktion selbst Gegenstand des M&A-Prozesses und somit direkt von der Transaktion betroffen (IM als Objekt). Zum anderen unterstützt es im Rahmen der Informationsbereitstellung und -aufbereitung den gesamten M&A-Prozess und stellt die Informationsbasis für die im Verlauf des M&A-Projekts zu treffenden Entscheidungen bereit (IM als Instrument).[303] Diese Doppelfunktion des Informationsmanagements wird nachfolgend

[299] Vgl. *Wirtz* (2003), S. 296. Die informationsorientierten Aspekte werden in Kapitel 4.3.2.2 und 5.1.6 dargestellt.

[300] Vgl. *Wirtz* (2003), S. 390 f.; *Hornung* (1998), S. 71.

[301] Vgl. *Wirtz* (2003), S. 389; *Lucks/Meckl* (2002), S. 210.

[302] Insbesondere für das Controlling sind unternehmensweite Informationen über den Fortschritt der Integration sowie die Entwicklung von Kennzahlen Voraussetzung.

[303] Eine ähnliche Einteilung in einem anderen Zusammenhang findet sich bei *Macharzina/Wolf* (2010), S. 878.

präzisiert und dient als Grundlage für die Analyse der Berücksichtigung des IM in der Pre-Merger-Phase.

3.4.1 Informationsmanagement als M&A-Objekt

In seiner Rolle als M&A-Objekt ist das Informationsmanagement direkt in den M&A-Prozess involviert und von den getroffenen Entscheidungen betroffen. Neben weiteren betrieblichen Funktionen steht das IM auf dem Prüfstand und wird hinsichtlich seines Beitrages zur Erreichung der Unternehmensziele bzw. zum Erfolg des M&A-Projekts untersucht (siehe Abbildung 9).

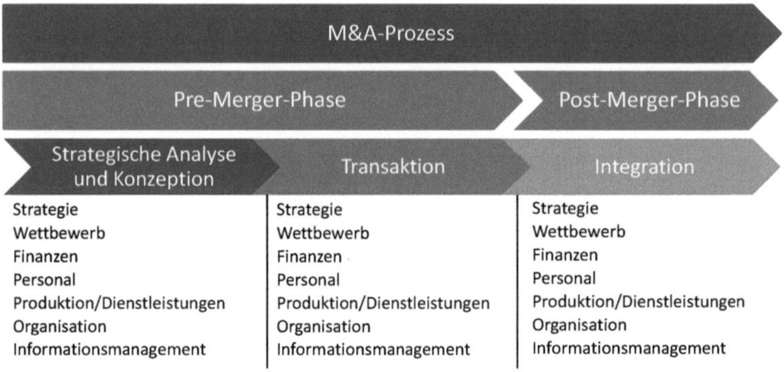

Abbildung 9: IM als M&A-Objekt[304]

Dabei stehen in der strategischen Analyse- und Konzeptionsphase die Strategiekonformität mit der Unternehmensstrategie, der Vergleich mit den Mitbewerbern und der Beitrag zum Unternehmenserfolg im Vordergrund. Auf Basis des ermittelten Ist-Zustands können bereits hier Anforderungen an die Informationsinfrastruktur des Zielunternehmens beispielsweise im Hinblick auf die Verbesserung eigener Schwachstellen bei der IIS, erhoben werden. Der Beitrag zum Erfolg des M&A-Projekts z.B. durch die Realisierung von Synergien und Kosteneinsparungen sowie durch eine effiziente Integrationsdurchführung sind Untersuchungsbereiche innerhalb der Transaktions- und Integrationsphase.

Die Informationsfunktion durchdringt als Querschnittsfunktion weitere betriebliche Funktionen und erbringt für diese Serviceleistungen. Dies ist bei der Beurtei-

[304] Eigene Darstellung.

lung des Informationsmanagements zu berücksichtigen und wird insbesondere bei der Integrationsgestaltung deutlich, da viele Integrationsaufgaben mit Informationssystemen verbunden sind[305].

Eine Herausforderung, die sich bei der Betrachtung des IM aus dieser Perspektive ergibt, stellen die Mitarbeiter dar, die für das IM bzw. die IIS im Unternehmen zuständig sind. Diese können beispielweise in einer IT-Abteilung oder in den jeweiligen Fachbereichen ansässig sein. Für die Mitarbeiter entstehen bei M&A-Transaktionen häufig Unsicherheiten im Hinblick auf ihren Arbeitsplatz, ihr Aufgabenfeld und ihre Arbeitsbedingungen.[306] Daher neigen sie zur Beibehaltung des Status Quo, auch wenn dies nicht im Sinne des neuen Unternehmens ist. „So werden sich beispielsweise die IT-Entwickler sehr oft an ihre jeweiligen Alt-Systeme klammern, weil dort ihr Know-how liegt. Und haben sie vor dem Merger noch argumentiert, dass die Weiterentwicklung einen hohen Aufwand erfordert, so werden sie jetzt zu zeigen versuchen, mit welch geringem Aufwand sich das System doch modernisieren lässt."[307] Wird ein hoher Integrationsgrad angestrebt und sollen Kostenersparnisse realisiert werden, rechnen die Mitarbeiter mit Stellenkürzungen bzw. Änderungen in ihrem bisherigen Arbeitsalltag. Ferner erhöht sich der Konkurrenzdruck durch die Mitarbeiter des anderen Unternehmens, über deren Kenntnisse und Motivation Unwissenheit herrscht. Dies kann dazu führen, dass die Mitarbeiter des Zielunternehmens als Konkurrenten aufgefasst werden und eine Integration erschwert wird.[308]

Neben der Integration auf personeller Ebene, kann dieses Verhalten auch zu Opportunismus hinsichtlich der Objektivität der zu treffenden Entscheidungen führen. Beispielsweise werden die eigenen Systeme und Prozesse als überlegen eingestuft oder Probleme und Schwachstellen werden kleingeredet. Entscheidungen werden durch machtpolitisches Kalkül anstatt durch sachliche Argumente beeinflusst. In der Pre-Merger-Phase kann ein solches Verhalten dazu führen, dass bei den Auswahlkriterien für mögliche Zielunternehmen und der durchzuführenden

[305] Vgl. *Rentrop* (2004), S. 1.
[306] Vgl. *Schmid/Dahlberg* (2008), S. 525; *Gerpott* (1993), S. 107.
[307] *Penzel/Pietig* (2000), S. 41.
[308] Siehe zur emotionellen Reaktion der Mitarbeiter während einer M&A-Transaktion *Frankenberger/Kappler/Müller-Stewens* (2006), S. 71 ff.

Due Diligence Prioritäten nicht im Sinne der M&A-Zielerreichung, sondern der persönlichen Ziele des IT-Managements gesetzt werden.

Es ist anzunehmen, dass der Stellenwert des IM als Gegenstand des M&A-Prozesses und damit das Ausmaß der Berücksichtigung im M&A-Prozess stark vom angestrebten Integrationsgrad der beteiligten Unternehmen bzw. den Transaktionszielen, dem Stellenwert des IM im jeweiligen Unternehmen[309], der Größe des Zielunternehmens relativ zur Größe des Käuferunternehmens und der Qualität des IM im Käufer- und Zielunternehmen abhängig ist. Tendenziell ist anzunehmen, dass mit steigendem Integrationsgrad, die Erfolgsrelevanz des IM zunimmt. Wird in diesem Fall auch die Bedeutung des IM für den Unternehmenserfolg als hoch eingeschätzt, kann es als Werttreiber fungieren, durch den Kosten- und Synergievorteile sowie auch Wettbewerbsvorteile erzielt werden können.

Aber auch bei einem niedrigen Integrationsgrad kann die Erfolgsrelevanz stark ausgeprägt sein, abhängig von den zu integrierenden Bereichen. Erfolgt die angestrebte Integration beispielsweise über eine Verbindung der Anwendungssysteme der beteiligten Unternehmen, ist auch hier Erfolgsrelevanz gegeben. Wird dagegen beispielsweise auf den Transfer von Management-Know-how fokussiert, ist die Bedeutung als gering einzuschätzen.

3.4.2 Informationsmanagement als M&A-Instrument

Das Informationsmanagement unterstützt den gesamten M&A-Prozess[310] (siehe Abbildung 10) durch die Beschaffung und adäquate Bereitstellung von Informationen und entsprechenden Informationssystemen.[311]

---

[309] Vgl. *Deloitte* (2008), S. 22.

[310] Speziell für die Integrationsphase siehe *Rentrop* (2004), S. 216 ff.

[311] Im Sinne des Informationsprozesses von LUCKS und MECKL. Vgl. *Lucks/Meckl* (2002), S. 156 ff.

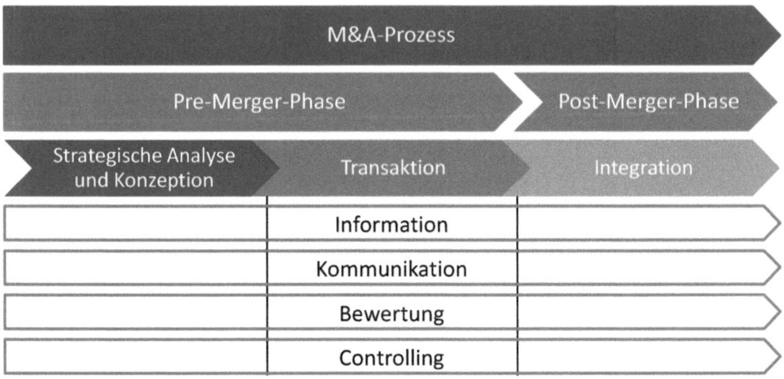

Abbildung 10: IM als M&A-Instrument im Sinne der Prozessunterstützung[312]

„Informationen stellen die wichtigste Grundlage für den Erfolg eines Unternehmenskaufs dar. Ohne aktuelle, detaillierte und präzise entscheidungsrelevante Daten können weder passende Kaufobjekte identifiziert noch ein fundiertes Kaufpreisangebot erstellt werden."[313] Dabei ist insbesondere die bedarfsgerechte Informationsversorgung aller am M&A-Projekt Beteiligten[314] von Bedeutung.

Wichtig ist, dass die Informationsversorgung entsprechend den Funktionen und Aufgaben der beteiligten Personen erfolgt. Die Bereitstellung der richtigen Information, in der richtigen Qualität und Form, zum richtigen Zeitpunkt am richtigen Ort ist eine zentrale Aufgabe des IM. Dabei muss die Einhaltung von Geheimhaltungsvereinbarungen und Sicherheitsmaßnahmen z.B. durch die Definition von Benutzerrollen und durch die Vergabe und Kontrolle von Zugriffsberechtigungen gewährleistet werden.

Die korrekte Informationsversorgung sowohl mit qualitativen als auch quantitativen Daten ist erfolgskritisch, da auf deren Grundlage Entscheidungen getroffen werden, die das M&A-Projekt determinieren. Die Bereitstellung von Information

[312] Eigene Darstellung in Anlehnung an *Lucks/Meckl* (2002), S. 59.

[313] *Eberl* (2009), S. 83.

[314] An einem M&A-Projekt sind im Zeitablauf verschiedene Akteure beteiligt. Neben dem Management und den Mitarbeitern der betroffenen Unternehmen, werden häufig auch Externe, z.B. als Berater, als Prüfer, als Experten in das Projekt eingebunden. Vgl. *Lucks/Meckl* (2002), S. 29-50. Kennzeichnend für das M&A-Projekt ist, dass die beteiligten Personen im Zeitablauf wechseln. Während manche Beteiligte von Beginn bis zum Abschluss des Projekts eingebunden sind, kommen andere Personengruppen nur in bestimmten Phasen bzw. zu bestimmten Zeitpunkten zum Einsatz, beispielsweise Fachexperten oder Anwälte während der Due Diligence.

umfasst auch die Zurverfügungstellung bedarfsgerechter, zielorientierter Auswertungs-, Analyse- und Darstellungsmöglichkeiten sowie die Qualitätsbeurteilung der Information.[315] Ferner ist die Dokumentation und Speicherung der erhobenen Informationen im Sinne eines Wissensmanagements für nachfolgende Phasen im M&A-Prozess bzw. für zukünftige M&A-Vorhaben relevant. Das Informationsmanagement kann so die Aktivitäten des M&A-Projekts proaktiv unterstützen.

Für eine effektive und effiziente Unterstützung durch das IM ist dessen frühzeitige Einbindung in das M&A-Projekt notwendig. Die permanente Informationsbeschaffung, die reibungslose und adäquate Informationsversorgung, die Ermittlung der spezifischen Informationsbedarfe sowie die Informationsdokumentation sind zentrale Aufgaben des Informationsmanagements in seiner Rolle als M&A-Instrument.

3.5 Erfolgsfaktoren

Erfolgreiche M&A-Transaktionen können einen erheblichen Beitrag zur Realisierung der Unternehmensziele und zur Zukunftsfähigkeit von Unternehmen beitragen. Als strategisches Instrument bergen M&A aber auch Risiken. Empirische Untersuchungen zum Erfolg von M&A-Projekten weisen hohe Misserfolgsquoten aus. Ein Großteil der durchgeführten Transaktionen erfüllt nicht die damit verbundenen Erwartungen.[316] Erklärungen hierfür, die für diese Arbeit relevant erscheinen, werden nachfolgend diskutiert.

Die Ursachen für die hohen Misserfolgsquoten von Transaktionen sind vielfältig und in allen Phasen des M&A-Prozesses anzutreffen. Die Integrationsphase wird als besonders kritisch angesehen, da durch sie die in den vorgelagerten Phasen geplanten Ziele realisiert werden sollen. Aber auch die Planung der Transaktion sowie die Akquisitionsstrategie bergen Risiken.[317]

In der strategischen Analyse- und Konzeptionsphase „erfolgt bereits eine grundlegende Weichenstellung für den Erfolg oder Misserfolg eines Akquisitionsprojek-

[315] Vgl. *Lucks/Meckl* (2002), S. 162 und 170.

[316] Ein Überblick zu Studien zum Erfolg bzw. Misserfolg von M&A-Transaktionen findet sich bei *Lucks/Meckl* (2002), S. 11; *Bauch* (2004), S. 35 ff.; *Jansen* (2004), S. 115 f.; *Seubert* (2010), S. 76.

[317] Vgl. *Ernst and Young* (2006), S. 20.

tes"[318]. Das Fehlen einer Vision, die unternehmensintern und -extern kommuniziert werden kann,[319] und damit einhergehend das Fehlen klar definierter strategischer Ziele, die das Gerüst der Transaktion bilden, wirkt sich negativ auf den M&A-Erfolg aus. Die Erstellung eines Anforderungsprofils und die Auswahl eines passenden Zielunternehmens[320] können als erfolgskritische Aktivitäten innerhalb der strategischen Analyse- und Konzeptionsphase hervorgehoben werden.

In der Transaktionsphase stehen die Durchführung einer professionellen Due Diligence[321], die realistische Einschätzungen der Synergiepotenziale bzw. Kostenersparnisse und die Ermittlung eines angemessenen Kaufpreises[322] als kritische Ereignisse im Mittelpunkt.[323] Kommt es hier zu Fehleinschätzungen können diese auch durch eine reibungslose Integration in der Regel nicht wieder aufgefangen werden.[324]

Zusammenfassend kann die Kenntnis über das Zielunternehmen bzw. das Unternehmensumfeld und die Abstimmung dieser mit den verfolgten Zielen in der Pre-Merger-Phase als erfolgsentscheidend angesehen werden. Um diese Kenntnisse zu erlangen ist der Abbau bestehender Informationsasymmetrie zwischen Käufer- und Zielunternehmen im Verlauf des Transaktionsprozesses von großer Bedeutung.

In der Post-Merger-Phase stellt die zielkonforme Einschätzung des Integrationsaufwandes einen kritischen Erfolgsfaktor dar. Dabei wird der zeitliche und finanzielle Aufwand unterschätzt, der aus den unterschiedlichen Zielvorstellungen der Unternehmen[325] sowie deren Verschiedenartigkeit im Hinblick auf die Unternehmenskultur, die organisatorische Reife, die Prozesse, die Organisationsstrukturen und die Informationssysteme resultiert. Ferner sind nach WIRTZ ein unerfahrenes

[318] *Middelmann* (2000), S. 113.
[319] Vgl. *Middelmann* (2000), S. 113.
[320] Vgl. *Ernst and Young* (2006), S. 20.
[321] Vgl. *Krüger* (2000), S. 155.
[322] Vgl. *Hungenberg* (2011), S. 519.
[323] Vgl. *Bubik* (2005), S. 245 ff. und 249 ff.
[324] Vgl. *Ernst and Young* (2006), S. 20.
[325] Vgl. *Haspeslagh/Jemison* (1992), S. 185 ff.

Management sowie keine detaillierte Planung, Steuerung und Kontrolle des Integrationsprozesses häufige Fehlerursachen.[326]

Neben den phasenspezifischen Aspekten, ist auch die Etablierung eines phasenübergreifenden Projektmanagements als erfolgswirksam herauszustellen. Dabei steht eine ganzheitliche, interdisziplinäre und integrierende Sichtweise auf die einzelnen Phasen des M&A-Prozesses im Hinblick auf die Zielerreichung im Vordergrund.[327] Insbesondere das Zusammenwachsen der beteiligten Unternehmen kann durch ein integriertes Pre- und Post-Merger-Management und die dadurch entstehende „kulturelle und strukturelle Identität zwischen den Partnern einer M&A-Transaktion“[328] gefördert werden.

Als zugleich phasenspezifischer und -übergreifender Erfolgsfaktor kann das Informationsmanagement bezeichnet werden. Phasenübergreifend im Sinne der Unterstützungsfunktion stellt es die für die einzelnen Aktivitäten des M&A-Prozesses benötigten Informationen bereit, unterstützt deren zielgerichtete Weitergabe und ermöglicht eine zeitnahe, transparente und nachvollziehbare Entscheidungsfindung und Prozessdurchführung. Im Rahmen der Pre-Merger-Phase ist die Berücksichtigung des IM als M&A-Objekt bei der Ermittlung von Synergien bzw. Dissynergien, der Schätzung des Integrationsaufwandes, der Ermittlung des Kaufpreises bzw. der Aufdeckung von Deal Breaker sowie bei der Entscheidung über den Integrationsgrad als erfolgskritisch einzuschätzen.

Die Integration der vorhandenen Informationsinfrastrukturen ist im Rahmen der Post-Merger-Phase von besonderer Bedeutung.[329] Sie kann mit erheblichem finanziellem Aufwand verbunden sein, wodurch die Integrationskosten des Zusammenschlusses erhöht werden.[330] Aus M&A-Objekt-Perspektive stellt das IM sowohl eine Synergiequelle als auch einen Synergiehebel bei M&A-Transaktionen dar. Synergien können im Rahmen der Integration durch erhebliche Kostenersparnisse im IT-Bereich erzielt werden, beispielsweise durch den ge-

326 Vgl. *Wirtz* (2003), S. 271.
327 Vgl. *Middelmann* (2000), S. 119 f.
328 *Middelmann* (2000), S. 119.
329 Vgl. *Wirtz* (2003), S. 336. Siehe auch Kapitel 2.1.2.2.
330 Vgl. *Hornung* (1998), S. 146 am Beispiel des Bankensektors.

meinsamen Einkauf von Lizenzen oder die Konsolidierung der Rechenzentren.[331] Als Synergiehebel fungiert das IM aufgrund seiner Eigenschaft als Querschnittsfunktion. Dadurch kann es Synergien in anderen betrieblichen Funktionen ermöglichen.[332] Zur Einschätzung der Erfolgsrelevanz für die Integration können folgende Erkenntnisse dienen:

- Schätzungen zu folge werden bis zu 50% des gesamten Synergiepotenzials erst durch die Verbindung der IT der beteiligten Unternehmen verwirklicht.[333]
- Studienergebnisse zeigen, dass es bei 58% der untersuchten Integrationen zu Problemen bei der Verzahnung der Managementinformationssysteme kam. Dabei kommen sowohl inhaltliche[334] als auch systemtechnische[335] Schwierigkeiten zum Tragen. Diese Schwierigkeiten können die Integration hemmen oder gar zu ihrem Scheitern beitragen.[336]

Weitere Erkenntnisse weisen daraufhin, dass es bei der IT-Integration zu erheblichen Schwierigkeiten kommen kann und Kosteneinsparungen nicht erreicht werden sowie Verzögerungen, unzureichende IT-Unterstützung oder Umsatzeinbußen in Kauf genommen werden müssen.[337] „Unverträgliche Informationssysteme können zu einem Knock-out-Kriterium für Fusionen oder Firmenübernahmen werden“[338], daher scheint eine Berücksichtigung bereits in der Pre-Merger-Phase zwingend erforderlich.

Ferner sind IT-Projekte häufig die ersten gemeinsamen Projekte der beteiligten Unternehmen, sodass das Informationsmanagement dabei unterstützen kann, mit der Kultur des jeweils anderen Unternehmens vertraut zu werden und den Integrationsprozess positiv beeinflussen kann.[339] Daneben hat die Qualität der Informationssysteme im Hinblick auf die damit arbeitenden Mitarbeiter Einfluss auf deren

[331] Vgl. *Schwarze/Röscheisen/Mengue* (2007), S. 64; *Rigall/Hornke* (2007), S. 496 f.
[332] Vgl. *Schwarze/Röscheisen/Mengue* (2007), S. 64; *Schmid/Dahlberg* (2008), S. 521.
[333] Vgl. *Meier/Spang* (2000), S. 7 f.; *Rigall/Hornke* (2007), S. 496.
[334] Z.B. unterschiedliche Verfahren zur Berechnung von Kennzahlen.
[335] Z.B. Inkompatibilitäten der eingesetzten Systeme.
[336] Vgl. *Schewe/Gerds* (2009), S. 49 f.
[337] Siehe eine Zusammenstellung bei *Märkisch* (2008), S. 5
[338] *Schönsleben* (2001), S. 2.
[339] Vgl. *Rentrop* (2004), S. 63 f. IM verstanden als Akkulturationshilfe.

Arbeitszufriedenheit und Motivation. Insbesondere Eigenschaften wie Zuverlässigkeit und Gebrauchstauglichkeit spielen hierbei eine Rolle.

Nach SCHWARZE und DILLMANN sind Unternehmen, die in der IT gut aufgestellt sind, in der Lage M&A-Transaktionen effizienter abzuwickeln. Ferner zeichnen sich erfolgreiche M&A-Transaktionen durch einen starken IT-Fokus in den Geschäftszielen der Beteiligten aus, wobei das IM bereits frühzeitig in den M&A-Prozess eingebunden wird.[340]

Aufgrund der Fokussierung der Arbeit auf die Pre-Merger-Phase wird für den weiteren Verlauf der Arbeit ein differenzierter Erfolgsbegriff eingeführt.

- Erfolg bezogen auf die M&A-Transaktion als Ganzes:

  In diesem Sinne findet die Erfolgsmessung nach Abschluss der Transaktion, d.h. auch nach erfolgter Integration statt. Ein Abgleich mit den zu Beginn definierten Transaktionszielen und deren tatsächlicher Realisation bilden die Grundlage für den Grad des Erfolges. [341]

- Erfolg bezogen auf die Pre-Merger-Phase:

  Als Erfolgskriterium kann das Ziel Zustandekommen der M&A-Transaktion[342] mit einem Zielunternehmen mit dem sich die M&A-Strategie umsetzen lässt, herangezogen werden. Als Erfolgsmaßstab kann demzufolge der Grad der Zielerreichung, d.h. die Vertragsunterzeichnung bzw. der Verhandlungsabbruch betrachtet werden.[343]

Abbildung 11 gibt einen Überblick über die vorgestellten Ergebnisse.

---

[340] Vgl. *Schwarze/Dillmann* (2009), S. 283.
[341] Vgl. *Glaum/Hutzschenreuter* (2010), S. 92.
[342] Das der Initiierung der Pre-Merger-Phase explizit zugrunde liegt.
[343] Vgl. *Vogel* (2002b), S. 273; *Schawel* (2002), S. 65.

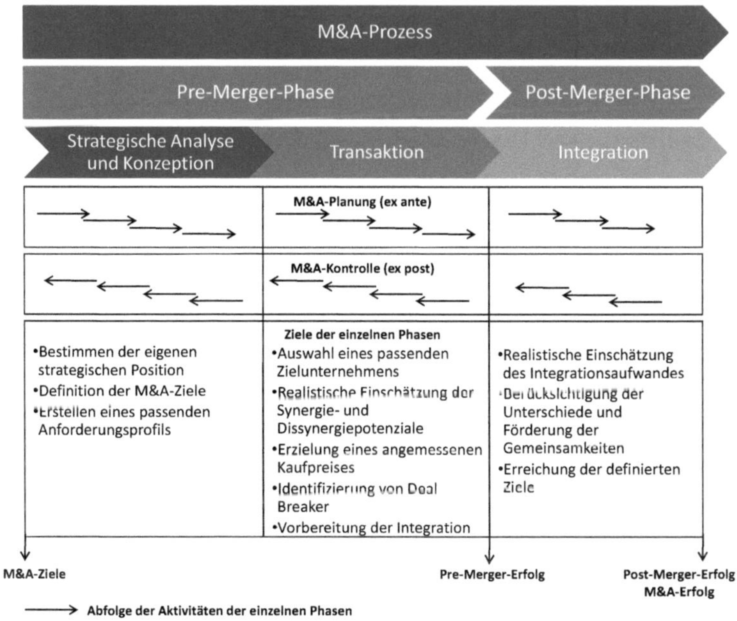

Abbildung 11: Aktivitäten und Erfolg im M&A-Prozess[344]

Wichtig hierbei ist die Erkenntnis, dass das Informationsmanagement einer von mehreren Faktoren[345] mit strategischer Bedeutung ist und alle in einem so komplexen Vorhaben wie einer M&A-Transaktion Berücksichtigung finden müssen. Eine ausgewogene, ganzheitliche Strategie, die zum einen auf das Gesamtziel fokussiert und zum anderen die unterschiedlichen betrieblichen Teilbereiche einbezieht, kann die Grundlage für eine erfolgreiche Umsetzung bilden.

3.6 Zusammenfassung

Die detaillierte Darstellung des M&A-Prozesses inklusive den einzelnen Phasen und Aktivitäten veranschaulicht die Komplexität eines solchen Vorhabens, das häufig unter Vertraulichkeitsauflagen und Zeitdruck durchgeführt wird. Aufgrund der starken betrieblichen Durchdringung der Informationsfunktion und der Dop-

[344] Eigene Darstellung in Anlehnung an *Herold* (2003), S. 42.

[345] Unternehmenskultur, Kundenmanagement, Kommunikations- und Personalmanagement stellen beispielsweise weitere Erfolgsfaktoren dar, die in der Literatur diskutiert werden. Vgl. z.B. *Schawel* (2002); *Fischer* (2008); *Sadowski/Sandstede/Weyand* (2010); *Schewe* (2002).

pelrolle des Informationsmanagements bei M&A-Projekten wird deutlich, dass das Informationsmanagement Erfolgsrelevanz im M&A-Kontext besitzt.

Dies zeigt auch die literaturgestützte Auseinandersetzung mit den Risiken und Erfolgsfaktoren einer M&A-Transaktion. Das Informationsmanagement lässt sich in ein Bündel von M&A-Erfolgsfaktoren einordnen, deren individuelle Erfolgsrelevanz in Abhängigkeit der spezifischen Charakteristika der Unternehmen und der Transaktion zu bestimmen sind. Unter welchen unternehmerischen und transaktionsbedingten Eigenschaften das Informationsmanagement an Stellenwert gewinnt und wie es dementsprechend strategiekonform zu gestalten ist, wird in den folgenden Kapiteln untersucht.

4. Ordnungsrahmen für ein strategiekonformes Informationsmanagement

Ziel der Arbeit ist es, sowohl die theoretische Wissensbasis über das IM in der Pre-Merger-Phase zu erweitern, als auch anwendungsnahe Erkenntnisse zu generieren, um das Forschungsfeld zu durchdringen und zu strukturieren. Hierfür wird zunächst aus den bisherigen Erkenntnissen ein konzeptioneller Bezugsrahmen für den Beitrag des IM zum M&A-Erfolg abgeleitet, der zugleich die Grundlage für die Fragstellungen an die betriebliche Praxis bildet. Durch Experteninterviews werden der Ist-Zustand der Berücksichtigung des IM in der Pre-Merger-Phase erhoben und praxisrelevante Fragestellungen sowie Potenziale identifiziert. Die Ergebnisse der Experteninterviews fließen in die Konzeption eines Ordnungsrahmens für ein strategiekonformes IM in der Pre-Merger-Phase ein. Weitere Ergebnisse geben Hinweise auf die Ausgestaltung des IM und werden in Kapitel 5 vorgestellt.

4.1 Konzeptioneller Bezugsrahmen

Für die Problemstellung der Arbeit kann auf keine einheitliche theoretische Basis zurückgegriffen werden. Die Strukturierung der Problemstellung wird daher anhand der bisher vorgestellten Erkenntnisse vorgenommen und in Form eines konzeptionellen Bezugsrahmens zusammengefasst, der in Abbildung 12 dargestellt wird.

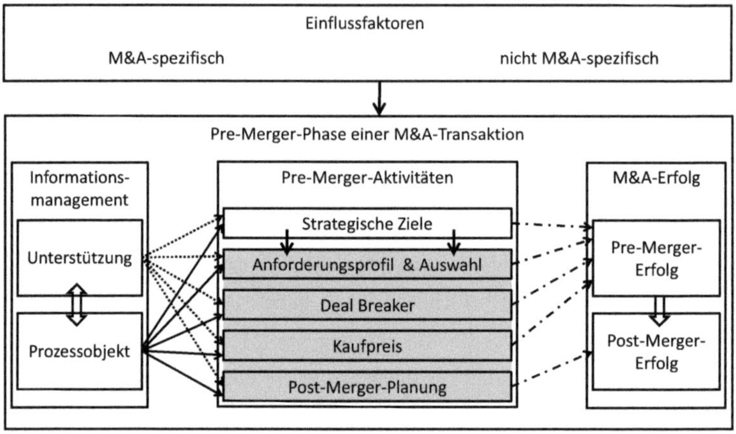

Abbildung 12: Konzeptioneller Bezugsrahmen IM in der Pre-Merger-Phase[346]

Eine rückwärtsgerichtete Perspektive einnehmend, kann der M&A-Erfolg als Ausgangspunkt der Problemstellung betrachtet werden. Dabei bildet der Erreichungsgrad der M&A-Ziele den Maßstab für den M&A-Erfolg.[347] Der M&A-Erfolg setzt sich aus den Erfolgen der Pre- und Post-Merger-Phase zusammen, wobei die Entscheidungen der Pre-Merger-Phase die Ausgestaltung und den Erfolg der Post-Merger-Phase beeinflussen.[348] Als Erfolgskriterium der Pre-Merger-Phase kann das Zustandekommen der Transaktion unter Berücksichtigung der M&A-Ziele angenommen werden.

Wichtige Entscheidungen, welche den Pre-Merger-Erfolg determinieren sind die Formulierung der richtigen strategischen Ziele, die Auswahl eines passenden Zielunternehmens, die Identifizierung von Deal Breaker sowie die Ermittlung eines adäquaten Kaufpreises. Diese Entscheidungen können durch das Informationsmanagement im Sinne eines M&A-Objektes und -Instrumentes beeinflusst werden und wirken sich auf den M&A-Erfolg aus. Daneben kann das Informationsmanagement auch unmittelbar den Post-Merger-Erfolg in der Pre-Merger-Phase über die Aktivität Planung der Post-Merger-Integration beeinflussen.

[346] Eigene Darstellung.
[347] Siehe auch Kapitel 3.5.
[348] Vgl. *Vogel* (2002b), S. 273; *Jansen* (2004), S. 135; *Penzel/Pietig* (2000), S. 36.

Dabei ist zu berücksichtigen, dass die einzelnen Aktivitäten der Pre-Merger-Phase nicht unabhängig voneinander betrachtet werden können, sondern Interdependenzen aufweisen. Dies reflektiert die prozessorientierte Sichtweise auf ein M&A-Vorhaben, das der Arbeit zugrunde liegt und welches Rückkopplungen und Parallelitäten zwischen den Aktivitäten berücksichtigt. Die strategische Zielsetzung steht zu Beginn jedes Vorhabens und bildet den Ausgangspunkt. Sie beeinflusst alle nachgelagerten Aktivitäten, in dem sie den Handlungsspielraum vorgibt und gleichzeitig als Zielmaßstab fungiert. Die Erstellung eines Anforderungsprofils sowie die Auswahl einen passenden Unternehmens, die Identifizierung von Deal Breaker, die Ermittlung eines adäquaten Kaufpreises und die Planung der Integration weisen enge Verflechtungen auf und werden zum Teil parallel durchgeführt. Dieses Zusammenspiel ermöglicht eine ganzheitliche Sichtweise, sodass bisher getroffene Annahmen und Entscheidungen überprüft und bei Abweichungen Anpassungen vorgenommen werden können. Im Bezugsrahmen werden diese Interdependenzen durch die gestrichelten Linien sowie die Unterlegung dieser Aktivitäten symbolisiert.

Auch die Rollen des IM als M&A-Objekt und -Instrument weisen eine Schnittmenge auf und beeinflussen sich gegenseitig. So können im Rahmen der Unterstützungsfunktion des IM auch Informationen über das IM selbst, wie beispielsweise Informationen zu eingesetzter Hard- und Software, zu Lizenzbedingungen oder zu Kennzahlen des IM bereitgestellt werden.

Neben den inneren Verflechtungen zwischen Informationsmanagement, Aktivitäten der Pre-Merger-Phase und M&A-Erfolg, wirken auf diese auch weitere M&A-spezifische[349] und nicht M&A-spezifische[350] Einflussfaktoren. Vertraulichkeitsaspekte beispielsweise können zu den M&A-spezifischen Faktoren gezählt werden, die zum einen wichtige Erfolgsbeiträge leisten, zum anderen die Zusammenarbeit und den Informationsaustauch erschweren, was sich negativ auf die erfolgreiche Durchführung auswirken kann. Beispielsweise behindern rigide Vertrau-

[349] Z.B. Vertraulichkeitsaspekte, Erwerbsform, Zustimmungsbereitschaft des Managements, leistungswirtschaftlicher Zusammenhang der Unternehmen und M&A-Erfahrung. Vgl. *Gerpott* (1993), S. 247.

[350] Z.B. wirtschaftliche und rechtliche Rahmenbedingungen sowie Entwicklungen im Bereich IKT. Vgl. *Gerpott* (1993), S. 244.

lichkeitsvereinbarungen eine umfassende Prüfung während der Due Diligence sowie die Einbeziehung verschiedener ausgewiesener Experten in die Planung und Prüfung. So können Vertraulichkeitsaspekte auch ein Grund für die häufig erst späte Einbindung von IT-Experten im Rahmen der Pre-Merger-Phase darstellen. Der vorgestellte Bezugsrahmen dient als Basis für die nachfolgend vorgestellte empirische Untersuchung in Form von Experteninterviews und wird durch deren Ergebnisse konkretisiert.

4.2 Leitfadengestützte Experteninterviews

Neben der Erweiterung der Wissensbasis und der Konzeption eines abstrakten Bezugsrahmens für das IM in der Pre-Merger-Phase, sind weitere Ziele der Arbeit, Problemstellungen der Praxis aufzugreifen und Lösungsansätze zu entwickeln sowie Gestaltungsräume für Unternehmen aufzuzeigen.[351] Hierfür sind Erkenntnisse und Erfahrungen aus der betrieblichen Praxis konstitutiv.

Nachfolgend wird die Wahl des leitfadengestützten Experteninterviews als angemessene Forschungsmethode für die Erhebung von Praxiswissen begründet und die Vorgehensweise bei der Vorbereitung der Gespräche, die Besonderheiten bei deren Durchführung sowie die Auswertungsstrategie erläutert. Ziel ist es, die im Rahmen der empirischen Erhebung getroffenen Entscheidungen zu explizieren, um eine intersubjektiv-nachvollziehbare[352] Darstellung des Forschungsprozesses bereitzustellen.

4.2.1 Methodenwahl

Für die Erhebung von Praxiswissen kommen grundsätzlich zwei Forschungsansätze in Frage, der qualitative und der quantitative Forschungsansatz[353]. Beide unterscheiden sich primär durch ihr Erkenntnisinteresse. Steht beim quantitativen Forschungsansatz die Überprüfung von Hypothesen anhand bestehender Theorien im Vordergrund, fokussiert die qualitative Forschung auf die Generierung von

---

[351] Siehe Kapitel 1.3.

[352] Die intersubjektive Nachvollziehbarkeit des Forschungsprozesses stellt ein Gütekriterium wissenschaftlichen Arbeitens dar. Vgl. *Helfferich* (2009), S. 167.

[353] Eine einführende Gegenüberstellung unterschiedlicher Kriterien der qualitativen und quantitativen Forschung findet sich in Anhang 3.

Hypothesen.[354] Während die quantitative Forschungsrichtung standardisierte Methoden mit dem Ziel des „Messens“ einsetzt, kommen im Rahmen der qualitativen Forschung Methoden zum Einsatz, deren Ziel das „Verstehen“ ist.[355] Welchem Forschungsansatz gefolgt und welche Methoden bzw. Methodenkombinationen eingesetzt werden, ist abhängig von der theoretischen Ausgangsbasis, dem Forschungsziel und der Fragestellung, der Charakteristik des Forschungsgegenstands sowie den Rahmenbedingungen des Forschungsprojekts.[356] Wendet man diese Kriterien auf die vorliegende Arbeit an, ergibt sich folgende Situation:

- Theoretische Ausgangsbasis:

  Es liegt keine bekannte einheitliche theoretische Basis für die strategiekonforme Gestaltung des IM in der Pre-Merger-Phase bei M&A vor. Dies spricht für einen qualitativen Forschungsansatz.[357]

- Forschungsziel:

  Die Gestaltung eines strategiekonformen Informationsmanagements in der Pre-Merger-Phase bei M&A und die Entwicklung eines Ordnungsrahmens hierfür sind die Ziele der Arbeit. Dieser Zielsetzung liegt der Gedanke der Exploration zugrunde, d.h. eine Hypothesen-generierende Forschungskonzeption. Relevante Informationen aus der Praxis sind daher Angaben zum Ist-Zustand der Handhabung des IM in der Pre-Merger-Phase sowie zu möglichen Problemen, Verbesserungspotenzialen bzw. Lösungsansätzen, Erfahrungen über Faktoren, die die Berücksichtigung des IM beeinflussen sowie Einschätzungen über die Erfolgsrelevanz des IM bei M&A-Vorhaben insgesamt. Dabei wird auf grundsätzliche, strategische Fragestellungen abgestellt, mit dem Ziel abstrahierende und strukturierende Ergebnisse zu erzielen. Im Sinne der Exploration wird kein Anspruch auf Repräsentativität erhoben.

[354] Vgl. *Brüsemeister* (2008), S. 19.
[355] Vgl. *Helfferich* (2009), S. 21.
[356] Vgl. *Atteslander/Cromm* (2010), S. 5; *Mayer* (2008), S. 35.
[357] Vgl. *Brüsemeister* (2008), S. 23 f.

- Fragestellung:

  Wie kann das Informationsmanagement in der Pre-Merger-Phase gestaltet werden, sodass es konform mit der M&A-Strategie ist und einen Beitrag zum M&A-Erfolg leistet? Eine umfassende Beantwortung der Fragestellung allein auf Basis standardisierter Daten und einer quantitativen Auswertung scheint u.a. aufgrund der Komplexität des Themenfeldes und der Verwendung unterschiedlicher Begrifflichkeiten kaum möglich zu sein. Qualitative Informationen eignen sich für Beantwortung von „Wie"-Fragestellungen und tragen zur Exploration des Forschungsfeldes bei.

- Charakteristik des Forschungsgegenstands:

  Der Gegenstand *IM in der Pre-Merger-Phase bei M&A* ist vielschichtig und zeichnet sich durch folgende Merkmale aus:

  - Komplexität: Das IM beinhaltet mehrere Gegenstandsbereiche und nimmt unterschiedliche Rollen im M&A-Prozess ein. Die Pre-Merger-Phase besteht aus mehreren Phasen und Aktivitäten, die Interdependenzen untereinander und zur Post-Merger-Phase aufweisen.[358] Ferner wird die Ausgestaltung einer konkreten M&A-Transaktion von unterschiedlichen Faktoren beeinflusst und ist daher situationsspezifisch.

  - Begriffsverständnis: Die begriffliche Abgrenzung der Themen Informationsmanagement, Mergers and Acquisitions sowie Pre-Merger-Phase variiert sowohl in der wissenschaftlichen Auseinandersetzung als auch zwischen Wissenschaft und Praxis.[359]

  - Sensibilität: Der Themenbereich M&A unterliegt bei vielen Unternehmen einer restriktiven Informationspolitik aufgrund der Wettbewerbswirksamkeit bzw. strategischen Bedeutung.

  - Grundgesamtheit: Eine Grundgesamtheit, in dem Sinne wie viele Pre-Merger-Phasen in Deutschland z.B. jährlich stattfinden oder in

[358] Siehe hierzu die Ausführungen in Kapitel 2.1.2, 3.4 und 3.2.

[359] Siehe hierzu auch Kapitel 2.1.1 und 2.2.1.

den vergangenen Jahren stattgefunden haben, scheint z.B. aufgrund der Sensibilität nicht bestimmbar zu sein. Dies erschwert eine auf Repräsentativität abzielende Forschungskonzeption.

Diese typischen Charakteristika erschweren eine Datenerhebung mit Hilfe standardisierter Methoden und sprechen für den Einsatz qualitativer Methoden der Befragung, die Rückfragen erlauben und eine spezifische Berücksichtigung der individuellen Rahmenbedingungen einer M&A-Transaktion ermöglichen.

Die vorstehenden Ausführungen begründen zugleich den qualitativen Charakter der empirischen Datenerhebung sowie die Wahl der Befragung in Form von leitfadengestützten Experteninterviews als Erhebungsmethode. Der Begriff „ ‚Experte' beschreibt die spezifische Rolle des Interviewpartners als Quelle von Spezialwissen über die zu erforschenden sozialen Sachverhalte. Experteninterviews sind eine Methode, dieses Wissen zu erschließen."[360] Im Rahmen von Experteninterviews wird auf einen abgegrenzten Realitätsausschnitt fokussiert,[361] der auf Basis eines thematischen Leitfadens im Dialog zwischen Interviewer und Experten erörtert wird. Eine inhaltliche Schwerpunktsetzung durch den Experten und eine entsprechend flexible, individuelle Handhabung des Leitfadens durch den Interviewer im Sinne einer Gesprächsunterstützung sind erwünscht.[362]

Die Experten fungieren in der Befragung „als RepräsentantInnen einer Organisation oder Institution"[363] und die aus ihrem Tätigkeitsspektrum „gewonnenen exklusiven Erfahrungen und Wissensbestände"[364] sind Inhalt des Interviews. Sie sind aufgrund ihres Expertenwissens von Interesse und nicht aufgrund ihrer Person, ihrer Gefühle oder ihrer Biographie.[365] Diese Kurzcharakteristik des Experteninterviews zeigt, dass der Einsatz der Methode und die dadurch gewonnenen

[360] *Gläser/Laudel* (2010), S. 12. (Im Original kursiv.)
[361] Vgl. *Meuser/Nagel* (1991), S. 444.
[362] Vgl. *Meuser/Nagel* (2009), S. 54; *Liebold/Trinczek* (2009), S. 38.
[363] *Meuser/Nagel* (1991), S. 444. (Im Original z.T. kursiv.)
[364] *Meuser/Nagel* (1991), S. 444.
[365] Vgl. *Liebold/Trinczek* (2009), S. 35 und 37; *Gläser/Laudel* (2010), S. 12.

Daten im Sinne des Prinzips der Gegenstandsangemessenheit[366] dazu geeignet sind, die Forschungsfrage zu beantworten.[367]

Vor dem Hintergrund des zugrunde liegenden erkenntnisleitenden Interesses differenzieren BOGNER und MENZ[368] das explorative, das systematisierende und das theoriegenerierende Experteninterview[369], die überblicksartig in Tabelle 6 zusammengefasst sind:

Experteninterview	Typische Merkmale
Exploratives Experteninterview	• thematische Strukturierung eines Forschungsbereichs und Hypothesenentwicklung • Experten als Teil der Zielgruppe oder als komplementäre Quelle • möglichst offene Gesprächsführung • Leitfaden für Strukturierung zentraler Dimensionen • inhaltlicher Schwerpunkt liegt auf der thematischen Sondierung • auf Vergleichbarkeit, Vollständigkeit und Standardisierbarkeit der erhobenen Daten wird nicht abgestellt
Systematisierendes Experteninterview	• Teilhabe an exklusivem Wissen • systematische und lückenlose Informationsgewinnung des reflexiv verfügbaren und spontan kommunizierbaren Handlungs- und Erfahrungswissens aus der Praxis • Experte klärt über „objektive" Tatbestände auf • Experte als Ratgeber, als Person, die über Fachwissen verfügt, das dem Forscher nicht zugänglich ist • relativ ausdifferenzierter Fragebogen • thematische Vergleichbarkeit der Daten steht im Vordergrund

366 Vgl. *Helfferich* (2009), S. 26; *Brüsemeister* (2008), S. 28 f.

367 Weitere qualitative Interviewformen sind beispielsweise das fokussierte Interview, das narrative Interview oder das problemzentrierte Interview. Vgl. *Helfferich* (2009), S. 36f. Experteninterviews sind im Forschungskontext von M&A ein häufig eingesetztes Instrument. Siehe z.B. *Freitag/Matthes/Schulz* (2011); *Eulerich* (2009); *Schawel* (2002); *Hornung* (1998); *Reißner* (1992).

368 Vgl. *Bogner/Menz* (2009), S. 64-67.

369 In der einschlägigen Literatur ist die methodologische Reflexion und Diskussion des Experteninterviews als (eigenständige) Methode nicht abgeschlossen. Siehe hierzu z.B. *Bogner/Menz* (2009), S. 61; *Liebold/Trinczek* (2009), S. 32 f.

Theoriegenerierendes Experteninterview	• zielt auf die kommunikative Erschließung und analytische Rekonstruktion der „subjektiven Dimension" des Expertenwissens • subjektive Handlungsorientierung und implizite Entscheidungsmaximen der Experten aus einem bestimmten fachlichen Funktionsbereich als Ausgangspunkt der Theoriebildung • Vergleichbarkeit der Äußerungen ermöglicht eine theoretisch gehaltvolle Konzeptualisierung von Wissensbeständen, Weltbildern und Routinen, die Experten während ihrer Tätigkeit entwickeln und für das Funktionieren sozialer Systemen konstitutiv sind • zielt auf Theoriegenerierung über die interpretative Generalisierung einer Typologie

Tabelle 6: Typisierung von Experteninterviews[370]

Die durchgeführte Erhebung weist Merkmale sowohl des explorativen als auch des systematisierenden Experteninterviews auf und kann daher als explorativ-systematisierende Form des Experteninterviews betrachtet werden.[371] Es wird zum Einen anhand eines differenzierten Gesprächsleitfadens auf das Handlungs- und Erfahrungswissen der Experten abgezielt, das nicht öffentlich verfügbar ist. Dabei werden die gegebenen Informationen als „wahr" unterstellt.[372] Zum Anderen liegt den Experteninterviews die Exploration als Leitidee zugrunde, da eine Systematisierung und Strukturierung des Forschungsfeldes im Rahmen einer offenen[373] Gesprächsführung angestrebt wird, bei der die Vergleichbarkeit und Vollständigkeit nicht im Vordergrund steht. Die Experten stellen in der vorliegenden Konzeption die Zielgruppe der Untersuchung dar.

[370] In Anlehnung an *Bogner/Menz* (2009), S. 64-67.
[371] Siehe hierzu auch *Christmann* (2009), S. 202.
[372] Vgl. *Helfferich* (2009), S. 166.
[373] LIEBOLD und TRINCZEK argumentieren, dass durch die Schwerpunktsetzung durch den Experten „ein Oktroyieren künstlicher und für die Eigenperspektive der Informanten irrelevanter Erhebungsschemata weitgehend vermieden und ein notwendiges Maß an Offenheit erreicht (wird). Damit wird es den Forschungssubjekten ermöglicht, andere Dimensionen und Wirklichkeitskonstruktionen zum Ausdruck zu bringen, als die Wissenschaftler erwarten." *Liebold/Trinczek* (2009), S. 36.

4.2.2 Vorgehensweise und Durchführung

Auf Basis des vorgestellten konzeptionellen Bezugsrahmens[374] wurde ein Interviewleitfaden konzipiert[375], der zur Strukturierung des Gespräches dient und verhindern soll, dass relevante Aspekte im Gesprächsverlauf ausgelassen werden bzw. weniger relevante Bereiche ausführlich besprochen werden.[376] Ferner fördert die Entwicklung eines Interviewleitfadens die thematische Kompetenz auf Seiten des Interviewers, was dazu beitragen kann, dass er im Gespräch mit dem Experten als gut vorbereiteter, interessierter und fachkundiger Gesprächspartner wahrgenommen wird.[377]

Der vorliegende Interviewleitfaden ist an der Forschungsfrage[378] und den Zielen der Untersuchung ausgerichtet und besteht aus den vier Themenfeldern:

- Themenfeld 1: Allgemeine Informationen

  Informationen zur Person und den Erfahrung im Bereich M&A und IM/IT

- Themenfeld 2: Informationsmanagement im Unternehmen und bei M&A

  Bedeutung, relevante Themengebiete, Rolle des IM bei M&A, Unterstützung durch und Einsatz von Anwendungssystemen

- Themenfeld 3: Informationsmanagement in der Pre-Merger-Phase

  Berücksichtigung des IM bei den Aktivitäten Strategiebildung, Formulierung des Anforderungsprofils sowie Auswahl eines passenden Zielunternehmens, Due Diligence, Kaufpreisermittlung sowie Identifizierung von Deal Breaker und Vorbereitung der Integration, Relevanz der Ergebnisse

[374] Siehe hierzu Kapitel 4.1.

[375] MAYER empfiehlt folgendes Vorgehen für die Entwicklung eines Leitfadens: „Ausgehend von den theoretischen Vorüberlegungen, anderen Untersuchungen und eventuell eigenen Felderkundungen gilt es, ein sensibilisierendes Konzept zu entwickeln. Dieses dient dann als Grundlage für die Entwicklung des Leitfadens. Es geht hier um die möglichst umfassende Berücksichtigung des zu behandelnden Realitätsausschnittes und die Berücksichtigung wesentlicher Aspekte. Beides orientiert sich an der Problemstellung der Untersuchung." *Mayer* (2008), S. 43. Der vorgestellte Bezugsrahmen wird als sensibilisierendes Konzept verstanden. Der daraus entwickelte Leitfaden kann daher auch aufgefasst werden als „Ausdruck erster (theoriegeleiteter) Hypothesen .. , die dann mit der sozialen Realität konfrontiert werden." *Liebold/Trinczek* (2009), S. 37.

[376] Vgl. *Liebold/Trinczek* (2009), S. 38.

[377] Vgl. *Meuser/Nagel* (2009), S. 52; *Liebold/Trinczek* (2009), S. 39.

[378] Vgl. *Mayer* (2008), S. 45.

der Pre-Merger-Phase für den Transaktionserfolg, Einfluss des IM auf diese Ergebnisse, Einsatz von Anwendungssystemen

- Themenfeld 4: Informationsmanagement und M&A-Erfolg

  Stellenwert des IM für eine erfolgreiche M&A-Transaktion, Potenziale des IM bei M&A, Abstimmung zwischen M&A-Strategie und IM

Die vier Themenfelder gliedern sich inhaltlich in die kurz beschriebenen Bereiche, die ihrerseits in Form von Fragen im Leitfaden repräsentiert werden. Der Leitfaden wurde flexibel sowohl im Hinblick auf die Reihenfolge und Formulierung[379] der Fragen wie auch die Auslassung[380] bestimmter Bereiche und Fragen angewandt. Dies ermöglicht neben einer offenen Kommunikation die Schwerpunktsetzung durch den Experten in Abhängigkeit seiner spezifischen Expertise. Da abzusehen war, dass nicht alle Experten in allen Aktivitäten der Pre-Merger-Phase über Erfahrungen verfügen[381], war es nicht notwendig in jedem Interview alle Bereiche anzusprechen bzw. alle Fragen zu stellen.

Um ein gewisses Maß an Vergleichbarkeit der Ergebnisse bei zugleich individueller Gesprächsführung zu ermöglichen, gibt es in jedem Themenfeld Kernfragen, die jedem Experten gestellt werden. Ferner werden die Fragen des Leitfadens auf die Zielgruppe der Experten abgestimmt. So weichen die Formulierung der Fragen für externe Unternehmensberater zum Teil leicht von denjenigen für Mitarbeiter eines Unternehmens ab.[382] Die Gesprächsdauer ist auf eine Stunde ausgelegt. Vor dem ersten Intervieweinsatz wurde der Leitfaden von fünf Personen im Hinblick auf Verständlichkeit und Struktur evaluiert. Nach den Erfahrungen aus den ersten durchgeführten Interviews erfolgten Anpassungen des Leitfadens.[383]

In der ersten Version des Leitfadens waren zwei strukturierte Fragen eingeflochten mit der Idee eine quantitative Auswertung zu ermöglichen. Diese Fragen ha-

[379] MEUSER und NAGEL empfehlen sich der Sprache des Experten anzupassen, um eine gemeinsame sprachliche Basis zu haben. Vgl. *Meuser/Nagel* (1991), S. 449.
[380] Für eine ähnliche Vorgehensweise siehe *Christmann* (2009), S. 202 f.
[381] MIEG und NÄF schlagen vor, falls es keinen Experten zum Gesamtthema gibt, Teilfragestellungen zu bilden und hierfür mit entsprechenden Experten zu sprechen. Vgl. *Mieg/Näf* (2006), S. 19. Während manche Experten über Erfahrungen in allen Bereichen der Pre-Merger-Phase verfügen, waren einige bisher nur in bestimmte Aktivitäten wie beispielsweise die Due Diligence oder die Integrationsvorbereitung eingebunden.
[382] Vgl. *Gläser/Laudel* (2010), S. 117.
[383] Der Leitfaden findet sich in Anhang 4.

ben sich bei den Gesprächen als nicht praktikabel und zum Teil gesprächshemmend herausgestellt und wurden nach dem zweiten Interview nicht mehr in dieser Form gestellt. Des Weiteren haben sich durch die ersten Gespräche interessante Themen herauskristallisiert, wie beispielsweise Wissensmanagement bei M&A, die bislang nicht im Leitfaden vertreten waren und daraufhin aufgenommen wurden.

Die Entscheidung, Experten nicht nur nach einer bestimmten Transaktion bzw. Transaktionstyp zu befragen, sondern übergeordnete, strategische Fragestellungen zu wählen, die auf unterschiedliche Ausprägungen von Transaktionen zutreffen, ergibt sich zum einen aus dem Ziel der Arbeit, die Rolle des IM in M&A-Transaktionen mit unterschiedlichen Charakteristika und Anforderungen zu strukturieren und einen Ordnungsrahmen zu entwickeln. Zum anderen soll dadurch der Erfahrungsumfang der Experten, die häufig in mehrere Transaktionen unterschiedlicher Ausprägung involviert waren, ausgeschöpft werden und ihre Einschätzungen hierzu im Hinblick auf die Bedeutung des IM erhoben werden.[384]

Im Anschluss an die Konzeption des Leitfadens folgt die Auswahl und Kontaktaufnahme mit den potenziellen Experten. In dem Kontext der Arbeit werden Experten „als FunktionsträgerInnen innerhalb eines organisatorischen oder institutionellen Kontextes“[385] gesehen. „Die damit verknüpften Zuständigkeiten, Aufgaben, Tätigkeiten und die aus diesen gewonnenen exklusiven Erfahrungen und Wissensbestände sind die Gegenstände des ExpertInneninterviews.“[386] Die ausgewählten Experten stellen daher Personen dar, die über betriebliche Erfahrung im M&A-Bereich, insbesondere im Bereich der Pre-Merger-Phase verfügen, d.h.

---

[384] Dabei kann nicht ausgeschlossen werden, dass manche Erfahrungen der Experten auf Transaktionen beruhen, die von der Definition von M&A, welche der Arbeit zugrundliegt, abweichen. Allerdings wurde bei den Gesprächen eine Abweichung vom Interviewer nicht wahrgenommen.

[385] *Meuser/Nagel* (1991), S. 444.

[386] *Meuser/Nagel* (1991), S. 444. In der einschlägigen Literatur gibt es unterschiedliche Auffassungen nach welchen Kriterien der Expertenstatus im Rahmen von Experteninterviews vergeben werden soll. Eine Diskussion unterschiedlicher Expertenbegriffe findet sich z.B. bei *Bogner/Menz* (2009), S. 67 ff.; *Liebold/Trinczek* (2009), S. 33 ff.

mindestens an einer M&A-Transaktion beteiligt waren, und optional[387] IT-Erfahrung besitzen, d.h. im IT-Bereich tätig sind oder sich mit IT-Fragestellungen im Kontext von M&A beschäftigen.

Für die Beantwortung der Forschungsfrage ist die Betrachtung des IM in der Pre-Merger-Phase aus unterschiedlichen Perspektiven im Sinne des explorativen Charakters wichtig. Daher wurden 13[388] Experten befragt, die aufgrund ihrer unterschiedlichen betrieblichen Positionen und Erfahrungen entsprechend unterschiedliches Wissen einbringen konnten.[389] Bei der Auswahl, der auf Basis des beschriebenen konstitutiven Kriteriums Erfahrung ermittelten Experten, wurden aus Gründen der inhaltlichen Repräsentativität folgende weitere Kriterien herangezogen:

- Funktion im M&A-Prozess:

  Externer Berater oder unternehmensinterner Mitarbeiter bzw. Führungskraft

- Informationsintensität der Branche des Unternehmens:

  Informationsintensiv, z.B. Finanzdienstleister oder weniger informationsintensiv, z.B. Maschinenbau

- Größe des Unternehmens:

  Mittelständische sowie große Unternehmen

- Position des Unternehmens im Prozess:

  Käufer- oder Zielunternehmen

[387] Durch die Berücksichtigung von Personen, die M&A-Erfahrung aufweisen aber keine spezifische IT-Erfahrung, wird die Erhebung auf eine breitere Basis gestellt und die Objektivität der Antworten erhöht. Es ist anzunehmen, dass IT-Verantwortliche den Beitrag des Informationsmanagements zum M&A-Erfolg und die Berücksichtigung des IM in der Pre-Merger-Phase anders einschätzen als M&A-Verantwortliche, welche unterschiedliche betriebliche Funktionsbereiche im Blick haben.

[388] Die Anzahl der geführten Interviews ist abhängig von den zur Verfügung stehenden Ressourcen und vom Informationszuwachs, der durch ein weiteres Interview gewonnen werden kann.

[389] Vgl. *Gläser/Laudel* (2010), S. 117.

Die Auswahl der insgesamt 13 Experten[390] stand nicht zu Beginn der Befragung fest, sondern erfolgte gezielt[391] und sukzessive, beispielsweise aufgrund der Vermittlung weitere Gesprächspartner während eines Interviews oder von Absagen ausgewählter Gesprächspartner. Zwei der teilnehmenden Experten stammen aus dem gleichen Unternehmen, sind aber in unterschiedlichen Positionen tätig. Abbildung 13 gibt einen Überblick über die Interviewteilnehmer nach dem Kriterium *Funktion im M&A-Prozess* und ermöglicht die Einordnung der Ergebnisse.

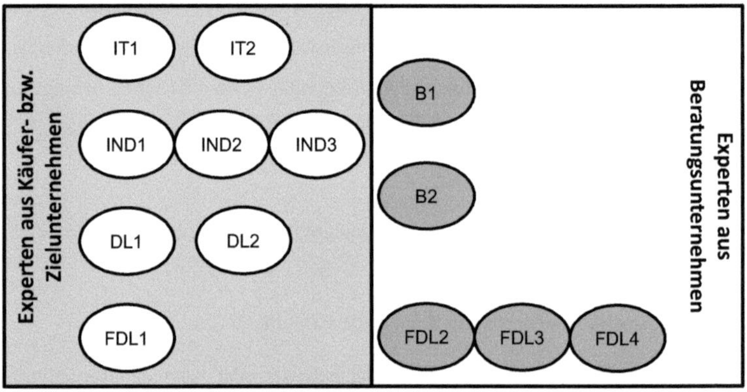

Abbildung 13: Charakteristika der Interviewteilnehmer[392]

Teilgenommen haben vier Experten aus dem Bereich Finanzdienstleistung/Bank (FDL), wobei drei hiervon in der Rolle als Berater an M&A-Transaktionen beteiligt waren. Ferner wurden je zwei Experten aus Unternehmensberatungen (B) und der IT-Branche (IT) befragt. Aus dem Bereich Dienstleistungen (DL) waren zwei Experten (aus dem gleichen Unternehmen aber in unterschiedlichen Positionen) vertreten und drei aus Industrieunternehmen (IND). Bei der Mehrzahl der M&A-Transaktionen der Experten wurden die Unternehmen integriert, wobei der Integrationsgrad variierte. Eine spezielle M&A-Abteilung, häufig als Stabsabteilung,

[390] Aus Gründen der Anonymität werden keine Namen der Gesprächspartner bzw. der entsprechenden Unternehmen genannt.

[391] Vgl. zur gezielten bzw. bewussten Auswahl der Stichprobe *Flick* (2009), S. 91 f.

[392] Eigene Darstellung. Die Einordnung erfolgt bewusst einem groben Raster, um Rückschlüsse auf die Unternehmen und die teilnehmenden Personen zu vermeiden. Eine genauere Einteilung ist nicht notwendig, da die Fragen nicht auf eine bestimmte Transaktion, sondern auf strategische, übergeordnete Themen ausgerichtet waren und so Informationen der Experten aus ihren Erfahrungen in unterschiedlichen Unternehmen Eingang gefunden haben.

war vor allem bei Großunternehmen insbesondere in der Pre-Merger-Phase involviert.

Drei Experten aus dem Finanzdienstleistungsbereich schätzen die IT für diesen Bereich als wesentlich ein. Zwar herrsche hierüber eine unterschiedliche Sichtweise zwischen Fach- und IT-Abteilung aber IT habe eine entscheidende Bedeutung. Bei den Experten aus den Industrieunternehmen wird die IT eher als unterstützender Faktor eingeschätzt, durch dessen Möglichkeiten allerdings Wettbewerbsvorteile erzielt werden können. Ein Experte merkt an, dass das IM hier ein wichtiges Thema im Sinne von Risiken durch die IT sei. Die beiden Experten aus dem Dienstleistungssektor sind sich einig, dass die IT in ihrer Branche an Bedeutung zunimmt[393]. Ein IT-Experte erklärt die IT als existenziell für sein Unternehmen, da sie als Produktionsmittel dient und die komplette Steuerung und Kommunikation des Unternehmens ohne Informationssysteme nicht möglich wäre.

Alle Interviewpartner erhielten zu Informations- und Vorbereitungszwecken ein Schreiben mit Angaben zum Forschungsprojekt und den Experteninterviews. Ferner wurden die vier Themenfelder des Interviewleitfadens vorgestellt und die Begriffe M&A, Pre-Merger-Phase und IM im Sinne der Verwendung innerhalb der Arbeit definiert[394]. Im Anschreiben wurden die Experten über die Möglichkeit einer eigenen Schwerpunktsetzung im Rahmen des Interviews und über die anonyme Auswertung[395] der Aussagen informiert. Zugleich wurde um die Aufzeichnung[396] des Gespräches gebeten. Zur Vorbereitung auf das konkrete Interview wurden öffentlich zugängliche Informationen zum Experten und dem entsprechenden Unternehmen und dessen M&A-Historie recherchiert. Die Interviews fanden zwischen November 2010 und März 2011 statt und wurden, bis auf ein

---

393 Z.B. im Bereich Echtzeitübermittlung von Daten.

394 Vgl. *Mieg/Näf* (2006), S. 24 f.

395 Vgl. *Mayer* (2008), S. 46. Dies kann zu einer offeneren Gesprächsatmosphäre beitragen.

396 Die Aufzeichnung ermöglicht es dem Interviewer sich auf das Gespräch zu fokussieren und nicht durch Protokollieren vom Inhalt abgelenkt zu werden. Vgl. *Gläser/Laudel* (2010), S. 158. LIEBOLD und TRINCZEK sehen eine Tonbandaufzeichnung als zwingend an, falls dem nicht das Interesse des Interviewten entgegensteht. Vgl. *Liebold/Trinczek* (2009), S. 40.

Telefoninterview, face-to-face durchgeführt.[397] Die durchschnittliche Gesprächsdauer betrug eine Stunde und zwanzig Minuten.

4.2.3 Auswertungsstrategie und Ergebnisse

Aufgrund des explorativ-systematisierenden Charakters der vorliegenden Untersuchung wird eine zielgerichtete und zugleich pragmatische Auswertung der erhobenen Daten vorgenommen, die sich grob an der etablierten interpretativen Auswertungsstrategie[398] nach MEUSER und NAGEL, die als Entdeckungsstrategie verstanden werden kann, orientiert.[399] Ziel ist es „das Überindividuell-Gemeinsame“[400] aus dem thematischen Vergleich der verschiedenen Interviews zu extrahieren.[401] Die Vorgehensweise der durchgeführten Auswertung lässt sich in die fünf Schritte Transkription, Vergabe von Überschriften, thematischer Vergleich, Konzeptualisierung und theoretische Generalisierung unterteilen. Für die Auswertung wurde die Software atlas.ti Version 6.2.25 eingesetzt.

Der erste Schritt besteht in der Transkription der aufgezeichneten Interviews. Die neun auf Tonband aufgezeichneten Interviews wurden mit einer Ausnahme[402] vollständig transkribiert, um nicht bereits eine Vorselektion der Daten vorzunehmen.[403] Auf die Notation nonverbaler und parasprachlicher Komponenten wurde bei der Transkription verzichtet, da sie nicht Bestandteil der Auswertung sind. Insgesamt umfasste die Transkription aller 13 Interviews 219[404] Seiten.

---

[397] Das Telefoninterview wurde aus technischen Gründen und drei weitere Interviews auf Wunsch der Gesprächspartner nicht aufgezeichnet. In diesen Fällen wurden während der Gespräche Notizen angefertigt, die im Anschluss in Form eines Protokolls dokumentiert wurden.

[398] Ein weiteres Auswertungsverfahren stellt die qualitative Inhaltsanalyse dar. Vgl. hierzu *Gläser/Laudel* (2010); *Mayring* (2010).

[399] Vgl. hierzu und auch im Folgenden *Meuser/Nagel* (1991), S. 451-466. Aufgrund des Datenmaterials und des explorativ-systematisierenden Charakters der Interviews wird die Auswertungsstrategie im Sinne von MEUSER und NAGEL flexibel auf die vorliegende Untersuchung angepasst.

[400] *Meuser/Nagel* (1991), S. 452.

[401] Vgl. *Meuser/Nagel* (1991), S. 452.

[402] Hier wurden Gesprächsteile ausgelassen, die für die Beantwortung der Fragestellung als nicht relevant eingestuft wurden z.B. Beschreibung einzelner Systeme.

[403] MEUSER und NAGEL weisen daraufhin, dass eine vollständige Transkription der Tonbandaufzeichnung nicht der Normalfall sei. Vgl. *Meuser/Nagel* (1991), S. 455.

[404] Schriftgröße 12pt, Times New Roman.

Nach der Transkription wurde als Zwischenschritt für alle 13 Experten ein individuelles Interviewprofil[405] angelegt, in dem die wichtigsten Rahmendaten zum Kontext der Experten, wie z.B. Unternehmensdaten, Anzahl und Art der Transaktionen zusammengefasst wurden. Neben den Informationen aus den Interviews gehen auch Erkenntnisse aus Unternehmenspräsentationen[406], Informationsmaterialien und eigenen Recherchen zur Vorbereitung auf die Interviews ein. Diese Profile unterstützen bei der Interpretation kontextbezogener Aussagen der Experten und deren Vergleichbarkeit untereinander.

Im zweiten Schritt werden mit dem Ziel der Verschlagwortung der Interviews[407] den einzelnen Textpassagen Überschriften zugeordnet, wobei eine Passage auch mehrere Überschriften besitzen kann. Die Überschriften orientieren sich dabei an den Themen des Leitfadens.[408] Im Anschluss daran werden die Textpassagen mit gleichen oder ähnlichen Überschriften zusammengestellt und zum Teil einer Oberüberschrift zugeordnet.[409] Die Sequenzialität des Interviews wird dabei aufgebrochen, der Kontext der Aussagen wird aber bei der Auswertung und Interpretation berücksichtigt. Textpassagen bzw. Antworten der Experten, die von der eigentlichen Fragestellung abschweifen oder ein thematisch neues Themenfeld eröffnen wurden bei der Verschlagwortung nicht berücksichtigt.

Während sich alle bisherigen Schritte innerhalb eines Interviews bewegten, werden beim thematischen Vergleich Passagen mit gleichen oder ähnlichen Überschriften aus verschiedenen Interviews zusammengebracht mit dem Ziel Gemeinsamkeiten und Unterschiede zu erkennen. Ziel der Konzeptualisierung ist „eine Systematisierung von Relevanzen, Typisierungen, Verallgemeinerungen, Deu-

---

405 Vgl. *Liebold/Trinczek* (2009), S. 19. Hier wird von Betriebsprofilen gesprochen.

406 Bei einem Teil der Unternehmen fand zu Beginn des Interviews eine kurze Unternehmenspräsentation statt.

407 Vgl. *Liebold/Trinczek* (2009), S. 42.

408 MEUSER und NAGEL plädieren bei der Vergabe der Überschriften die Begriffe der Befragten zu übernehmen und somit eng am Text zu arbeiten. Vgl. *Meuser/Nagel* (1991), S. 457. Hier wird LIEBOLD und TRINCZEK gefolgt, die vorschlagen die Interviews anhand der Themen des Leitfadens zu strukturieren. Vgl. *Liebold/Trinczek* (2009), S. 42.

409 Nach MEUSER und NAGEL ist zwischen der Transkription und der Vergabe der Überschriften die Paraphrase der Interviewtexte ein weiterer wichtiger Bestandteil der Auswertung. Auch weisen sie daraufhin, dass alle Stufen des Auswertungsprozesses durchlaufen werden müssen und keine Stufe übersprungen werden darf. Vgl. *Meuser/Nagel* (1991), S. 456 f. und 465. Aufgrund der Volltranskription und um möglichst lange mit dem Originaltext zu arbeiten und auch hier nicht eine verfrühte Vorselektion vorzunehmen, wird auf die Paraphrase verzichtet.

tungsmustern“[410] und die Verknüpfung einzelner Konzepte. Hierzu werden die Überschriften in eine wissenschaftliche Fachsprache umformuliert und mit theoretischem Vorwissen verknüpft. Die Generalisierung bleibt in diesem Schritt auf die Untersuchung begrenzt.[411] Im letzten Schritt wird auf eine theoretische Generalisierung der gewonnenen Erkenntnisse abgezielt, durch das Einbeziehen einschlägiger Theorien und der systematischen Ordnung der Zusammenhänge der herausgearbeiteten Themenstellungen.[412]

Die klassischen Gütekriterien Reliabilität, Validität, Objektivität sowie Generalisierbarkeit und Repräsentativität der quantitativen Forschung sind für qualitative Methoden aufgrund der unterschiedlichen Erkenntnisziele nicht direkt übertragbar. In der Literatur gibt es die Forderungen nach eigens für die qualitative Forschung formulierten Gütekriterien sowie die angemessene Umformulierung der quantitativen Gütekriterien, wobei die Diskussion noch nicht abgeschlossen ist.[413]

Die detaillierten Darstellungen der Konzeption, der Datenerhebung und der Auswertung der empirischen Untersuchung dienen auch zur kritischen Reflexion der Vorgehensweise und tragen dazu bei, eine unbewusste Beeinflussung der Datenaufbereitung zu beschränken.[414] Die Anzahl der geführten Interviews wurde vor allem in Abhängigkeit des Erkenntniszuwachses bestimmt, der durch ein weiteres Gespräch gewonnen werden kann. Dieser hat nach dem zehnten Interview langsam abgenommen, sodass 13 Gespräche ausreichend waren. Aufgrund des explorativ-systematisierenden Charakters der Interviews wurde nicht auf Repräsentativität abgezielt.

---

[410] *Meuser/Nagel* (1991), S. 462.

[411] Vgl. *Mayer* (2008), S. 54 f.

[412] Vgl. *Meuser/Nagel* (1991), S. 463.

[413] Vgl. *Mayer* (2008), S. 55 f.

[414] Vgl. hierzu *Helfferich* (2009), S. 156 Stichwort: Methodische Kontrolle über Reflexivität. Einen Einfluss auf die Datenaufbereitung können beispielsweise typische strategische und taktische Fehler des Interviewers, wie sie bei GLÄSER und LAUDEL beschrieben werden, ausüben. Typische Fehler des Interviewers bei Expertengesprächen, die als strategische Fehler bzw. Fehler in der Steuerung der Interviews bezeichnet werden, sind z.B. die zu starke Fokussierung auf den Leitfaden oder dessen Vergessen sowie der Verlust der Neutralität gegenüber dem Experten oder dem Gesprächsthema. Als taktische Fehler werden das spontane falsche Formulieren von Fragen oder das Auslassen von Nachfragen angesehen. Vgl. *Gläser/Laudel* (2010), S. 187-190. Weitere gesprächsbeeinflussende Faktoren können Status, Qualifikation, Alter und Geschlecht des Interviewers darstellen. Vgl. hierzu *Liebold/Trinczek* (2009), S. 40.

Kritisch zu betrachten bleibt der Aspekt, dass trotz der Begriffserklärungen im Anschreiben und während der Gespräche nicht alle Experten dasselbe Verständnis von dem Begriff Informationsmanagement haben könnten. Zum Beispiel gibt hierzu ein Experte zu bedenken, dass zwischen IT-Produkten und IT-Infrastruktur zu differenzieren ist und entsprechend die Antworten voneinander abweichen können. Durch die offene Gesprächsführung wurde die Offenlegung des Begriffsverständnisses der Experten allerdings begünstigt.

Die Darstellung der Ergebnisse der Experteninterviews ist summarisch gestaltet. Das bedeutet, es werden die Aussagen der einzelnen Experten zu bestimmten Fragestellungen zusammengefasst, wobei sich nicht immer alle Experten zu einem Themengebiet geäußert haben und dadurch zum Teil bereits interpretiert. Aussagen der Experten, die sich allgemein auf M&A-Transaktionen beziehen und keinen direkten Bezug zum IM haben, wurden zwar ausgewertet, werden aber aufgrund der Forschungsfrage nicht dargestellt. Das Wissen hierüber fließt aber in die Interpretation der Ergebnisse mit ein. Die Darstellung der Ergebnisse erfolgt themenbezogen und orientiert sich an den Fragestellungen der vorliegenden Arbeit:

1. *Wie lässt sich die Berücksichtigung des IM bei M&A strukturieren?*
2. *Welche Faktoren sind für die strategiekonforme Berücksichtigung des IM in der Pre-Merger-Phase besonders relevant?*
3. *Welchen Beitrag kann das Informationsmanagement als M&A-Objekt leisten?*
4. *Welchen Beitrag kann das Informationsmanagement als M&A-Instrument leisten?*

Fragestellung 1 und 2 werden nachfolgend im Rahmen der Konzeption eines Ordnungsrahmens beantwortet, während die Ergebnisse zu Frage 3 und 4 Bestandteile des Kapitels 5 sind. Zusammen liefern sie das Ergebnis zur übergeordneten Forschungsfrage:

Wie kann das Informationsmanagement in der Pre-Merger-Phase gestaltet werden, sodass es konform mit der M&A-Strategie ist und damit einen Beitrag zum M&A-Erfolg leistet?

4.3 Konzeption eines Ordnungsrahmens

Zur Strukturierung des Forschungsgebietes und zur Gestaltung eines strategiekonformen Informationsmanagements wird die Konzeption eines Ordnungsrahmens gewählt. Dabei wird auf die Strukturierung des IM in der Pre-Merger-Phase bei M&A fokussiert, die konkrete Ausgestaltung ist dann situations- und unternehmensspezifisch abzuleiten, wobei Anregungen für die Gestaltung des IM sowohl als M&A-Objekt und -Instrument gegeben werden. Mithilfe des Ordnungsrahmens können anstehende M&A-Transaktionen durch das Käuferunternehmen positioniert werden und die entsprechende Schwerpunktsetzung bei der IM-Gestaltung bestimmt werden.

Der zu entwickelnde Ordnungsrahmen leitet sich sowohl aus den theoretischen Überlegungen wie auch aus den Praxiseinschätzungen ab und fokussiert auf das IM in seiner Rolle als M&A-Objekt. Damit die Konformität des IM mit der M&A-Strategie im Kontext des Ordnungsrahmens und während der Ausgestaltung in der Pre-Merger-Phase gewährt wird, ist zunächst der Beitrag des IM zum M&A-Erfolg zu klären und sind folgend die für die Strategiekonformität relevanten Dimensionen abzuleiten.

4.3.1 IM und M&A-Erfolg

Wie im konzeptionellen Bezugsrahmen[415] dargelegt, kann das IM durch seine Rollen als M&A-Objekt und M&A-Instrument sowohl zum Pre-Merger- als auch zum Post-Merger-Erfolg und damit zum M&A-Erfolg insgesamt beitragen.

Die befragten Experten sehen den *Beitrag des IM* insbesondere in der Erzielung von Synergien bzw. im Verursachen von Integrationskosten und in der Integration selbst, während es für das Scheitern von Transaktionen keine Rolle spielt[416]. Es stellt neben anderen Bereichen einen wichtigen Faktor dar. Einsparpotenziale werden häufig in der Harmonisierung von Informationssystemen und bei den IT-Mitarbeitern gesehen, wobei die Realisierung dieser Synergien oft mit unerwartet hohen Kosten bzw. hohem Zeitaufwand verbunden ist. Ein Experte gibt an, dass bei Großunternehmen häufig höhere Synergien erzielt werden, während bei Klei-

[415] Siehe Kapitel 4.1.

[416] Außer ggf. bei Unternehmen, deren Kerngeschäft IT ist.

neren die Kosten überwiegen können. Ein IT-Fahrplan ist daher ein wichtiges Instrument für die Integration und hat Einfluss auf den Erfolg der Post-Merger-Integration. Ein Experte schätzt den Erfolgsanteil der IT bei Transaktionen auf über 50% unabhängig von der Branche, wobei dieser bei informationsintensiven Branchen zunimmt. Zwei Experten sind der Meinung, dass die IT keinen entscheidenden Erfolgsfaktor darstellt.

Nach den *kritischen Erfolgsfaktoren einer M&A-Transaktion* gefragt, wurden aus dem IM-Bereich die Informationssysteme als Mensch-Aufgabe-Technik-Systeme sowie die Komplexität der IV hervorgehoben. Als weitere Faktoren wurden häufig Mitarbeiter, Kommunikation und kulturelle Integration genannt. Bei der Frage nach bisher *unausgeschöpften Potenzialen des IM im M&A-Prozess* wurden die Steigerung der Professionalität durch den Ausbau der IT-Kompetenz der M&A-Mitarbeiter, z.B. durch Weiterbildungsmaßnahmen[117], sowie der Einsatz von erfahrenen IT-Generalisten genannt. Ferner wurden ein zentraler Integrationsmanager und ein standardisiertes Vorgehensmodell für M&A-Prozesse vorgeschlagen.

Insgesamt zeigt sich ein differenziertes Bild, wobei die Mehrheit der Experten zu der Einschätzung kommt, dass das IM einen Erfolgsbeitrag leistet. Dabei spielen die Identifikation von Synergie- bzw. Dissynergiepotenzialen sowie die Planung und Realisierung der Integration eine große Rolle. Demnach sind insbesondere die Pre-Merger-Aktivitäten Durchführung einer Due Diligence und Integrationsvorbereitung von Bedeutung. Insgesamt wurde bei diesem Themengebiet die Rolle des IM als M&A-Objekt in den Vordergrund gestellt. Inwiefern das IM als M&A-Instrument einen Erfolgsbeitrag leistet z.B. durch die Bereitstellung von Informationen, bleibt offen.

Ein weiteres Ziel der Experteninterviews in Bezug auf den Erfolgsbeitrag des IM und dessen Berücksichtigung in der Pre-Merger-Phase war es, mögliche M&A-spezifischen sowie nicht M&A-spezifischen Faktoren, die einen Einfluss hierauf nehmen, zu identifizieren.

[117] Beispielsweise könnte auch ein M&A-Vorhaben, das dann zum entsprechenden Zeitpunkt abgebrochen wird, als reine Weiterbildungsmaßnahme für die Kernmitarbeiter dienen.

Hierfür wurden die Experten zunächst gefragt, ob ihrer Meinung nach die *Bedeutung des IM bei der Durchführung von M&A-Transaktionen von den Verantwortlichen richtig eingeschätzt* wird. Darauf antworteten fünf Experten mit ja. Acht Experten sind der Meinung, dass das IM eher unterschätzt wird, wobei zum Teil eine Verbesserung in den letzten Jahren festgestellt wurde. Als Gründe wurden angeführt, dass die IM-Verantwortlichen in die Entscheidungen über M&A-Transaktionen häufig nicht oder erst spät eingebunden werden und dass bei den M&A-Entscheidern zum Teil das Verständnis für dieses Themenfeld fehlt.

Daraufhin wurde nach dem *Zeitpunkt der Einbindung des Informationsmanagements* in den M&A-Prozess gefragt. Während fünf Experten angaben, dass das IM im Rahmen der Due Diligence zum ersten Mal in den Transaktionsablauf involviert sei, gaben zwei an, dies sei in der Regel erst nach Vertragsunterzeichnung der Fall. In einem Fall wurde das IM bereits in die strategischen Überlegungen eingebunden, allerdings eher rudimentär und mit dem Fokus auf die Due Diligence.

Von mehreren Experten wurde eine frühzeitigere Einbindung von IM-Verantwortlichen in den M&A-Prozess gefordert, um beispielsweise ein Bild von den anstehenden Aufgaben zu bekommen, die Integration vorzubereiten und, falls das IM im Wertschöpfungsprozess des Zielunternehmens eine große Rolle spielt, dieses genau zu analysieren. Zwar sei eine detaillierte Analyse unter Umständen schwierig aber die grobe Einschätzung des Integrationsaufwandes sollte einem erfahrenen Mitarbeiter möglich sein. Ein Experte gibt allerdings zu bedenken, dass eine grobe Einschätzung nicht immer ausreichend sei.

Ob und wann das IM in die Pre-Merger-Phase eingebunden wird, sollte von der Relevanz bzw. der Positionierung des IM im Unternehmen und der Transaktion abhängen. Allerdings könne das IM in der Pre-Merger-Phase nicht vollständig überprüft werden. Ein Experte gibt an, dass die IT in manchen Unternehmen nach wie vor als Dienstleister betrachtet wird, während er sie als unternehmenskritisch, insbesondere im Bereich Banken und Versicherungen, einschätzt. Ferner kann die Einbindung des IM von der Größe des Zielunternehmens und dem angestrebten Integrationsgrad beeinflusst werden. Insgesamt hängt der M&A-Prozess stark von den jeweiligen Rahmenbedingungen, wie z.B. der Erwerbsform ab.

Gründe für die oft späte Einbindung wurden u.a. in der Geheimhaltung und der Unternehmenskultur gesehen. Es besteht die Gefahr, dass bei einer frühen IT-Prüfung z.B. im Rahmen einer Due Diligence, die Mitarbeiter im Zielunternehmen von der Transaktion erfahren und Gerüchte sowie Ängste aufkommen, die das Unternehmen lähmen können. Auch die Gefahren eines Know-how-Verlustes durch die Abwanderung von Mitarbeitern oder die Tätigung unnötiger Investitionen durch Mitarbeiter, um sich unersetzbar zu machen, sprechen für die Bekanntgabe des M&A-Vorhabens zu einem späteren Zeitpunkt.

Als M&A-spezifische Einflussfaktoren für die Berücksichtigung des IM in der Pre-Merger-Phase wurden von den Experten der angestrebte Integrationsgrad, die Größe des Zielunternehmens, die transaktionsspezifischen Rahmenbedingungen und die Geheimhaltung genannt. Mit zunehmender Größe des Zielunternehmens ist eine steigende Komplexität der IT zu erwarten, sodass eine frühzeitige Einbindung sinnvoll erscheint.

Insgesamt konnten durch diese Ergebnisse die Annahmen im konzeptionellen Bezugsrahmen bestätigt und konkretisiert werden. Es zeigt sich, dass das Erfolgspotenzial des IM je nach Transaktion, Unternehmen(sbranche) und Blickwinkel des jeweiligen Experten unterschiedlich eingeschätzt wird. Dementsprechend ist auch die Berücksichtigung in den einzelnen Pre-Merger-Aktivitäten unterschiedlich auszugestalten. Weitgehende Einigkeit bestand bei der Einschätzung der Bedeutung des IM für die Realisierung von Synergien und die Verursachung dabei entstehender Kosten sowie bei der Forderung, das IM möglichst frühzeitig in den M&A-Prozess einzubinden. Welche Kriterien herangezogen werden können, um die Bedeutung des IM entsprechend der M&A-Strategie einzuordnen, wird nachfolgend dargestellt.

4.3.2 Dimensionen der Strategiekonformität

Der Erfolg einer M&A-Transaktion kann am Grad der Zielerreichung abgelesen werden. Wurden die zu Beginn ausgelobten Ziele erreicht, kann die Transaktion als Erfolg gewertet werden. Treten sie mit zeitlicher Verzögerung oder erhöhten Kosten ein wird der Erfolg geschmälert. Für die erfolgreiche Gestaltung einer Transaktion ist daher die Orientierung an der M&A-Strategie und den M&A-Zielen unabdingbar. Jeder betriebliche Funktionsbereich und jede zu treffende

Entscheidung muss auf den damit erzielbaren Beitrag zu den M&A-Zielen geprüft werden, um strategiekonformes Handeln zu ermöglichen. Dies gilt auch für das Informationsmanagement. Während es in einem Fall einen hohen Beitrag zur Erreichung der M&A-Ziele leisten kann, ist es bei einer anders gearteten Transaktion von untergeordneter Bedeutung.

Um zu klären, ob es aus Praxisperspektive *Faktoren gibt, die die Bedeutung des Informationsmanagements bei M&A-Transaktionen beeinflussen* und welche diese sind, wurden die Experten um ihre Meinung hierzu gebeten. Dabei haben sich neben den M&A-Zielen und der Bedeutung des IM im jeweiligen Unternehmen bzw. der Branche, die Größe des Zielunternehmens, die transaktionsspezifischen Rahmenbedingungen wie Zustimmungsbereitschaft und leistungswirtschaftlicher Zusammenhang, sowie der angestrebte Integrationsgrad herauskristallisiert. Die Bedeutung des IM nimmt mit steigendem Integrationsgrad zu. Ein Experte gibt an, dass die Integration von Unternehmen zu ca. 40% aus Kern-IT-Themen und zu ca. 20% aus IT-affinen Themen besteht.

Als weitere Faktoren wurden die IT-Affinität der Mitarbeiter sowie die Qualität des IM im Zielunternehmen genannt. Die Qualität spielt dann eine Rolle, wenn sie im Zielunternehmen besser eingeschätzt wird als im Käuferunternehmen, da dann das IM als Kaufmotiv dienen kann. Bei schlechterer Qualität im Zielunternehmen wird diese als verbesserungsfähig eingeschätzt. In diesem Fall kann die Integration unter Umständen weniger kritisch verlaufen, da eine Erhöhung der Qualität im Zielunternehmen möglich ist.

Nach der Zustimmungsbereitschaft des Managements des Zielunternehmens wurden drei Experten befragt, die sich einig waren, dass es bei einer feindlichen Übernahme schwieriger ist an die notwendigen Informationen zu gelangen, da die Mitarbeiter zum Teil unmotiviert sind, eine Blockadehaltung einnehmen oder das Unternehmen verlassen und die Dokumentationen der Systeme z.T. veraltet sind.

Zum Thema leistungswirtschaftlicher Zusammenhang äußerten sich vier Experten. Bei horizontalen Transaktionen spielt das IM ihrer Meinung nach eine größere Rolle, da zwei ähnliche IT-Landschaften vorliegen und damit einhergehend das Konfliktpotenzial zunimmt, beispielsweise bei der Entscheidung, welches System weitergeführt wird. Die Integration eines vor- oder nachgelagerten Unternehmens, häufig über die Schaffung von Schnittstellen, wurde einfacher eingeschätzt. Hierbei wird die Wertschöpfungskette verlängert und die Systeme ergänzen sich. Kulturelle Unterschiede der Unternehmen kommen bei horizontalen Transaktionen stärker zum Tragen. Ferner muss im M&A-Prozess mit einem Wettbewerber als Zielunternehmen sensibler umgegangen werden, z.B. im Hinblick auf die Mitarbeiter, da eine erhöhte Fluktuationsgefahr besteht. Die Einführung eines anderen Informationssystems kann von den Mitarbeitern kritisch aufgefasst werden und zu Unzufriedenheit führen. Ein Experte gibt zu bedenken, dass die Art der Transaktion nicht die Bedeutung des IM beeinflusst, sondern die Art der zu realisierenden Synergien, z.B. bei horizontalen Transaktionen eher Kostensynergien[418].

Aus den bisherigen theoretischen Überlegungen und den vorgestellten Ergebnissen der Experteninterviews können drei Bereiche abgeleitet werden, die für die strategiekonforme Ausgestaltung des IM besonders relevant sind. Die Bereiche *strategische Bedeutung des Informationsmanagements im Unternehmen*, *Integrationsgrad* sowie *Komplexität* werden daher nachfolgend als Dimensionen der Strategiekonformität des IM bezeichnet und unterstützen als solche den Stellenwert des IM für die jeweilige M&A-Transaktion einzuordnen. Entsprechend dieser Einordnung kann eine zielorientierte Vorgehensweise für das IM-M&A-Management abgeleitet und ein angemessener und wirtschaftlicher Ressourceneinsatz im M&A-Projekt geplant werden. Die Dimensionen werden nachfolgend aus Sicht des Käuferunternehmens erläutert, wobei sie bei einer Fusion bzw. einem merger of equals auf alle daran beteiligten Unternehmen angewandt werden können.

4.3.2.1 Strategische Bedeutung des Informationsmanagements

Um zu bestimmen, welchen Stellenwert das IM bei einer spezifischen M&A-Transaktion einnehmen kann, ist zunächst die strategische Bedeutung des IM im Unternehmen zu untersuchen. Als strategische Bedeutung einer Unternehmensfunktion soll in der vorliegenden Arbeit deren Potenzial verstanden werden, einen Beitrag zum langfristigen, zukünftigen Unternehmenserfolg zu leisten, indem sie

[418] Da Kostensynergien häufig durch Konsolidierungen im IT-Bereich realisiert werden, besteht hier auch ein Zusammenhang. Siehe hierzu auch Kapitel 1.1, Fußnote 13.

nachhaltig auf die interne sowie externe Ausrichtung des Unternehmens als Gesamtes wirkt.[419]

Im Falle des IM kann die Untersuchung der strategischen Bedeutung durch die Bestimmung des gegenwärtigen und zukünftigen Leistungspotenzials der Informationsfunktion[420] mit Hilfe der Bedeutungsmatrix durchgeführt werden.[421] Abbildung 14 zeigt die Bedeutungsmatrix und die daraus abgeleiteten Unternehmenstypen *Unterstützung*, *Fabrik*, *Durchbruch* und *Waffe* in Abhängigkeit des gegenwärtigen und zukünftigen Leistungspotenzials der Informationsfunktion.

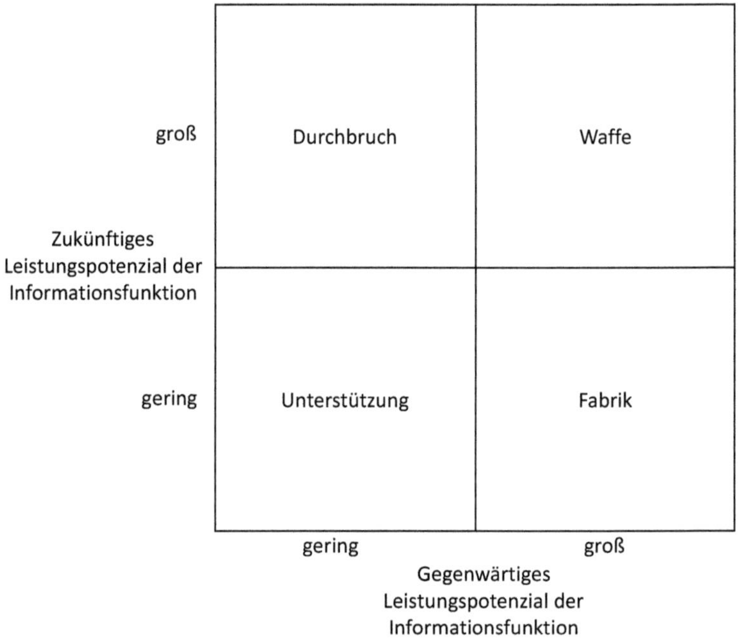

Abbildung 14: Bedeutungsmatrix der Informationsfunktion[422]

[419] In Anlehnung an *Hungenberg* (2008), S. 4 ff. und die dort genannten Quellen, deren zusammengestellte Ausführungen sich auf strategische Entscheidungen beziehen.

[420] Siehe hierzu auch Kapitel 2.1.2.1.

[421] Die Bedeutungsmatrix lässt sich auf McFarlan, McKenney und Pyrburn zurückführen, die sich dabei auf Anwendungen bzw. Informationssysteme beziehen. Vgl. *McFarlan/McKenney/ Pyburn* (1983); *Krcmar* (2010), S. 407 ff. Heinrich und Stelzer beziehen sich in ihren Ausführungen auf die Informationsfunktion. Vgl. *Heinrich/Stelzer* (2011), S. 92 f.

[422] In Anlehnung an *Heinrich/Stelzer* (2011), S. 93.

- Unterstützung:

  Bei Unternehmen des Typs Unterstützung hat die Informationsfunktion und damit auch das Informationsmanagement sowohl gegenwärtig als auch zukünftig nur geringe strategische Bedeutung. Die Hauptaufgabe der Informationsinfrastruktur ist die Mitarbeiter bei ihrer täglichen Arbeit zu unterstützen[423], daher liegt auch der Schwerpunkt des IM auf den operativen Aufgaben.[424]

- Fabrik:

  Das gegenwärtige Leistungspotenzial der Informationsfunktion ist groß in Unternehmen dieses Typs, wohingegen das Zukünftige als gering eingeschätzt wird. Die Informationsinfrastruktur ist kritisch für das Tagesgeschäft,[425] daher sind Zuverlässigkeit und Störungsfreiheit wichtige Eigenschaften[426]. Der Aufgabenfokus des IM liegt auf administrativen und operativen Aufgaben.[427]

- Durchbruch:

  Das Leistungspotenzial der Informationsfunktion wird gegenwärtig als gering eingestuft, wird zukünftig aber ansteigen und zur Erreichung der Unternehmensziele beitragen. Die Bedeutung des IM für diese Unternehmen nimmt zu und der Tätigkeitschwerpunkt liegt auf strategischen und administrativen Aufgaben.[428]

- Waffe:

  Bei Unternehmen dieses Typs hat das Informationsmanagement strategische Bedeutung. Sowohl das derzeitige als auch das zukünftige Leistungspotenzial der Informationsfunktion werden als groß eingeordnet. Das IM ist hier sowohl kritisch für die Durchführung des Tagesgeschäfts als auch

[423] Vgl. *Nolan/McFarlan* (2006), S. 71.
[424] Vgl. *Heinrich/Stelzer* (2011), S. 92 f.
[425] Vgl. *Krcmar* (2010), S. 407.
[426] Vgl. *Nolan/McFarlan* (2006), S. 72.
[427] Vgl. *Heinrich/Stelzer* (2011), S. 93.
[428] Vgl. *Heinrich/Stelzer* (2011), S. 93.

für die Erzielung von Wettbewerbsvorteilen[429] und deckt in diesen Unternehmen seinen gesamten Aufgabenumfang aus strategischen, administrativen und operativen Tätigkeiten ab[430].

Aus der Einordnung des Stellenwerts der Informationsfunktion lässt sich auch die Bedeutung des IM und dessen Ausgestaltung im Unternehmen ableiten. Die Matrix spiegelt die (prognostizierte) strategische Bedeutung des IM wider, gibt aber keine Auskünfte darüber, zu welchem Typ ein Unternehmen gehören sollte.[431] Für die Aufgabe ein Erfolgspotenzial zu schaffen, das dem identifizierten Leistungspotenzial gerecht wird, ist das IM zuständig, dessen Handlungsspielraum entsprechend dem zugeordneten Unternehmenstyp bestimmt wird.[432]

Weitere Möglichkeiten der Bestimmung der strategischen Bedeutung des IM sind z.B. das Informationsintensitätsportfolio oder die Unterstützungsmatrix für kritische Erfolgsfaktoren.[433] Auch die Untersuchung der Auswirkungen bei einem Ausfall der IT bzw. einzelner Systeme kann als ergänzende Methode betrachtet werden.[434]

Der Stellenwert des IM schwankt auch zwischen Unternehmen verschiedener Branchen. Während es in den Bereichen Logistik, Handel, Telekommunikation, Versicherungen sowie Banken und Finanzdienstleistungen als erfolgsrelevant und wettbewerbskritisch eingestuft werden kann, ist es bei produktionsorientierten Unternehmen eher unterstützend einzuordnen.[435]

Die Experten schätzen die *Bedeutung des Informationsmanagements* unterschiedlich für die jeweiligen Transaktionen ein, je nach dem welchen Stellenwert das IM im jeweiligen Geschäftsmodell einnimmt, welche M&A-Strategie verfolgt wird und ob die Transaktion rein finanziell[436] oder strategisch motiviert ist. Ist das IM für das Unternehmen geschäftskritisch, gelte das auch für die M&A-Transaktionen des Unternehmens. Für Banken, Telekommunikationsunternehmen

[429] Vgl. *Krcmar* (2010), S. 407.
[430] Vgl. *Heinrich/Stelzer* (2011), S. 93.
[431] Vgl. *Krcmar* (2010), S. 409.
[432] Vgl. *Heinrich/Stelzer* (2011), S. 93.
[433] Vgl. *Krcmar* (2010), S. 404.
[434] Vgl. *Koch/Menke* (2008), S. 602.
[435] Vgl. *Koch/Menke* (2008), S. 602.
[436] Hier wird die Bedeutung als gering eingestuft.

und für Unternehmen im IT-Umfeld wird das IM als geschäftskritisch eingeschätzt und stellt einen Erfolgsfaktor dar. Ein Experte, der als Berater im Finanzdienstleistungsbereich tätig ist, gibt an, dass M&A häufig durch die Aussicht auf Kostensenkungen und Einsparpotenziale vorangetrieben werden und diese zu einem wesentlichen Teil durch die Reduzierung von IT-Wartungskosten realisiert werden können.

Bei der Frage, welche *Themen*[437] *innerhalb des IM kritisch im Rahmen von M&A-Transaktionen* sind, hat sich herausgestellt, dass dies situationsabhängig und individuell zu entscheiden ist. Durch den gemeinsamen Einkauf von Hardware konnten in einem Fall schnell Synergieeffekte erzielt werden. Lizenzen können insbesondere im Hinblick auf zu zahlende Lizenzstrafen eine Rolle spielen. Auch Schnittstellen zwischen den beteiligten Systemen und ggf. die Auswirkungen bei Veränderungen auf die beteiligten Systeme sind bei M&A-Transaktionen insbesondere im Rahmen der Integration zu beachten.

Als wichtig wurden auch die Mitarbeiter und deren Know-how eingeschätzt. Die Möglichkeit, dass Know-how-Träger nach einem Zusammenschluss abwandern, weil sie sich beispielsweise nicht mehr mit dem Produkt oder dem Unternehmen identifizieren können, wurde als sehr kritisch eingeschätzt. Dem kann u.a. durch die Beteiligung der Mitarbeiter an der zukünftigen Ausrichtung unter Vorgabe eindeutiger Zielvorstellungen entgegengewirkt werden. Auch wurde angemerkt, dass die Qualifikationen der Mitarbeiter sowie das Alter und die Kompatibilität der IT im Vorfeld nur schwer einzuschätzen sind. In Abhängigkeit der Zielsetzungen, die hinter der Transaktion stehen, können unterschiedliche Bereiche an Bedeutung gewinnen. Entscheidend sei, dass im Rahmen der Integration keine Risiken auftauchen, die das operative Geschäft gefährden können. Als weitere zu beachtende Bereiche wurden Cloud und Mobile Computing sowie ERP-Systeme angesprochen.

Die Ergebnisse zeigen, dass in Abhängigkeit der Bedeutung des IM für das Unternehmen auch auf die Bedeutung bei strategieorientierten M&A-Transaktionen geschlossen werden kann. Wobei der Zusammenhang bei horizontalen M&A-

[437] Als Anregung wurden bei Bedarf die Themen Technologien, Hardware, Software, Lizenzen, Prozesse, Mitarbeiter sowie die Organisation der IT-Abteilung vorgeschlagen.

Transaktionen ausgeprägter sein dürfte als bei vertikalen oder konglomeraten Transaktionen. In diesen Fällen kann die zusätzliche Betrachtung der strategischen Bedeutung des IM im Zielunternehmen die gewünschten Erkenntnisse bringen. Die Bestimmung kritischer Bereiche innerhalb des IM für die Transaktion ist transaktionsspezifisch vorzunehmen.

4.3.2.2 Integrationsgrad

Der Integrationsgrad gibt darüber Auskunft, in welchem Ausmaß die an der Transaktion beteiligten Unternehmen verknüpft werden und kann als Indikator für die mit der M&A-Transaktion verbundene Zielsetzung betrachtet werden. Dabei ist zu beachten, dass sich M&A-Transaktionen meist nicht nur auf ein Ziel zurückführen lassen, sondern ihnen häufig ein Bündel von Motiven und Zielen zugrunde liegt. Nachfolgend soll zwischen den Integrationsintensitäten mittel bis hoch (Integrationstypen Symbiose und Absorption) sowie keine bis niedrig (Integrationstypen Holding bzw. Erhaltung) unterschieden werden. Tabelle 7 zeigt eine grobe Zuordnung der in Kapitel 2.2.3 vorgestellten M&A-Motive bzw. -Ziele und der in Kapitel 3.3.1 beschriebenen Integrationsgrade.

	Integrationsgrad	
	kein bis niedrig (Holding/Erhaltung)	mittel bis hoch (Symbiose/Absorption)
M&A-Motive bzw. -Ziele	• Ineffizientes Management • Portfolio • Spekulation • Steuer	• Synergie • Monopol • Informationstechnologie

Tabelle 7: Integrationsgrad und M&A-Motive bzw. -Ziele[438]

Die Einordnung der M&A-Motive bzw. -Ziele nach der Integrationsintensität ist nicht trennscharf möglich und soll nicht als absolut interpretiert werden. Die Einordnung erfolgt nach den idealtypischen Merkmalen und gibt eine Tendenz für den angestrebten Integrationsgrad wieder. Ein Hauptziel unterschiedlicher Transaktionen stellt die Realisierung materieller und immaterieller Synergien dar.[439]

[438] Eigene Darstellung.
[439] Vgl. *Hornung* (1998), S. 35; *Bauch* (2004), S. 31 ff.

Diese können auf verschiedenen Unternehmensebenen auftreten und auf unterschiedliche Weise z.B. durch Know-how-Transfer, die gemeinsame Nutzung von Ressourcen oder deren Konsolidierung, realisiert werden. Hierbei kommt auch das IM zum Tragen.

Die Experten stuften das IM inklusive Mitarbeiter insbesondere für die *Synergieerzielung bzw. für das Verursachen von Dissynergien sowie für die Integration* der Unternehmen als kritisch ein. Es ist wichtig, die Mitarbeiter abzuholen, sodass sie zusammenarbeiten und eine gemeinsame Zielsetzung verfolgen, da eine rein technologische Betrachtung sogar zum Scheitern von M&A-Projekten in der IT-Branche führen kann. Gemeinsame Standards, beispielsweise ein einheitliches ERP-System, können zudem den Standortwechsel von Mitarbeitern erleichtern. Ein Experte gibt an, dass sich für unterschiedliche M&A-Szenarien[440] entsprechende Vorgehensweisen im IM etabliert haben. Ein Experte aus der IT-Branche gibt an, dass in seinem Unternehmen die Frage der zukünftigen IT-Landschaft nicht verhandelbar ist, da die Systeme des Käuferunternehmens als zentrale IT gesetzt und die Zielunternehmen auf diese Landschaft migriert werden.

Ein FDL-Experte gibt an, dass in seinem Fall die Synergien erst gehoben werden konnten, nachdem die Systemlandschaften vereinheitlicht wurden, aufgrund der Kosteneinsparungen im Personalbereich durch den Abbau von doppelt besetzten Stellen. Von allen Einsparungsmaßnahmen fielen hier ca. 30-40% auf das IM zurück. Auch zwei weitere FDL-Experten bestätigen die Einschätzung, dass in diesem Bereich Synergien nur durch IT und Personal zu erzielen seien.

Weitere Experten geben an, dass das IM für die Synergieerzielung zunächst ein Problem darstelle sowie hohe Kosten verursache und Unternehmen wegen Synergien in anderen Bereichen erworben werden. Das IM sei in der Regel nicht der Auslöser für die Erzielung von Synergien, sondern beispielsweise Größenvorteile durch die wiederum im IM Synergien erzielt werden können. Ferner können durch die IT-Integration auch Wettbewerbsvorteile reduziert werden.[441] Für den Exper-

[440] Beispielsweise internationale oder nationale Transaktion, großes oder kleines Zielunternehmen, horizontale oder vertikale Transaktion.

[441] Dies kann der Fall sein, wenn Alleinstellungsmerkmale der beteiligten Unternehmen durch die Integration beeinträchtigt werden, beispielsweise schnelle Auskünfte bei Kundenanfragen oder bestimmte Funktionalitäten für Kunden.

ten, dessen IT-Landschaft gesetzt ist, spielen Synergieerwartungen im IM-Bereich keine Rolle. Allerdings sei es für die Migration wichtig, dass im Zielunternehmen Mitarbeiter sind, die sich mit den dortigen Systemen auskennen. Daher sei schnelles Handeln erforderlich, da die Gefahr bestehe, dass die Mitarbeiter das Unternehmen verlassen.

Je nach M&A-Motiv, Art der Synergie und daraus folgendem Integrationsgrad, sind im Rahmen der Pre-Merger-Phase unterschiedliche Aspekte des IM zu beachten bzw. ist eine entsprechende Priorisierung der relevanten IM-Aspekte vorzunehmen.

Neben den M&A-Zielen beeinflusst auch der leistungswirtschaftliche Zusammenhang der beteiligten Unternehmen den Integrationsgrad. Während bei horizontalen und vertikalen Transaktionen häufig eine Voll- bzw. Teilintegration in administrativen und operativen Bereichen geplant ist, werden bei konglomeraten Transaktionen eher nur die für die Führung und Steuerung des Zielunternehmens relevanten Bereiche integriert.[442]

Die Ergebnisse der Experteninterviews zeigen, dass das IM mit zunehmendem Integrationsgrad an Bedeutung gewinnt. In Abhängigkeit des Integrationsgrades, kann die IT-Integration von der Bereitstellung von Schnittstellen, über die Verflechtung einzelner Informationssysteme bis hin zur Schaffung einer gemeinsamen Informationsinfrastruktur reichen. Grundlage für die Durchführung der Integration bildet die Erstellung eines Soll-Profils der zukünftigen Informationsinfrastruktur, die den neuen Anforderungen gerecht wird.

Das Soll-Profil bildet den Ausgangspunkt für die Entscheidung, aus welchen Komponenten sich die zukünftige Informationsinfrastruktur zusammensetzt bzw. welche Schnittstellen benötigt werden. Bei Erhaltungs- bzw. Holding-M&A-Transaktionen ist aufgrund des hohen Autonomiebedarfs die Verflechtung der Informationssysteme gering zu halten. Als Handlungsalternativen kommen im

[442] Vgl. *Hornung* (1998), S. 274 und die dort genannten Quellen.

Rahmen der Integrationsdurchführung daher die folgenden Möglichkeiten in Frage:[443]

- Getrennte Beibehaltung der Informationssysteme der beteiligten Unternehmen.
- Gezielte Schaffung von Schnittstellen zum Zwecke des Datenaustausches zwischen den beteiligten Unternehmen.

Dieses Vorgehen ermöglicht einerseits eine hohe Akzeptanz und, im Falle einer getrennten Weiterführung, den Wegfall von Integrationsrisiken, andererseits bleibt die Realisierung von Synergien weitgehend ungenutzt und höhere Kosten durch den Parallelbetrieb können entstehen.[444]

Wird im Rahmen der Integrationstypen Symbiose oder Absorption eine teilweise bzw. vollständige Integration der Informationssysteme angestrebt, stehen hierfür grundsätzlich folgende Varianten[445] zur Verfügung:

- Die zukünftige gemeinsame Informationssystemlandschaft wird vollständig neuentwickelt.
- Die Informationssysteme eines der beteiligten Unternehmen werden beibehalten und ersetzen die anderen bisher bestehenden Strukturen. Die gemeinsame Infrastruktur kann gegebenenfalls entsprechend den sich verändernden Anforderungen ergänzt werden.
- Die Anwendungslandschaften der beteiligten Unternehmen werden kombiniert (Best-of-Breed).

Die Best-of-Breed Vorgehensweise verspricht eine hohe Akzeptanz, ist aber in der Umsetzung als äußert komplex einzustufen aufgrund der Heterogenität der vorhanden Anwendungen und deren Einbettung in die jeweilige Anwendungsumgebung. Bei der Alternative, sich für eine der bereits bestehenden Anwendungslandschaften zu entscheiden und diese als zukünftige gemeinsame Umgebung zu institutionalisieren, kann einerseits das Implementierungsrisiko sowie der

[443] Vgl. *Kromer* (2001), S. 61.
[444] Vgl. Zusammenstellungen bei *Markisch* (2008), S. 138 und *Kromer* (2001), S. 67.
[445] Vgl. *Rentrop* (2004), S. 79 f.; *Kromer* (2001), S. 61.

-aufwand als verhältnismäßig gering angesehen werden, da u.a. System-Know-how vorhanden ist. Die dadurch erwirkte Standardisierung kann aber andererseits auch zum Verlust bisher effizienter Prozesse führen und durch die Umstellung zu Akzeptanz- und Motivationsproblemen bei den bisherigen Nutzern führen, was das Risiko einer erfolgreichen Einführung erhöht. Die vollständige Neugestaltung der gemeinsamen Anwendungslandschaft hat zum Vorteil, dass die zukünftigen Anforderungen berücksichtigt werden können und eine Optimierung der bisherigen Prozesse erreicht werden kann. Dem sind allerdings ein erhöhtes Implementierungsrisiko sowie ein gesteigerter Zeitaufwand entgegenzuhalten.[446] „Die Entscheidung für oder gegen ein IT-System gehört somit zu den massgeblichen Herausforderungen im Integrationsprozess und erfordert daher ein grösseres psychologisches Feingefühl als gemeinhin erwartet."[447]

Mögliche Kriterien für die Auswahl der optimalen Variante aus der Literatur[448] sind die Abbildbarkeit der zukünftigen, gemeinsamen Strategie, die Integrationsfähigkeit und die Qualität der bestehenden Informationssysteme sowie die Zahl der User und Mandanten, die sowohl unter Einbeziehung strategischer, finanzieller und ressourcenorientierter als auch psychologischer Aspekte, wie beispielsweise der Mitarbeitermotivation zu betrachten sind, um Dissynergien zu vermeiden.[449] Bei der IT-Integration „ist der Zielkonflikt zu lösen, möglichst schnell eine einheitliche Datenbasis als Grundlage gemeinsamer Entscheidungen zu schaffen, gleichzeitig aber die Komplexität beherrschbar zu halten und ein Höchstmaß an Verfügbarkeit und Zuverlässigkeit der Daten zu gewährleisten"[450].

Bei den Experteninterviews zeichnete sich bei der Frage nach der *Entscheidung für eine zukünftige gemeinsame IT-Landschaft* folgendes Bild: Häufig dominiert das (größere) Käuferunternehmen diese Entscheidung. In großen Unternehmen ist es oftmals schwieriger neue Systeme zu adaptieren[451], daher muss sich das kleinere Unternehmen in der Regel an die Prozesskette des Größeren anpassen. Zwar

---

[446] Vgl. zur vorangegangenen Diskussion der Vor- und Nachteile der Varianten die Analyse und Zusammenfassung der Literatur bei *Kromer* (2001), S. 61-67.
[447] *Hornung* (1998), S. 291.
[448] Siehe als Ergänzung die Ergebnisse der Experteninterviews auf S. 120.
[449] Vgl. *Wirtz* (2003), S. 341 f.; *Hornung* (1998), S. 292 f.; *Penzel/Pietig* (2000), S. 119.
[450] *Wirtz* (2003), S. 335.
[451] Beispielsweise aus Kosten- und Zeitgründen.

werden vereinzelt Systeme des Zielunternehmens übernommen, aber in der Regel nur als Ergänzung, falls es kein Äquivalent im Käuferunternehmen gibt oder die Auslastung hoch bzw. die Ressourcenausstattung unzureichend ist, sodass ein Parallelbetrieb präferiert wird. Dies kann aufgrund der Schnittstellenanpassung hohe Kosten verursachen. Selbst bei qualitativen Einbußen kann es sinnvoll sein, bei ähnlichen Systemen dasjenige zu wählen, das bereits in die Ziellandschaft integriert ist. Einem Experten ist auch der Fall bekannt, dass ein komplett neues System eingeführt wurde.

Einige Experten geben zu bedenken, dass Diskussionen über die besseren Informationssysteme problematisch sind und viel Zeit in Anspruch nehmen. Die Mitarbeiter jedes der beteiligten Unternehmen möchten ihre Systeme durchsetzen und die Systemhoheit erlangen, da damit auch gleichzeitig ein Wissensvorsprung verbunden ist. Eine Herausforderung der Geschäftsführung besteht daher darin, dafür Sorge zu tragen, dass keine Konflikte zwischen den Mitarbeitern entstehen, sondern eine gute Zusammenarbeit möglich ist. Wichtig ist, sich über die Ziele der M&A-Transaktion im Klaren zu sein, eine entsprechende Richtung vorzugeben und falls nötig, deutliche Entscheidungen zu treffen und diese den Mitarbeitern verständlich zu erläutern.

Ferner ist es notwendig zu prüfen, ob die Prozesse und Systeme des Käuferunternehmens auch zum Zielunternehmen passen. Hierfür benötigt man Fachwissen und Erfahrung, da leicht Fehleinschätzungen vorgenommen werden können, die sich negativ auf den Transaktionserfolg auswirken können. Ein Experte schildert, dass zunächst jeder Bereich der Fachabteilungen anhand von Dokumenten, Dokumentationen, in Gesprächen und Workshops analysiert und ein Prozessabgleich durchgeführt wurde. Dabei war die Vorgabe der Geschäftsleitung, möglichst ein System einzusetzen mit der Option bestimmte Prozesse lokal beizubehalten. Ein anderer Experte berichtet, dass ein konsensorientierter Weg eingeschlagen wird, bei dem die Abstimmung weniger Top-Down, sondern über gemeinsame Workshops und Studien erfolgt. Ist- und Soll-Zustand sowie Stärken und Schwächen werden ermittelt und gehen in die Entscheidung ein, wobei die Aushandlung sowohl von den beteiligten Personen als auch von den Zielen hinter der Transaktion abhängen. Bei strategischen M&A-Vorhaben müsse man häufig zunächst investieren und verfolge eher langfristige Ziele.

Welche Strategie die richtige ist, wird von einem Experten als stark situationsabhängig eingeschätzt. Während dieser die Strategie bevorzugt, das System des Zielunternehmens möglichst komplett durch das des Käuferunternehmens zu ersetzen, um so eine Komplexitätsreduktion zu erreichen[452], meint ein weiterer Experte, dass ein gutes M&A-Management beide IT-Landschaften überprüfen und die besten Systeme auswählen sollte. Tritt ein Unternehmen dominant auf, kann es dadurch zur Abwanderung von Mitarbeitern und Know-how-Verlust kommen.

Ein IT-Experte schlägt vor, für die Entscheidung über die zukünftige gemeinsame IIS bei IT-Unternehmen, zunächst eine Ideallösung mit Mitarbeitern aus den beteiligten Unternehmen zu definieren ohne die bisher eingesetzten Systeme zu berücksichtigen. Erst in einem zweiten Schritt soll dann der Abgleich zwischen den vorhandenen Systemen und dem Idealsystem stattfinden und eine Lösung gefunden werden. Dieser gemeinsame Entscheidungsprozess hilft, die Mitarbeiter, deren System sich nicht durchsetzt, zu motivieren.

Aktuelle Performance, Skalierbarkeit, Aktualität bzw. Alter des Systems, Usability[453], Wartbarkeit, Flexibilität bei Anpassungen stellen Beispiele für technische Kriterien für die Systemauswahl dar. Ferner hängt nach Meinung zweier Experten die IT-Entscheidung auch von der Architektur ab. Nach Aussage eines Experten macht es aus IT-Sicht keinen Unterschied, ob die Systementscheidung vor oder nach dem Closing fällt, mit Ausnahme der Kommunikation nach außen. Ein weiterer merkt an, dass vor dem Closing die Gefahr besteht, dass Vorbehalte auf beiden Seiten aufgebaut werden, sodass u.U. die Transaktion daran scheitern könnte. Dies passiere sehr selten, kann aber auch insofern vorteilhaft sein, da dadurch bereits vor der Fusion festgestellt wird, dass die Teams nicht zusammen passen.

---

[452] Wobei er anmerkt, dass diese Methode nicht immer den meisten Mehrwert generieren muss.
[453] Hervorgehoben wurde der Aspekt, ob es zukünftig Personen gibt, die mit diesem System arbeiten können.

4.3.2.3 Komplexität

Die Komplexität drückt die Vielschichtigkeit eines (Forschungs)Gegenstands aus. Das IM bei M&A ist aufgrund seiner umfangreichen Gegenstandsbereiche und der darin enthaltenen Komponenten sowie deren Interdependenzen per se ein komplexes Artefakt. Durch die Faktoren Struktur der vorhandenen Informationsinfrastruktur, Einsatz von Standardsoftware bzw. Individualsoftware, Anzahl der Systeme, Größe des Zielunternehmens, Transparenz sowie Unternehmensphilosophie bzw. -kultur, die auch untereinander zum Teil starke Verbindungen aufweisen können, kann die Komplexität des IM bei M&A verstärkt werden.

Die Individualität, die jeder Informationsinfrastruktur aufgrund ihrer Anpassung an Unternehmensspezifika zu eigen ist, wirkt sich auf die Komplexität aus. Eine kontinuierliche Weiterentwicklung durch sich ändernde Anforderungen und neue technologische Gestaltungsalternativen führt im Zeitablauf zu komplexen Strukturen, die sich durch vielfältige Interdependenzen häufig heterogener, eigenentwickelter Komponenten auszeichnen und daher als „historisch gewachsen" bezeichnet werden können.[454] Die Herausforderung der Integration besteht daher in einer zielorientierten, zeitnahen, störungsfreien Zusammenführung in der Regel heterogener[455] Strukturen der beteiligten Unternehmen unter Berücksichtigung von Ausfall- und Sicherheitsrisiken sowie Qualitätskriterien. Je ähnlicher die Strukturen in den beteiligten Unternehmen, desto schneller sollte die Integration möglich sein. „Zielsetzung der Integration der Informations- und Kommunikationssysteme ist es, eine effiziente Informationstransformation und einen friktionslosen Informationstransport innerhalb des fusionierten Unternehmens als Grundlage für die Realisierung von Synergieeffekten sicherzustellen."[456] Bereits vorhandene Vorsprünge im IT-Bereich gegenüber den Mitbewerbern sollen beibehalten werden, mögliche Schwächen durch veraltete Informationssysteme können beseitigt werden.[457]

Hierzu zählt auch der Einsatz von Standard- bzw. Individualsoftware. Der Einsatz von Individualsoftware kann die Komplexität erhöhen, da eine Beurteilung des

[454] Vgl. *Wirtz* (2003), S. 336 f.

[455] Die Informationssysteme können sich beispielsweise in Bezug auf die verwendete Programmiersprache, das Datenmodell, die eingesetzte Hardware, die Schnittstellen, die Prozesse, etc. unterscheiden. Vgl. *Wirtz* (2003), S. 336.

[456] *Wirtz* (2003), S. 340.

[457] Vgl. *Wirtz* (2003), S. 340 f.

Systems zunächst schwerer fällt. Zum einen kann Individualsoftware den Wert eines Unternehmens erhöhen und unter Umständen als Treiber für ein M&A-Vorhaben fungieren. Zum anderen kann sie aber auch die Integration erschweren[458], wenn z.B. Daten migriert werden müssen und die Dokumentation des Systems unzureichend ist. Aufgrund standardisierter Schnittstellen, umfangreicher Dokumentation und vorhandenem Herstellersupport, erscheint die Integration von Standardsoftware zunächst unproblematischer.[459] Standardsoftware unterschiedlicher Hersteller oder Customizing[460] der Anwendungen durch das jeweilige Unternehmen können allerdings auch in diesem Fall den Integrationsaufwand erhöhen.

Ein weiterer Faktor ist die Anzahl der vorhandenen Systeme und deren Verflechtungen. Je mehr Systeme im Einsatz sind und je stärker die Verflechtungen zwischen ihnen, desto komplexer wird das Integrationsprojekt.[461] Die einzelnen Systeme müssen u.a. im Hinblick auf ihre Verflechtungen untereinander, ihre Funktion und die darin enthaltenen Daten beurteilt werden. Die Anzahl der Systeme kann mit der Unternehmensgröße zusammenhängen.

Ist das Zielunternehmen größer oder gleich groß wie das Käuferunternehmen, steigt die Komplexität des Integrationsprojekts. Mit zunehmender Unternehmensgröße gewinnt die Entscheidung über die zukünftige Informationsinfrastruktur vor allem bei horizontalen M&A-Transaktionen an Brisanz, da die Entscheidung u.U. nicht mehr so eindeutig zu treffen ist, wie bei einem deutlich kleineren Zielunternehmen.[462] Dies gilt auch für die Entscheidungen, die in anderen Bereichen zu treffen sind. Ferner kommen auch die Belange der Mitarbeiter in beiden Unternehmen stärker zum Tragen, da die Angst um den Arbeitsplatz und die Konkurrenz untereinander steigt. PENZEL und PIETIG kommen daher zu dem Schluss für die Bankenbranche „je gleichgewichtiger die Partner sind, desto schwieriger wird der Merger".[463] Gleichzeitig zeigen die Ergebnisse einer Studie von GERDS und

[458] Vgl. *Hornke/Menke* (2008), S. 93.
[459] Vgl. *Vogel* (2002a), o.S.; *Wirz* (2003), S. 24.
[460] Vgl. *Schmid/Dahlberg* (2008), S. 524.
[461] Nach HEINRICH, HEINZL und ROITHMAYR zeigt sich die Komplexität eines Systems „durch die Anzahl seiner Elemente und durch die Anzahl der Beziehungen zwischen den Elementen". *Heinrich/Heinzl/Roithmayr* (2007), S. 186.
[462] Vgl. *Berensmann/Spang* (1998), S. 36.
[463] *Penzel/Pietig* (2000), S. 18.

SCHEWE, dass die Integration bei merger of equals bessere Erfolgsaussichten hat als beispielsweise die kleinerer Unternehmen. Allerdings gilt dies nur dann, wenn das Management zusätzliche personelle Kapazitäten für die Integration bereitstellt.[464]

Insgesamt war die *Einschätzung der Experten zum Thema Unternehmensgröße*, dass bei kleineren Zielunternehmen in Relation zum Käuferunternehmen das IM von geringerer Bedeutung ist, aber mit der Größe des Zielunternehmens auch die Bedeutung zunimmt. Dies lässt sich unter anderem auf die steigende Komplexität des IM bei größeren Unternehmen zurückführen. Zudem nimmt zum Teil die Transparenz innerhalb des IM mit steigender Unternehmensgröße ab. Ferner ist es auch eine Frage der Macht, wessen Systeme sich durchsetzen oder als gesetzt gelten. Mit zunehmender Größe des Zielunternehmens sind die Machtverhältnisse unter Umständen nicht mehr eindeutig. In diesem Zusammenhang kann sich auch die Anpassungsbereitschaft der Mitarbeiter bei größeren Unternehmen als schwieriger herausstellen. Die Unternehmensgröße hat nicht unbedingt Einfluss auf die Qualität des IM. Insgesamt wurde der Fall von gleich großen Unternehmen als kritisch bewertet.

Auch die Intransparenz über die vorhandene Informationsinfrastruktur kann mit der Unternehmensgröße und der Anzahl der Systeme zusammenhängen und die Komplexität erhöhen. Je höher die Intransparenz ist, desto schwieriger wird die Integration. Intransparenz kann sich beispielsweise in unzureichender Dokumentation oder eines fehlenden Überblicks über die Zusammenhänge und Wirkungsweisen der einzelnen Systeme bzw. Prozesse äußern.

Die Experten sehen *Verbesserungspotenzial* im Rahmen des IM durch die Schaffung von mehr Transparenz über die Informationsinfrastrukturen sowohl im Käufer- als auch im Zielunternehmen. Hier könnten zumindest halbjährlich aktualisierte IT-Landkarten helfen, validere (Integrations-)Entscheidungen zu treffen. Auch eine ausführliche Darstellung des IM im Verkaufsprospekt des Zielunternehmens kann zu mehr Transparenz beitragen.

[464] Vgl. *Schewe/Gerds* (2009), S. 30.

Ein weiterer Faktor stellt die Unternehmensphilosophie bzw. -kultur in Bezug auf die IT dar. Werden beispielsweise eher zentrale oder dezentrale Systeme eingesetzt, wird die IT als Chance oder als Belastung aufgefasst oder wird mit Hilfe der eingesetzten Systeme Kontrolle ausgeübt. Je unterschiedlicher die Unternehmensphilosophie bzw. -kultur, desto komplexer wird das Integrationsprojekt. Die Mitarbeiter brauchen Zeit, um sich an eine andere Kultur zu gewöhnen und ihre Arbeitsweise entsprechend anzupassen. Können sich die Mitarbeiter mit der Kultur nicht identifizieren, sinkt ihre Motivation und die Bereitschaft zum Arbeitsplatzwechsel steigt.

Neun der Experten wurden gefragt, ob ihrer Meinung nach der Zustand bzw. die Nutzung der IT im Zielunternehmen Rückschlüsse auf die herrschende Unternehmenskultur und/oder den Reifegrad des Zielunternehmens zulässt. Ein Großteil ist sich einig, dass dies in gewissem Umfang möglich ist und das IM als Indiz für die eine oder andere Unternehmensausrichtung geeignet ist. Anhand der eingesetzten Informationssysteme könne z.B. auf die Innovationsbereitschaft und die Offenheit des Unternehmens geschlossen werden. Ein konservatives Management oder Familienunternehmen stehe eher für eine veraltete IT-Landschaft. Solche Erkenntnisse werden nach der Aussage eines Experten auch im Rahmen der Due Diligence diskutiert.

Ferner erkenne man die Prioritätensetzung und die Investitionsbereitschaft des Unternehmens in den letzten Jahren. Wurde an den IT-Kosten gespart und eine heterogene Landschaft aus vielen kleinen einzelnen Anwendungen gestaltet oder wurde eine homogene Struktur durch ständige Aktualisierung der vorhandenen Systeme geschaffen.

Aus dem Standardisierungsgrad der Anwendungen könne auf die im Unternehmen vorhandenen Freiräume geschlossen werden, die beim Einsatz von Eigenentwicklungen höher eingeschätzt werden. Der Einsatz eines ERP-Systems kann als Zeichen für ordnungsgemäße Prozesse interpretiert werden. Auch die Herkunft der Informationssysteme, z.B. aus dem angelsächsischen oder deutschen Sprachraum, und der Mitarbeiter, z.B. Personen aus der Region des Unternehmens, lässt Rückschlüsse auf die Kultur und die Einstellung des Zielunternehmens zu. Sind die Mitarbeiter gegenüber der Nutzung von Informationssystemen eher positiv eingestellt, könne dies für zukunftsorientiertes, optimistisches und fortschrittliches Personal sprechen.

Ein Weiterer führt an, dass es in der IT-Ausrichtung von Unternehmen unterschiedliche Systemwelten gebe. Daher könne man weniger auf die Kultur schließen, müsse aber bei einer Transaktion von stark unterschiedlichen Unternehmen einen höheren Abstimmungsaufwand und mehr Diskussionen berücksichtigen. Eher kann der Führungsstil als Indikator für die Unternehmenskultur dienen. Ein anderer Experte hat den Zusammenhang zwischen IM und Unternehmenskultur in seinen bisherigen Transaktionen nicht wahrgenommen.

4.3.3 Ordnungsrahmen für ein strategiekonformes IM

Für die M&A-strategiekonforme Berücksichtigung des IM bereits in der Pre-Merger-Phase sind die dargestellten drei Dimensionen von Bedeutung. Zur Positionierung der M&A-Transaktion und der zielorientierten Gestaltung der Pre-Merger-Aktivitäten eignet sich ein zweistufiges Vorgehen. In einem ersten Schritt ist zunächst die *Strategische Bedeutung des IM* sowie der *Integrationsgrad* zu bestimmen und die Transaktion entsprechend einzuordnen. In einem zweiten Schritt erfolgt die Bestimmung der jeweiligen *Komplexität.*

Der erste Schritt kann bereits in der strategischen Analyse und Konzeptionsphase des M&A-Prozesses durchgeführt werden, auch ohne Kenntnisse über das potenzielle Zielunternehmen. Die Entscheidung, welche Bedeutung dem IM in der Transaktion zukommt und welcher Integrationsgrad angestrebt wird, sind strategische Entscheidungen des Käuferunternehmens und sind auch von diesem beeinflussbar. Der zweite Schritt erfolgt im Anschluss auf Basis von Informationen über das Zielunternehmen. Die Entscheidung über den Komplexitätsgrad kann das Käuferunternehmen nur bedingt beeinflussen. Dieser wird stark durch die Gegebenheiten im Zielunternehmen und die Passung von Ziel- und Käuferunternehmen beeinflusst. Die zweistufige Vorgehensweise orientiert sich daher am Vorgehen im M&A-Prozess und unterstützt das Management bei der Einordnung einer Transaktion durch die Aufteilung der Entscheidungen.

Die Dimension Komplexität beeinflusst damit die Intensität der Vorgehensweise innerhalb der Zuordnung der Transaktion zu den Dimensionen starker oder niedriger Integrationsgrad sowie strategische Bedeutung. Je nachdem wie die Ausprägung der drei Dimensionen im jeweiligen M&A-Vorhaben eingeschätzt wird, ist das IM auszugestalten, damit die Unternehmens- und M&A-Ziele erreicht werden können. Diese drei Dimensionen bilden daher das Grundgerüst des Ordnungsrahmens und spannen diesen auf. Die nachfolgende Abbildung 15 zeigt den - zunächst zweidimensionalen - Ordnungsrahmen aus Käuferperspektive für ein strategiekonformes Informationsmanagement in der Pre-Merger-Phase bei M&A.

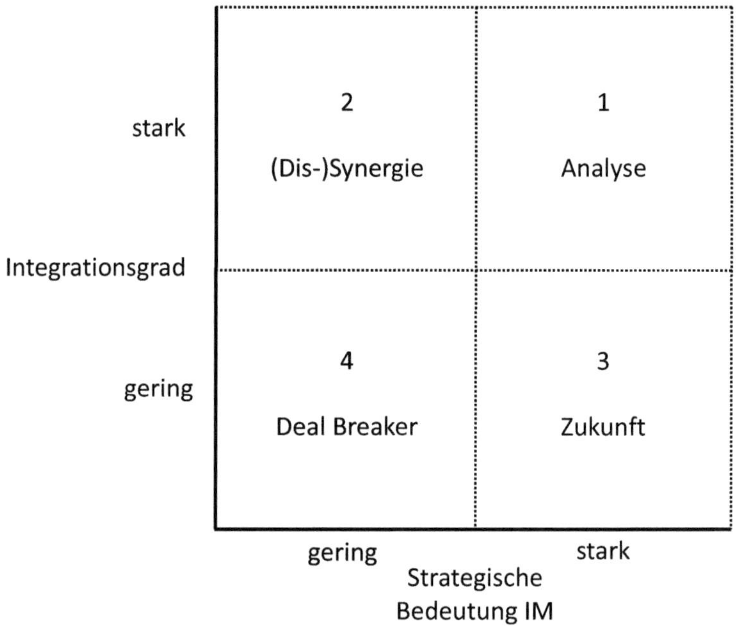

Abbildung 15: Zweidimensionaler Ordnungsrahmen[465]

Dem Ordnungsrahmen folgend lassen sich vier Ausprägungen des IM unterscheiden, wobei die Grenzen zwischen diesen fließend sind. Die Ausprägungen implizieren unterschiedliche Schwerpunktsetzungen bei der strategiekonformen Ausgestaltung des IM. Diese werden nachfolgend vorgestellt.

[465] Eigene Darstellung.

- Ausprägung 1: Analyse

  Der Stellenwert des Informationsmanagements ist im Rahmen einer solchen Transaktion als sehr hoch einzuschätzen. Die strategische Bedeutung des IM für das Käuferunternehmen wird als derzeit bzw. zukünftig stark eingestuft bei einem gleichzeitig starken Integrationsgrad. Das IM ist hierbei ein strategischer Faktor[466], der einer intensiven Analyse für dessen strategiekonforme Ausgestaltung zu unterziehen ist. Das IM wird im besten Fall bereits bei der Festlegung der M&A-Ziele berücksichtigt, spätestens aber bei der Auswahl des Zielunternehmens. Bei solchen M&A-Transaktionen kann das IM ein Motiv für den Unternehmenszusammenschluss darstellen.

  Zur Beurteilung der Passung des IM von Ziel- und Käuferunternehmen und der Ausarbeitung der optimalen Integrationsstrategie ist eine umfangreiche, kritische Analyse der verschiedenen Bereiche des IM, insbesondere der Infrastruktur, der Standard- bzw. Individualsoftware, der Mitarbeiter sowie der Organisation im Rahmen der Due Diligence vorzunehmen. Ziel ist es, mögliche Innovationstreiber, Synergie- bzw. Dissynergiepotenziale sowie Deal Breaker frühzeitig zu erkennen und die weitere Vorgehensweise darauf abzustimmen. Eine eigene IT Due Diligence ist angebracht und von Experten durchzuführen. Wird dabei festgestellt, dass die Passung des IM in den beteiligten Unternehmen nicht gegeben ist bzw. das Zielunternehmen nicht den zuvor festgelegten Auswahlkriterien im IM-Bereich entspricht, sollte dies bei der Entscheidung für oder gegen die Durchführung der Transaktion berücksichtigt werden und ggf. zu einer Anpassung der M&A-Ziele führen. Das IM muss nicht zum Deal Breaker werden, allerdings kann es ggf. notwendig werden, höhere Aufwände im Hinblick auf Zeit und Kosten für die Integration einzuplanen bzw. eine andere Integrationsstrategie auszuwählen. Insgesamt ist eine frühzeitige Einbindung von IT-Experten in den M&A-Prozess notwendig.

[466] Siehe Typ *Waffe* bzw. *Durchbruch* in Kapitel 4.3.2.1.

- Ausprägung 2: (Dis-)Synergie

  Während ein hoher Integrationsgrad angestrebt wird, wird die strategische Bedeutung des IM bei M&A-Transaktionen der Ausprägung 2 als niedrig eingeschätzt. Das IM erfüllt vorrangig eine unterstützende Funktion im Käuferunternehmen[467] und diese Einschätzung gilt auch für die Zukunft. Aufgrund des angestrebten hohen Integrationsgrades ist das IM insbesondere im Hinblick auf die Integrationsfähigkeit intensiv zu prüfen, während es bei der strategischen Zielsetzung sowie der Auswahl des Unternehmens eine eher untergeordnete Rolle spielt. Die Prüfung der Integrationsfähigkeit kann im Rahmen der Due Diligence erfolgen, wobei hier insbesondere auf (Dis-)Synergietreiber zu achten ist, um die Integration entsprechend zu planen. Auch mögliche Deal Breaker sowie die Bewertung des IM für die Ermittlung des Kaufpreises sind zu berücksichtigen. Ob eine gesonderte IT Due Diligence durchzuführen ist, hängt von der Komplexität der M&A-Transaktion ab.

  Obwohl die strategische Bedeutung des IM im Käuferunternehmen als niedrig eingestuft wird, ist dessen administrative und operative Bedeutung nicht zu unterschätzen. Eine reibungslose Integration ist für den störungsfreien Betrieb des Tagesgeschäfts von Bedeutung. Daher empfiehlt es sich auch hier IT-Experten frühzeitig in den M&A-Prozess einzubinden. Als Integrationsalternativen kommen hierbei die Neuentwicklung der Informationsinfrastruktur, die Übernahme einer dominierenden Infrastruktur, die ggf. angepasst wird sowie die Kombination der Anwendungslandschaften der beteiligten Unternehmen in Frage. Dies gilt auch für Transaktionen der Ausprägung 1.

- Ausprägung 3: Zukunft

  Bei Transaktionen dieser Ausprägung wird die strategische Bedeutung des IM im Käuferunternehmen derzeit oder zukünftig hoch eingeschätzt, wobei zugleich ein niedriger Integrationsgrad angestrebt wird. Diese Kombination kann in unterschiedlichen Fällen zum Einsatz kommen. Zeigen sich

[467] Siehe Typ *Unterstützung* und *Fabrik* in Kapitel 4.3.2.1.

starke Unterschiede zwischen dem IM des Käufer- und des Zielunternehmens kann es zunächst sinnvoll sein, beide Anwendungslandschaften parallel zu betreiben und die Integration Schritt für Schritt durchzuführen. In der Zwischenzeit bietet sich die Schaffung von Schnittstellen für den Informationsaustausch an. Dabei kann es sein, dass die IIS eines Unternehmens qualitativ überlegen ist oder die IIS der Beteiligten gleichwertig aber unterschiedlich ist.

Hat das IM sowohl für das Käufer- als auch das Zielunternehmen strategische Bedeutung und handelt es sich bei dem Zielunternehmen um ein erfolgreich am Markt agierendes Unternehmen, kann ein niedriger Integrationsgrad von Vorteil sein. Eine starke Integration kann das Zielunternehmen durch die Wegnahme spezifischer Wettbewerbsvorteile schwächen. In beiden Fällen kann das IM auch Auslöser für eine Transaktion sein.

Für M&A-Transaktionen dieser Ausprägung ist das IM möglichst von Beginn an am M&A-Prozess zu beteiligen. Aufgrund des (zunächst) niedrigen Integrationsgrades ist bereits bei der Wahl des Zielunternehmens das IM zu berücksichtigen, da das Zielunternehmen Stand-alone weitergeführt wird. Hohe Risiken im IM-Bereich können dieses Vorhaben u.U. gefährden. Im Anschluss ist eine intensive Prüfung der IIS im Hinblick auf deren Zukunftsfähigkeit z.B. im Sinne von Skalierbarkeit, Erweiterbarkeit, Performance, möglichen Risiken sowie die Schaffung geeigneter Schnittstellen durchzuführen. Bei einem niedrigen Integrationsgrad gewinnen auch Fragestellungen aus dem Bereich IT-Governance[468] an Bedeutung, wie beispielsweise Effizienz des Ressourceneinsatzes, Vorhandensein eines Risikomanagementsystems und Einhaltung gesetzlicher und vertraglicher Regelungen[469].

[468] IT-Governance beinhaltet die auf IT bezogenen „Leitungs-, Kontroll- und Steuerungsmechanismen für ein Unternehmen, Regeln für die Verteilung von Rechten und Pflichten sowie der Rechenschaftspflicht und Haftung" *Heinrich/Stelzer* (2011), S. 56. IT Governance stellt dem IM einen Handlungsrahmen bereit, der die Erreichung der Unternehmensziele, den verantwortungsvollen Ressourceneinsatz sowie die Einhaltung von rechtlichen Vorgaben gewährleisten soll. Vgl. *Heinrich/Stelzer* (2011), S. 56.

[469] Vgl. *Heinrich/Stelzer* (2011), S. 57 f.

- Ausprägung 4: Deal Breaker

  Transaktionen dieser Ausprägung zeichnen sich durch einen niedrigen Integrationsgrad sowie eine niedrige strategische Bedeutung des IM im Käuferunternehmen aus. Trifft die geringe strategische Bedeutung des IM auch für das Zielunternehmen zu, ist das IM im Rahmen der Due Diligence von IT-Experten insbesondere auf mögliche Risiken hin zu prüfen - auch im Hinblick auf den Kaufpreis. Die Einbeziehung von IT-Experten im Rahmen der Festlegung der M&A-Ziele sowie der Auswahl der Zielunternehmen scheint nicht zwingend zu sein.

  Wird das IM im Zielunternehmen allerdings als strategisch relevant eingeschätzt, sind IT-Experten möglichst bereits bei der Auswahl des Zielunternehmens einzusetzen. Die IT Due Diligence gewinnt in diesem Fall an Bedeutung und sollte umfassend durchgeführt werden. Auch hier kann IT-Governance zu einem wichtigen Thema werden. Als Integrationsalternative für diese M&A-Ausprägung kommt die Schaffung von Schnittstellen oder gar die getrennte Weiterführung in Frage. Aufgrund des niedrigen Integrationsgrades sind Ausprägung 3 und 4 insbesondere auch für konglomerate und vertikale Transaktionen von Bedeutung.

Im Hinblick auf die *Unterschiede zwischen Fusionen und Akquisitionen* stellt ein Experte, der mit beiden Formen Erfahrung hat, fest, dass sie sich hinsichtlich der *Vorgehensweise im M&A-Prozess* unterscheiden. Bei Fusionen wollen die Beteiligten die Unternehmen zusammenführen und die Atmosphäre ist von Kooperation geprägt, während bei einer Akquisition häufig das Käuferunternehmen dominiert. Bei Fusionen kann vieles in Gesprächen geklärt werden, bei Akquisitionen ist hierfür die Bereitschaft des Käuferunternehmens notwendig. Dies gilt auch für die Due Diligence. Während bei Akquisitionen das Käuferunternehmen Vorgaben macht und dem Zielunternehmen diktiert, was zu tun ist, findet bei Fusionen eine Prüfung auf Augenhöhe statt, bei dem sich die Unternehmen gegenseitig durchleuchten können. Diese Erkenntnis ist bei der Einordnung der M&A-Transaktion und der entsprechenden Ausgestaltung des IM zu berücksichtigen.

Der zweidimensionale Ordnungsrahmen erlaubt die Einordnung eines spezifischen M&A-Vorhabens und gibt so Hinweise auf die Gestaltung der Pre-Merger-

Aktivitäten im IM-Bereich. Die dritte Dimension Komplexität ermöglicht im nächsten Schritt das Ausmaß der Aktivitäten und die hierfür einzuplanenden Ressourcen einzuschätzen. Die Dimension Komplexität beeinflusst zum einen die Intensität der Vorgehensweise bei M&A-Transaktionen der vier Ausprägungen und zum anderen den dabei entstehenden Aufwand. Bei M&A-Transaktionen mit hohem Komplexitätsgrad bedarf das IM einer intensiven Berücksichtigung, wie sie bereits bei den Ausprägungen 1 bis 4 beschrieben wurde und nachfolgend in Kapitel 5 für die Gestaltung als M&A-Objekt und -Instrument beschrieben wird. Um dies zu gewährleisten sind die hierfür notwendigen personellen und finanziellen Mittel bereitzustellen und im übergreifenden M&A-Projektmanagement zu berücksichtigen – auch in zeitlicher Hinsicht.

Bei komplexen M&A-Transaktionen erhöht sich die Intensität der Berücksichtigung insbesondere in den Aktivitäten Due Diligence, Deal Breaker- und Kaufpreisermittlung sowie Vorbereitung der Integration. Bei Transaktionen mit geringem Komplexitätsgrad kann auch ein geringerer Aufwand für die Berücksichtigung des IM angesetzt werden, beispielsweise wenn ein Großunternehmen ein Kleinstunternehmen erwirbt, selbst wenn es sich um eine Transaktion der Ausprägung 1 handelt.

Für alle Ausprägungen gilt, dass die Wahl der Integrationsalternative unternehmensspezifisch zu erfolgen hat. Steht die Integrationsalternative bereits im Vorfeld fest, kann diese auch die Positionierung eines M&A-Vorhabens im Ordnungsrahmen beeinflussen. Als Beispiel kann die Schilderung eines IT-Experten im Rahmen der Interviews herangezogen werden, bei dessen M&A-Transaktionen die Systeme des Käuferunternehmens als zentrale IT in jedem Fall gesetzt sind und die Zielunternehmen auf diese Landschaft migriert werden. Obwohl oder gerade weil das IM in diesem Fall eine hohe strategische Bedeutung für das Unternehmen hat und ein hoher Integrationsgrad gewählt wird, spielt das IM im Rahmen der Transaktion nur eine geringe Rolle aufgrund der festgelegten Integrationsalternative. Dies bedeutet nicht, dass dem IM keine Berücksichtigung in der Pre und Post Merger Phase zukommt, aber in einem geringeren Umfang wie zunächst auf Basis der Ausgangssituation zu erwarten. Die Positionierung im Ordnungsrahmen entspricht einer Transaktion der Ausprägung 1, wobei aufgrund der herrschenden Integrationsalternative – selbst bei einer Transaktion, die als komplex eingestuft werden könnte – ein niedriger Komplexitätsgrad gewählt und die Berücksichtigung des IM entsprechend gestaltet werden kann. Dieses Beispiel zeigt die Strategiekonformität des Ordnungsrahmens, der eine auf die individuellen Bedingungen der Transaktion angepasste Positionierung ermöglicht.

Abbildung 16 und Abbildung 17 zeigen den dreidimensionalen Ordnungsrahmen mit den Schwerpunkten geringe und starke Komplexität.

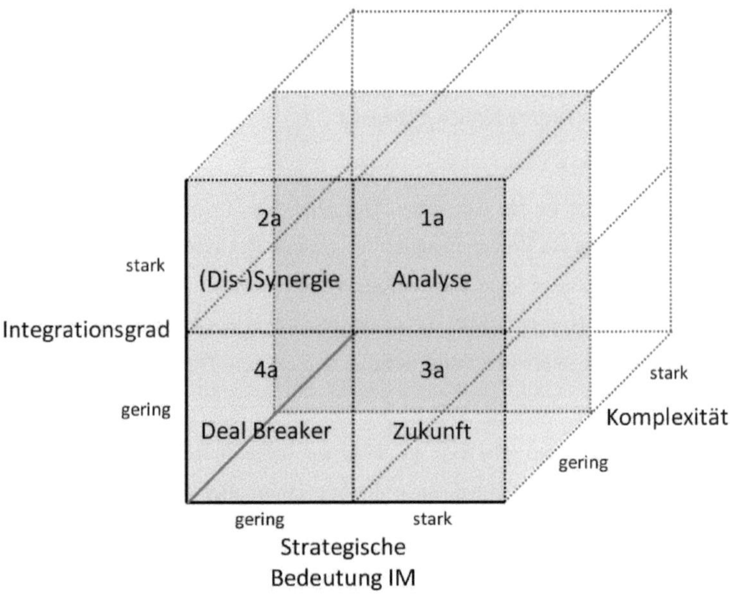

Abbildung 16: Dreidimensionaler Ordnungsrahmen geringe Komplexität[470]

[470] Eigene Darstellung. Aus Gründen der Übersichtlichkeit und besseren Lesbarkeit wurden nicht alle Linien des Ordnungsrahmens eingezeichnet.

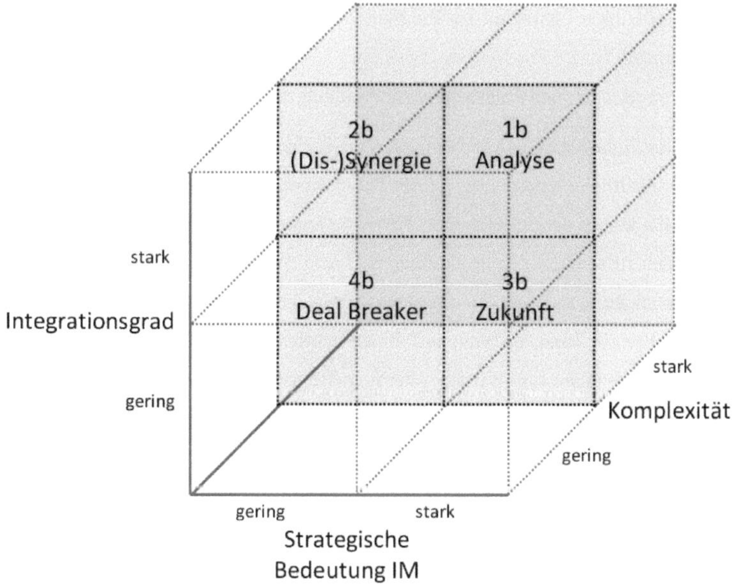

Abbildung 17: Dreidimensionaler Ordnungsrahmen starke Komplexität[471]

Der Ordnungsrahmen ist als initiales richtungsweisendes Gerüst zu interpretieren, das eine Strukturierung von geplanten, opportunistischen und zukünftigen M&A-Transaktionen aus Käuferperspektive ermöglicht und mögliche Handlungsoptionen sowie Schwerpunktsetzungen aufzeigt. Der Ordnungsrahmen unterstützt bei der Einordnung des IM, vor allem in seiner Rolle als M&A-Objekt, in konkrete M&A-Projekte und ermöglicht zugleich den Stellenwert des IM für zukünftige Transaktionen bzw. für die M&A-Strategie zu beleuchten. Dadurch kann die Abstimmung zwischen IT- und M&A-Strategie reflektiert und ggf. angepasst werden.

Im Ordnungsrahmen kommt der Rolle des IM als M&A-Objekt besondere Bedeutung zu, da diese stark von den Zielen und den Gegebenheiten der jeweiligen Transaktion abhängt und dementsprechend auch von Transaktion zu Transaktion variieren kann. In seiner Rolle als M&A-Instrument zielt das IM auf die nachhaltige Unterstützung der M&A-Aktivitäten eines Unternehmens und besitzt daher

[471] Eigene Darstellung. Siehe Anmerkungen Fußnote 470.

eher langfristigen Charakter. Im Rahmen eines strategiekonformen Informationsmanagements in der Pre-Merger-Phase sind beide IM-Rollen zu berücksichtigen sowie transaktions- und unternehmensindividuell zu gestalten.

Durch das Einbeziehen von Praxiswissen bei der Erstellung des Ordnungsrahmens und die inhaltliche Erläuterung seiner Dimensionen und Ausprägungen wird die Anwendbarkeit in der betrieblichen Praxis gefördert. Ferner ist er für unterschiedliche Arten strategischer Transaktionen in Bezug auf den leistungswirtschaftlichen Zusammenhang sowie die Zustimmungsbereitschaft des Managements anwendbar. Im Prinzip kann er auch auf hauptsächlich finanziell getriebene M&A-Transaktionen angewandt werden, allerdings herrscht hier häufig eine niedrige bis gar keine Integration vor. Der konzipierte Ordnungsrahmen kann daher als gegenwarts- und zukunftsorientiertes, flexibel anpassbares und praxisnahes Instrument des M&A-Managements in Bezug auf das IM gesehen werden.

4.4 Zusammenfassung

Der vorgestellte Ordnungsrahmen für die Berücksichtigung des IM in der Pre-Merger-Phase ermöglicht die Einordnung des Stellenwerts des IM für die jeweilige M&A-Transaktion und die Gestaltung einer strategiekonformen Vorgehensweise und eines angemessenen Ressourceneinsatzes im M&A-Projekt. Die Konformität mit der M&A-Strategie wird dabei durch die Dimensionen strategische Bedeutung des IM, Integrationsgrad und Komplexität repräsentiert, die durch theoretische und empirische Erkenntnisse abgeleitet wurden. Den Zielen der Arbeit, die Wissensbasis für das IM in der Pre-Merger-Phase zu erweitern und einen Ordnungsrahmen zu entwickeln, der auch Praxisrelevanz besitzt und entsprechende Gestaltungsräume für Unternehmen aufzeigt[472], konnte damit Rechnung getragen werden.

Die theoretische Basis des Ordnungsrahmens findet sich in der Formulierung des konzeptionellen Bezugsrahmens wieder, der zugleich als Basis für die empirische Untersuchung in Form leitfadengestützter Experteninterviews fungierte. Die Erhebung von Praxiswissen mit Hilfe eines qualitativen Forschungsansatzes hat sich aufgrund der Charakteristika des Forschungsfeldes und der zugrundeliegenden

[472] Siehe Kapitel 1.3.

Fragestellung als geeignet erwiesen. Insgesamt wurden 13 Interviews mit explorativ-systematisierendem Charakter durchgeführt, wobei Experten mit unterschiedlichen Erfahrungswerten befragt wurden. Dadurch wurden vielseitige Einblicke gewonnen, wobei sich gezeigt hat, dass sich die Einschätzungen vielfach ähnelten, was für eine ausreichende Anzahl an Interviews spricht.

Bei manchen Themen kamen auch Unterschiede in den Ansichten der Experten zum Ausdruck, was die Vielschichtigkeit und Individualität von M&A-Projekten unterstreicht. Ferner sind die Unterschiede durch die Zusammensetzung der Interviewteilnehmer zu erklären, die sich durch die Branche, Größe und Position des jeweiligen Unternehmens sowie ihre Funktion im M&A-Prozess unterscheiden und somit unterschiedliche Sichtweisen einbringen konnten. Es zeigt sich, dass neben vielen Gemeinsamkeiten, die auch unterschiedliche M&A-Transaktionen aufweisen, die individuellen Gegebenheiten einer jeden Transaktion zu berücksichtigen sind.

Die Konzeption des Ordnungsrahmens kann als erster Schritt für die strategiekonforme Gestaltung des IM in der Pre-Merger-Phase verstanden werden, durch den die Strukturierung des Forschungsfeldes und die Positionierung des Transaktionsvorhabens ermöglicht wird. In einem zweiten Schritt wird im nachfolgenden Kapitel die Ausgestaltung des IM in seinen Rollen als M&A-Objekt und -Instrument untersucht und präzisiert.

5. Gestaltung eines strategiekonformen Informationsmanagements

Der aus den bisherigen theoretischen und praxisnahen Erkenntnissen abgeleitete Ordnungsrahmen für eine strategiekonforme Berücksichtigung des IM unterstützt ein Käuferunternehmen, das Informationsmanagement in einem M&A-Projekt einzuordnen und gibt Anhaltspunkte für die strategiekonforme Ausgestaltung. Diese wird nachfolgend aus den Perspektiven IM als M&A-Objekt und -Instrument in der Pre-Merger-Phase literaturgestützt präzisiert. Dabei wird aus Sicht der Wirtschaftsinformatik bzw. des Informationsmanagements argumentiert. Zugleich werden die Ergebnisse der Experteninterviews vorgestellt und berücksichtigt.

Die Aussagen der Experten zeigen, dass der Umgang mit dem Informationsmanagement in der Pre-Merger-Phase - auch innerhalb eines Unternehmens - sehr unterschiedlich gestaltet wird. In Abhängigkeit von der Unternehmens- und M&A-Strategie verändert sich die Perspektive auf das Informationsmanagement, einige Elemente nehmen an Bedeutung zu, andere verlieren an Gewicht. Die situations- und unternehmensspezifische Anpassung der individuellen Vorgehensweise auf Basis der nachfolgend vorgestellten IM-Ausgestaltungsmöglichkeiten ist daher unabdingbar.

5.1 Gestaltung des Informationsmanagements als M&A-Objekt

Bei der Analyse des IM als Untersuchungsgegenstand[473] wird auf dessen Position im Unternehmen als eine betriebliche Funktion neben anderen fokussiert. Dabei wird auf den Beitrag des IM für die Erreichung der Unternehmens- bzw. M&A-Ziele abgestellt. Für die einzelnen Pre-Merger-Aktivitäten werden zunächst die Einschätzung der Experten hierzu und anschließend Gestaltungsmöglichkeiten aufgezeigt.

5.1.1 IM und M&A Ziele

Ausgehend von der Ist-Situation im Unternehmen und den strategischen Unternehmenszielen lassen sich die M&A-Ziele, die M&A-Strategie und auch die strategische Bedeutung des IM für das M&A-Vorhaben ableiten. Für die Bestimmung

---

[473] Siehe Kapitel 3.4.1.

des IM ist dessen Berücksichtigung im Rahmen einer Analyse der Ausgangssituation notwendig. Damit die Bedeutung des IM zum Tragen kommen kann, ist ferner eine Abstimmung zwischen Unternehmensstrategie, M&A-Strategie und IT-Strategie[474] notwendig.

5.1.1.1 Ergebnisse der Experteninterviews

Die Mehrheit der Experten bejaht eine *Abstimmung zwischen M&A- und IT-Strategie bei M&A-Transaktionen*, wobei einige äußern, dass die M&A-Strategie Vorrang hat. Die IT-Strategie kann auch Teil der M&A-Strategie sein. Steht bei einer Transaktion das IM im Fokus, dann findet eine engere Verzahnung statt. Ob das IM für eine Transaktion eine Rolle spielt, sollte bereits früh im M&A-Prozess geklärt werden. Die IT-Strategie gibt häufig die Plattform vor, die nach dem Zusammenschluss genutzt wird. Aufgrund häufiger M&A-Transaktionen kann eine IT-Strategie darin bestehen, die Informationsinfrastruktur möglichst flexibel und modular aufzubauen, um zugekaufte Unternehmen leichter zu integrieren. Potenzial wurde in diesem Zusammenhang auch für Service-Orientierte Architekturen gesehen.

Nach der *Unterstützung des IM für die Strategiebildung* gefragt, wurde geäußert, dass die IM-Verantwortlichen ihre Ideen und Vorstellungen möglichst früh in die strategischen M&A-Überlegungen einbringen und mögliche Kernfeatures identifizieren sollen. Dies sei aber schwierig, sowohl im Management als auch in der IM-Abteilung zu verankern, da im Management in dieser Phase der Fokus nicht auf IM-Fragestellungen liege. Ferner falle es schwer vor der Due Diligence die Potenziale im IM-Bereich einzuschätzen. Daher gewinnt eine langfristige Strategie an Bedeutung, die deutlich macht, welchen Stellenwert das IM bei der jeweiligen Transaktion einnimmt. Vor allem in mittelständischen Unternehmen sei die intensive Auseinandersetzung mit dem professionellen Management der Wachstumsstrategie M&A noch verbesserungsfähig.

[474] Die IT-Strategie ist Bestandteil der Unternehmensstrategie und beschreibt die Art und Weise wie strategische Ziele (z.B. Wirtschaftlichkeit, Wirksamkeit, Sicherheit) der IIS mit ihren Eigenschaften (z.B. Integrationsgrad, Verteilung, Outsourcing-Grad) in strategische Maßnahmen umgesetzt werden sollen. Vgl. *Heinrich/Stelzer* (2011), S. 114.

Das Informationsmanagement spielt in der Praxis als *Kaufmotiv* in der Regel eine untergeordnete Rolle. Allerdings wurden Fälle genannt, in denen es zum (Mit-)Treiber wurde. Insbesondere bei Unternehmen aus der IT-Branche oder bei Unternehmen, deren Alleinstellungsmerkmal durch IT geprägt ist, tritt das IM als Kaufmotiv in den Vordergrund. Hierbei sind besonders individuelle Informationssysteme im Vergleich zu Standardsoftware von Interesse. Insgesamt wurde das IM aber eher als sekundärer Faktor eingeschätzt, u.a. auch, weil es sich insbesondere im Fall von Individualsoftware in einer frühen Phase des M&A-Prozesses von außen nur schwer analysieren lässt. In Zukunft könnte das IM z.B. durch die Durchdringung mit CRM-Systemen sowie eingebetteten Systemen[475] und durch den Fachkräftemangel zunehmend an Bedeutung gewinnen.

Auch der Gedanke durch eine M&A-Transaktion die IT im Käuferunternehmen zu modernisieren, wurde als Möglichkeit gesehen um z.B. Entwicklungskosten zu sparen. In diesen Fällen ist allerdings auch das Machtgefüge, das sich daraus ergibt zu berücksichtigen. Im Rahmen der Systementscheidung spielen zum Teil unternehmenspolitische Aspekte eine große Rolle und verdrängen objektive Beurteilungen. Dabei ist zu berücksichtigen, dass die Mitarbeiter profitieren, deren System weiterhin eingesetzt wird.

Für die Aktivität der strategischen Planung insgesamt, wurde das häufige Fehlen eines Masterplans bzw. einer Roadmap zur Projektdurchführung angesprochen. Als Gründe hierfür wurden die Geheimhaltung und die Geschwindigkeit der Durchführung genannt.

5.1.1.2 Ausgestaltung

Für die von den Experten geforderte frühzeitige Bestimmung des Stellenwerts des IM bei einer M&A-Transaktion und die Ableitung einer langfristigen IT-Strategie, ist zunächst der Stellenwert des IM im Unternehmen anhand der Bedeutungsmat-

[475] Als eingebettete Systeme oder auch embedded systems können spezielle Systeme oder Computer bezeichnet werden, die als Bestandteil eines anderen Systems oder einer Maschine bestimmte Funktionalitäten erfüllen, häufig ohne selbst als Computer wahrgenommen zu werden. Eingesetzt werden sie u.a. in Alltagsgegenständen wie Kühlschränken, in Fahrzeugen oder auch bei Fertigungsmaschinen in der Industrie. Vgl. *Mertens/Bodendorf/König et al.* (2012), S. 27.

rix der Informationsfunktion[476] zu bestimmen. Anschließend ist ein entsprechendes Erfolgspotenzial der Informationsinfrastruktur zu schaffen. Hierfür ist zunächst eine Situationsanalyse durchzuführen, die neben der Wettbewerbssituation und der Unternehmensumwelt den Ist- und Soll-Zustand der Informationsinfrastruktur untersucht, um daraus entsprechende IT-Ziele, IT-Strategien und Maßnahmen abzuleiten.[477] Die unterschiedlichen Analysen unterstützen das IM bei seiner Positionsbestimmung innerhalb des Unternehmens und ermöglichen zugleich sich frühzeitig in den M&A-Prozess einzubringen, wie von den Experten angeregt, und den Prozess durch Ideen und Vorstellungen mitzugestalten.

Ziel der Wettbewerbsanalyse ist es die unternehmensspezifischen erfolgskritischen Wettbewerbsfaktoren zu identifizieren und zu untersuchen, ob und in wie weit das Erfolgspotenzial der Informationsinfrastruktur Auswirkungen auf diese hat. Die kritischen Wettbewerbsfaktoren sind dynamisch und unternehmensspezifisch im Hinblick auf die Art des Unternehmens und das bestehende Marktumfeld.[478] Die Umweltanalyse konzentriert sich vor allem auf die Identifikation neuer Informations- und Kommunikationstechnologien, Methoden und Tools sowie entsprechender Dienstleistungen und deren Erfolgspotenzial. Dabei steht das Innovationsvermögen neuer Entwicklungen im Vordergrund, die in der Lage sind, das Leistungspotenzial auszuschöpfen und neue Arbeitsformen zu ermöglichen, auch im Bereich der betrieblichen Beziehungen zu anderen Marktteilnehmern.[479] Sind solche neuen, innovativen Technologien, Methoden und Anwendungen bei einem Unternehmen bereits im Einsatz, kann es als potenzielles Zielunternehmen interessant werden. Unter diesen Umständen kann das IM als Treiber für eine Transaktion fungieren.

Die Analyse des Ist-Zustands und die Ableitung eines entsprechenden Soll-Zustands des Erfolgspotenzials der Informationsinfrastruktur stehen im Mittelpunkt der Untersuchung der Informationsinfrastruktur. Ziel ist es, bestehende Stärken und Schwächen im Hinblick auf die Ausschöpfung des Leistungspotenzials zu erkennen, einen angemessenen Soll-Zustand zu definieren und die Diffe-

[476] Siehe Kapitel 4.3.2.1.
[477] Vgl. *Heinrich/Stelzer* (2011), S. 92, 96 und 103 f.
[478] Vgl. *Heinrich/Stelzer* (2011), S. 95.
[479] Vgl. *Heinrich/Stelzer* (2011), S. 98 f. Damit wird die enabler-Funktion des IM adressiert.

renz zwischen Ist- und Soll-Zustand zu benennen. Im Rahmen einer Komponentenanalyse[480] können strategisch relevante Eigenschaften des Daten- und Methodensystems[481], der Ressourcen[482] sowie der IT-Struktur- und Ablauforganisation[483] untersucht und mit Hilfe grafischer Hilfsmittel der Ist-Zustand transparent dargestellt werden.[484] Abbildung 18 zeigt eine Gap-Analyse für das Informationsmanagement im Hinblick auf den betrieblichen IT-Einsatz als beispielhaftes Resultat der beschriebenen Analysen.

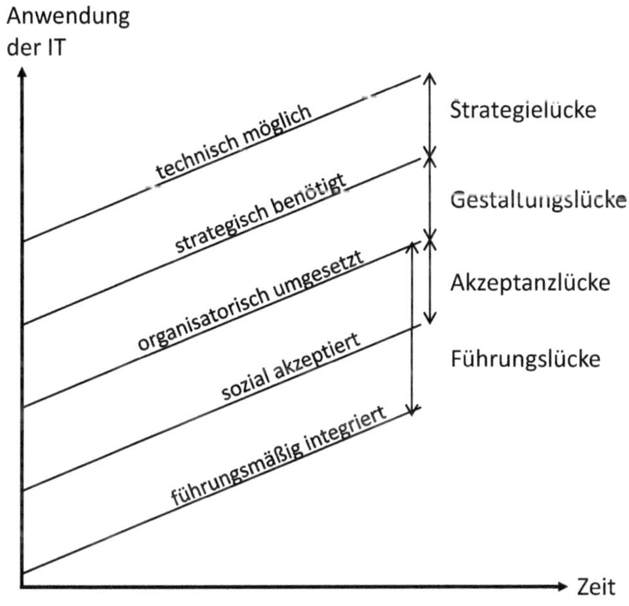

Abbildung 18: Gap-Analyse für das IM insb. den IT-Einsatz[485]

Die (Nicht-)Nutzung der bestehenden Anwendungen durch die Fach- und Führungskräfte beschreibt die Führungslücke. Es besteht eine unzureichende Integra-

[480] Eine weitere Möglichkeit stellt eine Eigenschaftsanalyse dar. Vgl. *Heinrich/Stelzer* (2011), S. 97.

[481] Wie beispielsweise Aktualität, Qualität, Konsistenz, Sicherheit, Funktionalität sowie Schnittstellen. Vgl. *Heinrich/Stelzer* (2009), S. 104.

[482] Z.B. Personal, Hardware und Systemsoftware, Budgets und Kosten der Ressourcen. Vgl. *Heinrich/Stelzer* (2009), S. 104.

[483] Beispielsweise Gliederung und Einordnung der IT-Abteilung, Aufgabensystem, Controlling und Revision. Vgl. *Heinrich/Stelzer* (2009), S. 104.

[484] Vgl. *Heinrich/Stelzer* (2011), S. 97.

[485] In Anlehnung an *Biethahn/Mucksch/Ruf* (2004), S. 58 und *Krüger/Pfeiffer* (1987), S. 29.

tion zwischen dem fachseitigen Aufgabenspektrum und den eingesetzten Anwendungssystemen. Diese werden vor allem von den Mitarbeitern der IT-Abteilung genutzt. Die Akzeptanzlücke dagegen fokussiert nicht auf eine fehlende Integration sondern auf die fehlende Akzeptanz der Mitarbeiter gegenüber den im Einsatz befindlichen Anwendungssystemen.[486] Diese kann beispielsweise auf eine mangelnde Usability der Anwendungen oder eine unzureichende Schulung der Mitarbeiter zurückgeführt werden.

Die Gestaltungslücke beschreibt „fehlende organisatorische Konzepte bzgl. des Informationstechnologie-Einsatzes sowie fehlende Beschreibungen, wie solche Konzepte organisatorisch im Unternehmen umgesetzt werden können“[487]. Die Diskrepanz im Rahmen des IT-Einsatzes zwischen dem technisch Möglichen und dem strategisch Benötigten kann als Strategielücke aufgefasst werden. Sie beschreibt den Zustand einer nicht vorhandenen Strategie des Informationsmanagements auf Basis der Unternehmensstrategie.[488]

Die Ergebnisse der durchgeführten Analysen lassen sich in Form einer strategischen Bilanz des Gesamtunternehmens mit den Ergebnissen der anderen Unternehmensfunktionen verdichten. Sie bilden auf Unternehmensebene die Grundlage für die Identifikation strategischer und operativer Lücken zwischen dem Ist-Zustand im Unternehmen und den strategischen Unternehmenszielen. Während operative Lücken durch das bestehende Produktportfolio und die vorhandene Marktpräsenz ausgefüllt werden können, ist für die Schließung strategischer Lücken die Erweiterung des Produkt- und Marktportfolios notwendig.[489] Die Strategielücke des IM kann auch als strategische Lücke in diesem Sinne aufgefasst werden. Die beispielhafte strategische Bilanz in Abbildung 19 zeigt relative Wettbewerbsvorteile (Aktiva) bzw. -nachteile (Passiva) der aus den Unternehmenszielen abgeleiteten Faktoren und die entsprechenden Handlungsalternativen.[490]

---

[486] Vgl. *Biethahn/Mucksch/Ruf* (2004), S. 59.
[487] *Biethahn/Mucksch/Ruf* (2004), S. 59.
[488] Vgl. *Biethahn/Mucksch/Ruf* (2004), S. 59; *Krüger/Pfeiffer* (1987), S. 29.
[489] Vgl. *Jansen* (2008), S. 254 f.
[490] Vgl. *Wirtz* (2003), S. 149.

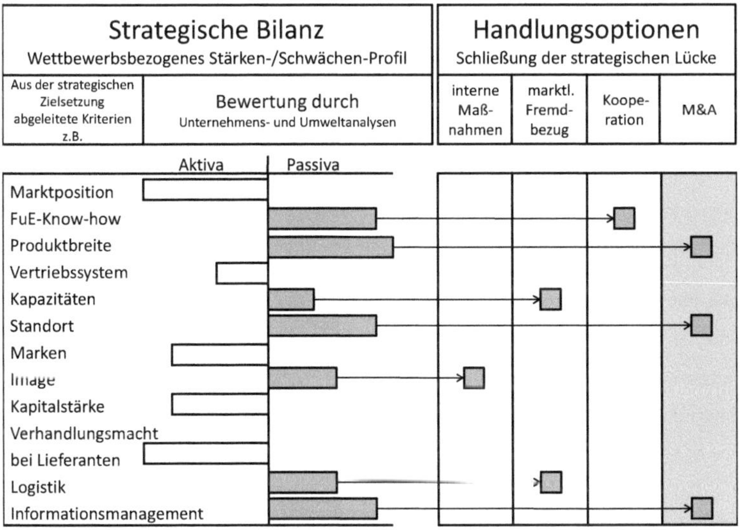

Abbildung 19: Strategische Bilanz zur Identifizierung von M&A-Bedarfen[491]

Wird das Informationsmanagement als strategische Lücke identifiziert, kann es zum Auslöser für eine M&A-Transaktion werden und hat eine hohe strategische Bedeutung. Ist dies nicht der Fall, kann es als Synergiehebel fungieren und zum Know-how- bzw. Technologietransfer beitragen. Auch in diesen Fällen kann die strategische Bedeutung des IM sehr hoch sein und muss unternehmens- und transaktionsspezifisch bestimmt werden. Gemäß den befragten Experten tritt das IM als Kaufmotiv vor allem bei Unternehmen der IT-Branche auf, ist insgesamt aber als eher sekundär zu werten.[492]

Wie bereits im konzeptionellen Bezugsrahmen dargestellt, determinieren die M&A-Ziele den Handlungsspielraum für die nachgelagerten Aktivitäten. Daher wird bei den folgenden Ausführungen zum Anforderungsprofil und der Wahl des passenden Zielunternehmens, der IT Due Diligence, der Identifizierung von Deal Breaker und der Kaufpreisermittlung sowie der Vorbereitung der Integration von Transaktionen ausgegangen, bei denen dem IM eine hohe strategische Bedeutung zukommt.

---

[491] In Anlehnung an *Jansen* (2008), S. 256 um IM ergänzt.
[492] Siehe hierzu auch Kapitel 5.1.1.1.

5.1.2 IT-Anforderungsprofil

Für die Schließung der identifizierten Lücken ist die Wahl eines passenden Zielunternehmens von Bedeutung. „Passend" steht in diesem Kontext für die Ausprägungen der Eigenschaften, Merkmale und Fähigkeiten im Zielunternehmen, die entsprechend der vorausgegangenen strategischen Analysen im Käuferunternehmen unterrepräsentiert sind.

Damit die Suche nach einem geeigneten Unternehmen zielgerichtet, berechenbar und ökonomisch durchgeführt werden kann, ist die Konkretisierung und Operationalisierung der gewünschten Merkmalsausprägungen in Form eines Anforderungsprofils hilfreich. Die Detailliertheit des Anforderungsprofils zeichnet sich durch das richtige Maß zwischen der Begrenzung des Suchraumes einerseits und der Möglichkeit einer uneingeschränkten Suche innerhalb dieses Suchraums aus. Hierbei kommt die Differenzierung zwischen qualifying criteria, die erfüllt sein müssen und nice-to-have-criteria, die erfüllt sein können, zum Tragen.[493]

5.1.2.1 Ergebnisse der Experteninterviews

Bei der Frage nach *der Berücksichtigung von IM-Kriterien im Anforderungsprofil* bei der Wahl eines Zielunternehmens, ergibt sich ein differenziertes Bild. Einige Experten äußern, dass das IM keinen Einfluss auf die Wahl des passenden Zielunternehmens hat oder keinen strategischen Faktor bei M&A darstellt, sondern nur als Teil der Integration betrachtet wird oder nicht ins Anforderungsprofil eingeht.[494] Typische Kriterien seien die Marktposition, die angebotenen Dienstleistungen, die Reputation, die Qualität und die Unternehmensgröße.[495] Aus IT-Sicht hält ein Experte die Berücksichtigung von IM-Kriterien für sinnvoll, aus Unternehmenssicht dagegen nur dann, wenn IM-Themen den Treiber für die Transaktion darstellen. Ein anderer Experte gibt an, dass Strategieberater IM-Themen auf einem groben Niveau bei der Auswahl betrachten, eine detaillierte Analyse aber nicht unbedingt sinnvoll sei.

---

[493] Siehe hierzu Kapitel 3.2.1.3.

[494] Die Einschätzung, dass „in der Beurteilung und Auswahl potentieller Zielobjekte .. IV-bezogenen Kriterien hingegen faktisch keine Bedeutung" (*Kromer* (2001), S. 250) zukam, bestätigt auch eine empirische Analyse von KROMER.

[495] Siehe auch das beispielhafte Anforderungsprofil in Kapitel 3.2.1.3.

Zwei Experten berichten von der Berücksichtigung des IM bereits im Anforderungsprofil. Während in einem Fall die IT-Anforderungen an ein Zielunternehmen mit niedriger Priorität in die Gewichtungsmatrix der M&A-Abteilung eingehen, berichtet ein Experte von der Erstellung einer IT-Landkarte mit ungefähr fünf Kerngeschäftsprozessen von Käufer- und Zielunternehmen. Diese werden dann miteinander verglichen und die Ergebnisse können als Grundlage für die nachfolgende IT Due Diligence genutzt werden. Allerdings wird auch hier auf eine häufig wenig strategische und analytische Durchführung hingewiesen, u.a. aufgrund unzureichender oder wenig detaillierter Informationen aus dem Zielunternehmen. Ein Grund für die geringe Auskunftsbereitschaft wird in der Geheimhaltung gesehen.

5.1.2.2 Ausgestaltung

Neben dem erwähnten Vergleich von Geschäftsprozessen kann auch ein Vergleich der Gegenstandsbereiche des IM bei der Auswahl eines passenden Zielunternehmens hilfreich sein. Abbildung 20 zeigt beispielhaft ein solches ausschnitthaftes Anforderungsprofil in Form eines Vergleichs von Stärken bzw. Schwächen im Käufer- und Zielunternehmen entlang der Wertschöpfungskette.

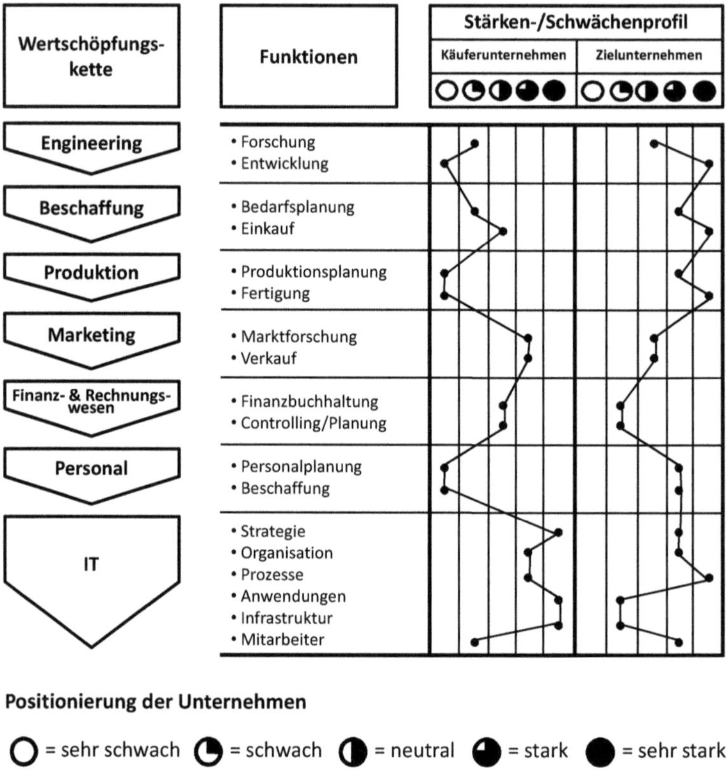

Abbildung 20: Stärken-/Schwächenprofil-Abgleich strategischer M&A-Ziele[496]

Während das Käuferunternehmen u.a. im Bereich der IT-Mitarbeiter eine Schwäche durch den Zusammenschluss mit dem Zielunternehmen ausgleichen kann, kann es z.B. im Bereich IT-Infrastruktur und -Anwendungen seine Stärke nutzen, um eine Schwäche des Zielunternehmens zu beheben. In den Bereichen IT-Strategie, -Organisation und -Prozesse besteht die Möglichkeit die Stärken beider Unternehmen zu bündeln und die führende Position auszubauen. Je nach Art der Transaktion und Integrationsgrad stellen diese Bereiche auch potenzielle Synergiequellen dar. Wichtig ist daher bereits beim Anforderungsprofil die Themenfelder der Integration zu berücksichtigen. Im Sinne eines ganzheitlichen M&A-

[496] Modifiziert nach *Clever* (1993a), S. 127.

Managements „sollten Aspekte der IT-Integration bereits bei der Entwicklung der M&A-Strategie einfließen und die Target-Selektion beeinflussen.“[497] Sind die Unternehmen beispielsweise im Hinblick auf ihre Infrastruktur und Anwendungen sehr unterschiedlich aufgestellt, kann dies einen ersten Hinweis für mögliche technische, organisatorische als auch kulturelle Integrationsprobleme liefern. Allerdings besteht auch bei dieser Form des Anforderungsprofils die von einem Experten angesprochene Problematik der unzureichenden Informationen über das IM im Zielunternehmen vor der Due Diligence. Erste Hinweise über die Passung von Ziel- und Käuferunternehmen können aber bereits grobe Informationen liefern. Stehen mehrere potenzielle Zielunternehmen zur Wahl können diese Hinweise neben den anderen Kriterien des Anforderungsprofils zur Reihung der Zielunternehmen genutzt werden.

Durch den Abgleich der Stärken-/Schwächenprofile lassen sich auch Aussagen zur strategischen Passung der beteiligten Unternehmen treffen. Die Beurteilung im Hinblick auf die kulturelle und finanzielle Stimmigkeit sind weitere Anhaltspunkte für die Passung der Unternehmen.[498] Stellen IM-Aspekte das Hauptmotiv für die Transaktion dar, ist auch die Beurteilung der IT-Passung denkbar, wobei die einzelnen IM-Bereiche - wie im Stärken-/Schwächenprofil dargestellt - als Beurteilungskriterien der Stimmigkeit herangezogen werden können. Die zugrunde liegende These könnte lauten, dass das IM der Beteiligten umso kompatibler ist, je ähnlicher es gestaltet ist.[499] Wobei auch Vorteile aus unterschiedlich gestalteten IT-Welten vorstellbar sind.

Die Forderung der Interviewteilnehmer, IM-Verantwortliche bereits frühzeitig in den M&A-Prozess einzubeziehen, kann bei der Auswahl des Zielunternehmens dazu beitragen, frühzeitig mögliche Synergie- bzw. Dissynergiepotenziale zu identifizieren. Schwierigkeiten ergeben sich daraus, dass vor allem die Eigentümer(-vertreter) und Finanzspezialisten und nicht die jeweiligen Fachexperten in die Auswahl und Prüfung geeigneter Zielunternehmen eingebunden sind. Die Aufstellung interdisziplinärer Teams, die ihren jeweiligen Fachbereich analysie-

[497] *Schwarze/Roscheisen/Mengue* (2007), S. 57.
[498] Vgl. *Lucks/Meckl* (2002), S. 80; *Wirtz* (2003), S. 181 f.
[499] Siehe für eine ähnliche These zur Unternehmenskultur *Lucks/Meckl* (2002), S. 85.

ren, kann zu einer Entschärfung dieser Problematik beitragen und insgesamt die Objektivität der Analysen erhöhen.[500] Ferner kann auch hier bereits eine Einbindung der Integrationsverantwortlichen sinnvoll sein, um die spätere Übergabe zu erleichtern und unrealistische Einschätzungen das Synergiepotenzial betreffend zu minimieren.[501]

Nach der Identifizierung eines potenziell passenden Unternehmens in diesem ersten Selektionsschritt, erfolgt nach der Kontaktaufnahme und ersten Verhandlungen, der zweite Selektionsschritt in Form einer IT Due Diligence-Prüfung.

5.1.3 IT Due Diligence[502]

Die Due Diligence wird als „weitgehend standardisiertes Instrument zur ... Unternehmensanalyse"[503] im Rahmen von M&A-Transaktionen eingesetzt mit den Zielen eine fundierte Grundlage für die Identifizierung von Deal Breaker sowie für die Unternehmensbewertung und Kaufpreisermittlung bereitzustellen, Informationen für die Integrationsstrategie zu liefern sowie als Nachweis, im Falle eines Rechtsstreits, mit gebührender Sorgfalt gehandelt zu haben. Ein wichtiges Prüfungsgebiet in diesem Zusammenhang stellt das IM dar. Bei der IT Due Diligence handelt es sich um die zielorientierte, zukunftsgerichtete, ergebnisoffene Prüfung des IM des Zielunternehmens mit dem Ziel, dem Käuferunternehmen darzulegen, „welche Wertpotenziale und Investitionsbedarfe bzw. Chancen und Risiken mit der IT im Rahmen der Akquisition verbunden sind."[504] Die Zukunftsorientierung im Hinblick auf die Potenziale und Risiken einer gemeinsamen IT-Landschaft sind zu erheben und zu prüfen. Die nachfolgende Abbildung 21 zeigt das Zusammenspiel der IT Due Diligence mit den weiteren Due Diligence-Teilreviews im Zielunternehmen.

---

[500] Vgl. *Reißner* (1992), S. 130.
[501] In Anlehnung an *Schreiner/Wirth/Wirth* (2010), S. 295.
[502] Für eine ausführliche Beschreibung der Due Diligence und der Teilreviews siehe Kapitel 3.2.2.2.
[503] *Rockholtz* (1999), S. 2.
[504] *Menke* (2008), S. 7.

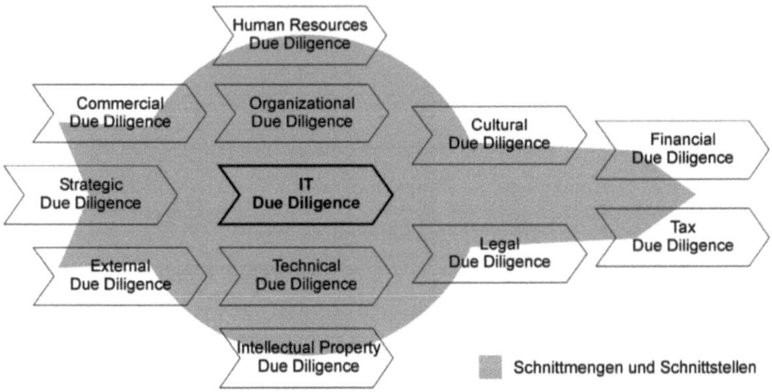

Abbildung 21: Einordnung der IT Due Diligence[505]

Das IM wird nicht immer in einer gesonderten IT Due Diligence geprüft.[506] Ist dies der Fall, wird die Prüfung von IM-Aspekten häufig in den Teilreviews Technical und Organizational Due Diligence durchgeführt, die ihr nahe stehen.[507] Die Durchführung einer IT Due Diligence hat in den letzten Jahren in der Praxis an Bedeutung gewonnen und „sich als wesentlicher Bestandteil einer Gesamtevaluation von Zielobjekten etabliert.“[508]

5.1.3.1 Ergebnisse der Experteninterviews

In vielen Fällen wurde die IT Due Diligence als eigene Prüfung oder als Bestandteil der Technical Due Diligence von fachkundigen IT-Spezialisten durchgeführt. Typische Aspekte, die einer solchen Prüfung unterzogen werden, sind nach Angaben der Experten Lizenzen, (Wartungs-)Verträge, Sicherheit, Alter, Qualität, Kosten und Kompatibilität der Systeme, ERP-Systeme, Einsatz von Standardsoftware sowie Infrastruktur. Daraus können Synergiepotenziale, Risiken, Modernisierungsbedarfe und Abweichungen vom Standard ähnlicher Unternehmen abgeleitet werden. Auch Intellectual Property- sowie Governance-Themen können eine

[505] *Menke* (2008), S. 159.

[506] Eine Studie von DELOITTE kommt zu dem Ergebnis, dass nur in zwei Dritteln aller untersuchten M&A-Transaktionen die IT im Rahmen der Due Diligence beachtet wurde, wobei 87% der Verantwortlichen in Zukunft eine Berücksichtigung der IT fordern. Ferner zeigen die Ergebnisse, dass Unternehmen mit großer M&A-Erfahrung zu 90% die IT im Rahmen der Due Diligence berücksichtigen, während Unternehmen mit geringer M&A-Erfahrung einen Wert von 50% aufweisen. Vgl. *Deloitte* (2008), S. 22 f.

[507] Für weitere Bezüge zu anderen Analysefeldern siehe *Koch/Menke* (2008), S. 605 f.

[508] *Schwarze/Röscheisen/Mengue* (2007), S. 59.

wichtige Rolle spielen. Teilweise wird auch bereits ein grober Abgleich zwischen den IT-Landschaften der beteiligten Unternehmen vorgenommen.

Für die Prüfung werden häufig zum Teil ausführliche Checklisten eingesetzt, die helfen, alle wichtigen Punkte dokumentiert abzubilden. Einige Experten gehen auch in die Zielunternehmen um Gespräche mit den Verantwortlichen zu führen und das IM vor Ort zu begutachten. Virtuelle Datenräume scheinen sich durchzusetzen. Die Ergebnisse werden an die M&A-Verantwortlichen weitergegeben und fließen z.B. über eine Gewichtungsmatrix in deren Bewertung ein und können den Wert des Zielunternehmens beeinflussen. Daher sind die Expertise und Erfahrung der Beteiligten sowie spezialisierte Strukturen von Bedeutung.

Bei der IT Due Diligence geht es darum, sich einen Überblick und ein Gefühl für das IM im Zielunternehmen zu verschaffen, daher wird die Prüfung als eher oberflächlich beschrieben. Ein Experte hat die Erfahrung gemacht, dass eine eher offene Gesprächsatmosphäre zwischen den Spezialisten aus Ziel- und Käuferunternehmen herrscht und dass die Mitarbeiter des Zielunternehmens in der Regel gute Kenntnisse – entweder dokumentiert oder in ihren Köpfen – über die vorhandene Systemlandschaft haben. Die Ergebnisse der IT Due Diligence können auch für andere Prüfgebiete relevant sein, indem zum Beispiel geklärt werden kann, welche Systeme eingesetzt werden und ob deren Einsatz innerhalb eines Prozesses durchgängig ist. Daraus können Rückschlüsse über die Stabilität bzw. Fundierung von Werten z.B. Finanzkennzahlen, die an anderer Stelle genannt werden, gezogen werden.

Während ein Experte angab, dass es einen Bruch im M&A-Prozess in dem Sinne gebe, dass auf die Ergebnisse der IT Due Diligence bei der Integration nicht mehr zurückgegriffen werde – dies hält er allerdings nicht für sinnvoll –, bilden diese in einem anderen Fall den Ausgangspunkt für das Integrationsszenario. Mehrere Experten gaben an, dass sich die Integrationspläne aufgrund der Ergebnisse der Due Diligence ändern können, z.B. im Hinblick auf die Schwerpunktsetzung, und entsprechend angepasst bzw. konkretisiert werden. Insgesamt schätzt ein Experte die Ergebnisse der IT Due Diligence von untergeordneter Bedeutung für die Kaufentscheidung ein, da zumindest die Standardsoftware-Bereiche – auch wenn sie nicht den Qualitätsstandards entsprechen – relativ schnell angepasst und Mängel beseitigt werden können. Ein Experte aus dem IT-Bereich stellt fest, dass selbst bei Technologieunternehmen die Technical Due Diligence nicht im Vordergrund steht, sondern dass häufig von guten Geschäftszahlen auf eine gute Technologie geschlossen wird.

Ein Experte aus dem Finanzdienstleistungssektor sagt, es sei schwierig das IM bereits in der Due Diligence zu analysieren und Synergien bzw. Kosten abzuschätzen, da hierfür Detailkenntnisse notwendig seien. Man stoße aus Zeit- und Vertraulichkeitsgründen schnell an Grenzen und prüfe daher größtenteils auf Hauptprozessebene und nehme die dadurch entstehenden Lücken bei der Prüfung in Kauf. Das Bewusstsein, dass das IM ein wichtiger Faktor ist, sei zwar vorhanden, die Realisierbarkeit aber schwierig. Zwar könne ein Mitarbeiter aus der Fachabteilung Indikatoren für die nachfolgende Integration erheben, aber auch Experten stelle die Beurteilung vor Herausforderungen. Wird bei der Prüfung der Dokumente festgestellt, dass die beteiligten Unternehmen das gleiche System einsetzen, lässt dies nicht automatisch den Schluss zu, auf ein System könne verzichtet werden. Aufgrund von individuellen Systemanpassungen sind Inkompatibilitäten möglich, die eine Migration beschränken. Allerdings wäre eine detaillierte Prüfung wünschenswert, da die IT-Integration gerade im Finanzdienstleistungsbereich die höchsten Kosten verursacht.

Ein Experte merkt an, dass bei der Due Diligence in der Regel unabhängig von der Größe des Zielunternehmens die gleiche Vorgehensweise gewählt werde. Dies kann kritisch gesehen werden, da in unterschiedlich großen Unternehmen abweichende (IT-)Strukturen und unterschiedliches Organisationsverhalten anzutreffen sind und daher ein dem Unternehmensprofil angepasstes Vorgehen als sinnvoll erachtet wird. Es könne zielgerichtet sein, die Zielunternehmen in Abhängigkeit ihrer Unternehmensgröße in Relation zum Käuferunternehmen in drei oder vier Kategorien einzuteilen z.B. anhand der Mitarbeiterzahl und entsprechend die Due Diligence-Vorgehensweise und -Prüffelder anzupassen.

5.1.3.2 Ausgestaltung

Eine professionelle IT Due Diligence hat das Potenzial, Transparenz in Bezug auf das operative, administrative und strategische IM im Zielunternehmen zu schaffen und als Entscheidungsgrundlage im weiteren M&A-Prozess zu dienen. Dabei stehen die Schaffung eines Gesamtbildes der vorhandenen IT, die Ermittlung des Übereinstimmungsgrades zwischen Informationsmanagement und M&A-Strategie, die Einschätzung und Bewertung von Risiken sowie die Identifikation von Faktoren, welche die Unternehmensbewertung beeinflussen im Mittelpunkt.[509]

Aufgrund dieses Potenzials ist eine ausführliche, sorgfältige und detaillierte Prüfung des IM anzustreben. Insbesondere dann, wenn das Informationsmanagement, wie bei Ausprägung 1 und 3 des Ordnungsrahmens, eine große Bedeutung für die Erreichung der Unternehmensziele besitzt bzw. es entscheidend zur betrieblichen Wertschöpfung beiträgt.[510] Auch die von den Experten angesprochene Relevanz der Ergebnisse für andere Prüfgebiete sowie der Einfluss auf die Integrationsgestaltung sprechen gegen eine eher oberflächliche Prüfung in diesen Fällen. Der Prüfungsumfang ist transaktionsspezifisch zu bestimmen, wobei neben Aufwand- und Nutzenüberlegungen auch andere Faktoren berücksichtigt werden müssen.[511] Wichtig für die Erzielung aussagekräftiger Ergebnisse ist, dass hierbei IT-Experten zum Einsatz kommen und IT-Fragen nicht von fachfremden Spezialisten geklärt werden. Dies ist gemäß den Experten in der Praxis der Fall.

Die nachfolgende Tabelle 8 gibt einen beispielhaften Überblick über typische Prüfgebiete einer IT Due Diligence, die in der Regel in Form von Checklisten durch explizite Fragestellungen konkretisiert werden. Die von den Experten genannten Prüfaspekte spiegeln sich darin wider. Als Ausgangspunkt der Prüfung kann auch ein IT-Referenzprofil eines gut aufgestellten Unternehmens herangezogen werden und mit den Gegebenheiten im Zielunternehmen abgeglichen werden. Um der Anregung eines Experten, die Due Diligence in Abhängigkeit der Größe des Zielunternehmens zu gestalten, gerecht zu werden, können Referenzprofile für Unternehmen mit unterschiedlicher Größe und aus unterschiedlichen Branchen entworfen werden.

[509] Vgl. *Schwarze/Röscheisen/Mengue* (2007), S. 59.
[510] Vgl. *Koch/Menke* (2008), S. 607.
[511] Siehe hierzu die Ausführungen auf S. 156 f.

Quelle	Typische Prüfgebiete einer IT Due Diligence
SCHWARZE, RÖSCHEISEN und MENGUE[512]	Datenanalyse und Bewertung von • IT-Organisation: Strategie, Aufbau- und Prozessorganisation, Personal (z.B. Skill-Profile) sowie Lieferantenverhältnisse • IT-Systemen: Analyse des Applikationsportfolios • IT-Betrieb: Aufbau und Prozesse im Rechenzentrumsbetrieb, Service/Support-Funktionen sowie Systemarchitektur • IT-Sicherheit: Erfüllung gesetzlicher Anforderungen mit zugehörigen Disaster-Recovery-Plänen und Richtlinien sowie Ergebnissen aus durchgeführten IT-Audits • IT-Projekten: kritische Analyse der Projekte mit zugehörigen Budgets und Ressourcen • IT-Finanzen: Kostenstrukturen der IT, die zu erwartende Kostenentwicklung und deren Angemessenheit
MENKE[513]	• Strategische Sicht: Bezug der IT zur Akquisitionsstrategie, IT-Sourcing und Integrationsstrategien • Organisatorische Sicht: Führungsaufgaben der Informationsfunktion, Betrieb und Administration laufender Prozesse, Projekte • Technische Sicht: Technik und Technologie, Informationssysteme und Informationsarchitektur, Sicherheit • Rechtliche Sicht: IT-Governance, Vertragliche Bindungen und Lizenzen[514], Daten und Personal
HORNKE und MENKE[515]	• Strategie/Governance: Ziele IT in 12/18 Monaten, IT-Guidelines • Organisation: IT-Organigramm, Support-/Service-Konzepte • Prozesse: Prozessdokumentation, Prozesskosten • Infrastruktur: Telekommunikation, Betriebssysteme • Applikationen: Stammdatenmanagement, ERP-Anwendungen • Mitarbeiter: Altersstruktur, Qualifizierung/Mobilität • Projekte: Projektkosten, Beratereinsatz • Synergien/Controlling: IT-Kostenhöhe und Struktur,

[512] Vgl. *Schwarze/Röscheisen/Mengue* (2007), S. 59 f.
[513] Vgl. *Menke* (2008), S. 182-214.
[514] Die Prüfung kann auch im Rahmen der Legal Due Diligence erfolgen. Vgl. *Söbbing* (2007), S. 166.
[515] Vgl. *Hornke/Menke* (2008), S. 92.

	erzielbare Synergien • Recht: Lizenzverträge Software, Outsourcing-Verträge • Sicherheit: Firewall-Systeme, Back-up-Prozeduren
HOWSON[516]	• Audit Level: Vulnerability (accessibility; number of users), Trust (employee vetting; management concerns) and Complexity (organizational complexity; system design; technology risk: dependence on IT staff, documentation, level of technology, degree of obsolescence, ownership) • Management Level: company-wide attitude to IT, assessment of the IT team (focus and capabilities) • Strategic Level: Contribution of technology to the future (using IT to create comparative advantages, recognizing IT as an essential component of any company of the future)
JUNGBLUT[517]	• Organisation des IV-Bereiches • Kompetenz der zuständigen Mitarbeiter • Art und Sicherheit der genutzten Systeme • Beurteilung des in der Planung veranschlagten IV-Budgets im Hinblick auf die IV-Strategie

Tabelle 8: Typische Prüfgebiete einer IT Due Diligence

Aus Sicht des Informationsmanagements ist es notwendig, dem ganzheitlichen Ansatz auch bei der IT Due Diligence gerecht zu werden.[518] Die Zuordnung der Fragestellungen von vier IT Due Diligence-Checklisten[519] aus dem deutschen und angloamerikanischen Sprachraum zu den Ebenen des ganzheitlichen IM-Modells,[520] wie es in Kapitel 2.1.4 vorgestellt wurde, gibt einen ersten Einblick in die Repräsentation der einzelnen Ebenen.

Dabei zeigt sich, dass gemessen an der Anzahl der Fragen pro Ebene, die Ebene *Management der Entwicklung und Nutzung von Informationssystemen* am stärks-

[516] Vgl. *Howson* (2003), S. 179-184.
[517] Vgl. *Jungblut* (2003), S. 118.
[518] Vgl. *Koch/Menke* (2008), S. 603.
[519] Die verwendeten Checklisten wurden im Rahmen des Literaturstudiums und der Internetrecherche identifiziert. Checklisten, die in der Praxis z.B. von Unternehmensberatungen eingesetzt werden, sind in der Regel nicht öffentlich zugänglich. Verwendet wurden die IT Due Diligence Checklisten von *Sisco* (2002); *Knowledgeleader* (2008); *Baublits/Lee/Stanis et al.* (2006) sowie *Picot* (2008), S. 191.
[520] Hierzu wurden die Zuordnungen von strategischen, administrativen bzw. taktischen sowie operativen Einzelaufgaben zu organisatorischen Aufgabenbereichen, wie sie BIETHAHN, MUCKSCH und RUF zur Verfügung stellen, herangezogen. Vgl. *Biethahn/Mucksch/Ruf* (2004), S. 44 ff.

ten repräsentiert ist, gefolgt von der Ebene *Management der Informations- und Kommunikationstechnologien.* Die Ebenen *Management der Informations- und Wissensversorgung* sowie *Management der Führungsaufgaben* folgen daraufhin und enthalten in etwa die gleiche Anzahl von Fragen, während die Ebene *Management der Querschnittsaufgaben* die geringste Anzahl aufweist.

Vergleicht man die Themenschwerpunkte der Fragen, so liegen diese bei den Ebenen *Management der Informations- und Kommunikationstechnologien* sowie *Management der Entwicklung und Nutzung von Informationssystemen* in den Bereichen Sicherheit sowie Governance/Recht. In der Ebene *Management der Informations- und Wissensversorgung* spielen vor allem die Themen Strategie, Governance und Controlling eine Rolle, während in der Ebene *Management der Führungsaufgaben* Personal-, Strategie-, Governance- sowie Controlling-Themen vorkommen. Die Ebene *Management der Querschnittsaufgaben* wurde nur in einer Checkliste repräsentiert und hier auch nur der Bereich Controlling. In allen Ebenen finden sich neben den genannten Themengebieten spezifische Fragestellungen zur Ausstattung und zu Prozessen des IM sowie zu M&A-spezifischen Themen wie z.B. Kompatibilität der Systeme oder Integrationskosten. Insgesamt kann festgehalten werden, dass diese vier Checklisten viele IM-Fragestellungen abdecken und so eine ganzheitliche Berücksichtigung des IM in der Due Diligence ermöglichen würden. Es bestehen allerdings deutliche Unterschiede zwischen den einzelnen Checklisten in Bezug auf die Themenbreite und den Detaillierungsgrad.

Eine trennscharfe Zuordnung der Fragestellungen ist zum Teil nur schwer möglich, da die Fragen der Checklisten insbesondere was die strategische, administrative und operative Ausrichtung betrifft, nicht immer eindeutig sind. Daher sind die Ergebnisse als Orientierungshilfe zu verstehen, die einen Einblick in die Repräsentation der einzelnen Ebenen des ganzheitlichen IM-Modells geben. Für eine zielgerichtete Prüfung im Rahmen der IT Due Diligence sind die Berücksichtigung sowohl der Themenfelder des Anforderungsprofils als auch des angestrebten Integrationsszenarios unerlässlich.

Neben den bisher aufgezeigten Erkenntnissen können durch eine IT Due Diligence-Prüfung auch Herstellerabhängigkeiten sowie Investitionsstaus identifiziert werden. Ferner können Aussagen über die Angemessenheit des IM im Hinblick auf die betrieblichen Anforderungen getroffen werden.[521] Typische IT-inhärente Risiken können unstabile oder veraltete Systeme bzw. Technologien, unzureichende Dokumentationen, unklare Eigentumsverhältnisse an der eingesetzten Software, Abhängigkeiten von wenigen IT-Mitarbeitern oder auch Sicherheitsfragen darstellen. Insbesondere der Einsatz von Individualsoftware ist genau zu prüfen, da hier im Hinblick auf die Integration besondere Herausforderungen liegen können.[522] „Eine IT-DD schafft innerhalb kurzer Zeit die für eine M&A-Entscheidung notwendige Transparenz und hat das Potenzial, durch das Aufzeigen von Risiken und Mängeln zu einer Kaufpreisreduzierung beizutragen, die den Aufwand der Due Diligence oft um ein Vielfaches übersteigt."[523]

Des Weiteren können die Ergebnisse der IT Due Diligence aufgrund der Angleichung der Informationsstände der beteiligten Parteien zu weiterem Informationsbedarf führen oder eine Anpassung der Strategie nötig machen[524] z.B. im Hinblick auf die Beibehaltung unternehmensspezifischer Strukturen und Systeme. Dies wurde durch die Experten bestätigt.

Ein Grund der gegen die Durchführung einer (ausführlichen) IT Due Diligence sprechen könnte, wird in der Geheimhaltung der Transaktion gesehen und der damit einhergehenden Forderung, den Kreis der Eingeweihten möglichst klein zu halten.[525] Dieses Argument wurde auch im Rahmen der Experteninterviews genannt. In solchen Fällen ist eine Abwägung zwischen den Vorteilen der Durchführung einer IT Due Diligence und der notwendigen Geheimhaltung notwendig. Die Geheimhaltung kann z.B. durch entsprechende Vereinbarungen sichergestellt werden. Für Transaktionen bei denen das IM einen hohen Stellenwert einnimmt, ist die frühzeitige Einbindung von IT-Experten erfolgskritisch.

Trotz der vielen Vorteile durch die (IT) Due Diligence kann ein Käufer nur mit sehr großem Aufwand - wenn überhaupt - alle Risiken in einem Zielunternehmen im Rahmen einer solchen Prüfung aufdecken. Der Prüfungsumfang und -intensität

[521] Vgl. *Schwarze/Röscheisen/Mengue* (2007), S. 59 f.
[522] Vgl. *Howson* (2003), S. 179 ff.
[523] *Schwarze/Röscheisen/Mengue* (2007), S. 60.
[524] Vgl. *Menke* (2008), S. 214 f.
[525] Vgl. *Rentrop* (2004), S. 136; *Rigall/Hornke* (2007), S. 498; *Hornke/Menke* (2008), S. 89.

sind kontextspezifisch zu bestimmen.[526] Mögliche Kriterien für die IT Due Diligence können neben der strategischen Bedeutung des Informationsmanagements für das Unternehmen auch die Ist-Situation im eigenen Unternehmen, der IV-Anteil an den operativen Kosten und der Informationsstand der Beteiligten darstellen. Als übergeordnete Kriterien können die Bedeutung bzw. das Risiko des Prüfgebietes für die Erreichung der M&A-Ziele herangezogen werden.[527] Ferner beeinflussen auch externe Restriktionen im Hinblick auf Kosten, Zeit[528], personelle Ressourcen sowie situationsspezifische Faktoren wie z.B. eine feindliche Übernahme die Ausgestaltung der Due Diligence.[529]

Auch das geplante Integrationsszenario hat einen Einfluss auf die Durchführung der Prüfung. „If, on the other hand, this is going to be a stand-alone business where information technology is a fundamental element of competitive advantage, then clearly due diligence is going to assume a different importance than if IT is merely there to run the payroll."[530] Dabei können beispielhaft folgende Prüfungsschwerpunkte je nach Integrationsalternative unterschieden werden:[531]

- Getrennte Beibehaltung der Informationsinfrastrukturen:

  Stand-alone Attraktivität der IIS

- Schaffung von Schnittstellen:

  Integrationsfähigkeit und Stand-alone Attraktivität der IIS

[526] Vgl. *Andreas* (2010), S. 22; *Howson* (2003), S. 18 allgemein für die Durchführung einer Due Diligence. Nach ANDREAS ist eine Due Diligence eine „ausschnitthafte Untersuchung .. , deren Schwerpunkte je nach Einschätzung der Risikolage im Einzelfall gebildet werden." *Andreas* (2010), S. 22 (Im Original teilweise hervorgehoben.) Es ist davon auszugehen, dass strategische Investoren aufgrund der eher vollständigen (IT-)Integration eine ausführlichere Prüfung im Vergleich zu Finanzinvestoren durchführen. Vgl. *Hornke/Menke* (2008), S. 91.

[527] Vgl. *Beisel* (2010), S. 85.

[528] Eine IT Due Diligence dauert in der Regel zwischen 30 und 90 Tagen. Vgl. *Hornke/Menke* (2008), S. 91.

[529] Vgl. *Harvey/Lusch* (1995), S. 6 f.

[530] *Howson* (2003), S. 179.

[531] Vgl. *Menke* (2008), S. 187 ff. Dabei können die folgenden Faktoren eine Änderung der ursprünglichen Integrationsalternative beeinflussen: der Grad der Integration der Informationssysteme des Zielunternehmens, die Abhängigkeit der Informationsfunktion von Schlüsselmitarbeitern sowie von proprietären Altsystemen bzw. stark angepassten Standardlösungen sowie organisatorische und kulturelle Hindernisse bei der Neugestaltung betrieblicher (Kern-) Prozesse durch (neue) IT. Diese können in Abhängigkeit der strategischen Bedeutung des IM auch zu Deal Breaker werden. Vgl. *Menke* (2008), S. 215.

- Neuentwicklung der künftigen gemeinsamen Informationsinfrastruktur:

  Anforderungen an die neue IIS, Investitionsbedarfe

- Beibehaltung einer der beiden Informationsinfrastrukturen:

  Datenqualität, Export-/Importmöglichkeiten der Daten aus Datenbanken und Anwendungen

- Kombination der Anwendungslandschaften (Best-of-Breed):

  Projekterfahrung IT-Mitarbeiter, Kompatibilität, technische und wirtschaftliche Machbarkeit der Schnittstellengestaltung

Für die Prüfung wird ein IT Due Diligence Team gebildet, das sich je nach interner Ressourcenausstattung sowie Ausgestaltung und Schwerpunktsetzung des Reviews aus unternehmensinternen Experten der beteiligten Unternehmen und externen IT-Beratern bzw. -Spezialisten zusammensetzen sollte. Dabei sind die Erfahrung und das Expertenwissen der Teammitglieder von entscheidender Bedeutung aufgrund des engen Zeitrahmens und der teilweise begrenzten Informationslage. Ferner unterstützt ein klar strukturierter Ablaufplan die Prüfung und Bewertung.[532] In diesen gehen auch die Ergebnisse der Unternehmensanalyse ein, die in diesem Kontext als vorab ermittelter Informationsbedarf für die systematische, zielorientierte und wirtschaftliche Durchführung einer IT Due Diligence verstanden werden kann.[533]

Den Teammitgliedern stehen verschiedene Informationsquellen zur Verfügung. Neben externen Quellen, werden vom Zielunternehmen auch unternehmensinterne Informationen in einem Data Room bereitgestellt. Auch Betriebsbesichtigungen, Gespräche mit Mitarbeitern und dem Management – wie von einigen Experten durchgeführt – können wichtige Informationen für die Beurteilung des Zielunternehmens liefern. Insbesondere im Sinne der Validierung der geprüften Dokumente, da diese den Soll- aber nicht unbedingt den Ist-Zustand abbilden, z.B. hinsichtlich der tatsächlichen Anwendungssystemnutzung[534]. MENKE weist daraufhin,

[532] Vgl. *Schwarze/Röscheisen/Mengue* (2007), S. 60.

[533] In diesem Sinne kann die Unternehmensanalyse auch als Self Due Diligence aufgefasst werden. Vgl. *Jansen* (2008), S. 250.

[534] Vgl. *Jungblut* (2003), S. 119.

dass Mitarbeitergespräche geeignet sind, „um die personelle, politische und kulturelle Dimension der Informationsverarbeitung besser beurteilen zu können".[535] Nach SÖBBING stellt die Durchführung eines IT Assessments, d.h. einer technischen Überprüfung der IIS, eine weitere Möglichkeit der Prüfung dar. Diese ist allerdings mit einem großen Aufwand verbunden und kann nur umfassend durchgeführt werden, wenn die Mitarbeiter des Zielunternehmens eingebunden sind, was eine mögliche Geheimhaltung der Transaktion erschweren kann.[536]

Damit die in der IT Due Diligence erhobenen Daten und Erkenntnisse als Entscheidungsgrundlage genutzt werden können, bedarf es einer zeitnahen Erfassung, zielorientierten Analyse und Auswertung sowie einer transparenten, verständlichen und nachhaltigen Dokumentation und Weiterleitung an die Entscheidungsträger. Zur laufenden Dokumentation werden Arbeitspapiere und Memoranden angefertigt, die Abschlussdokumentation erfolgt in Form eines sogenannten Due Diligence-Reports. Wichtig ist hierbei die Schnittstellen der IT zu den anderen Prüfgebieten der Due Diligence explizit zu berücksichtigen.[537] Als Beispiel kann die Verlässlichkeit der Informationssysteme bei der Ausweisung interner Kennzahlen herangezogen werden, die auf die spezifischen Bedürfnisse der Geschäftsführung des Zielunternehmens angepasst sind. Daher ist eine intensive Auseinandersetzung mit der Funktionsweise, der Datenverarbeitung, dem Aufbau und Zusammenspiel der einzelnen Systeme auch in diesem Kontext notwendig. Werden hierbei Mängel entdeckt, kann sich dies auf die Ergebnisse und Erkenntnisse z.B. der Financial Due Diligence auswirken.[538]

Auf den aufbereiteten Ergebnissen der Due Diligence-Prüfungen basieren die Entscheidungen über den Fortgang der M&A-Verhandlungen oder deren Abbruch, die Ermittlung des Kaufpreises und die Vorbereitung der Integration. In diesem Zusammenhang kann auch die Identifizierung von Deal Breaker, d.h. Sachverhalten, die zum Abbruch der Transaktion führen, eingeordnet werden. Werden solche Sachverhalte unterschätzt bzw. nicht oder zu spät erkannt, beeinflussen sie den

[535] *Menke* (2008), S. 181.
[536] Vgl. *Söbbing* (2007), S. 167.
[537] Vgl. *Berens/Hoffjan/Strauch* (2008), S. 129 und 152-155.
[538] Vgl. *Stork/Hummitzsch* (2010), S. 580 f., *Jungblut* (2003), S. 117 ff. Siehe hierzu auch die Aussage eines Experten auf S. 150.

Fortgang der Transaktion erheblich. Dabei ist zu klären, unter welchen Umständen das IM zu einem Deal Breaker werden kann.

5.1.4 IT Deal Breaker

Das Informationsmanagement wird in der Literatur nur selten als Deal Breaker diskutiert. Nach HORNKE UND MENKE können „im Extremfall die (während der Due Diligence: Anm. d. Verf.) aufgezeigten Risiken im IT-Bereich bzw. die daraus entstehenden Risiken in anderen Bereichen dazu führen .. , dass die Transaktion abgebrochen wird.“[539] KROMER kommt in seiner empirischen Untersuchung zu dem Ergebnis, „daß Problemstellungen der IV-Integration selbst in IT-intensiven Industrien … alleine nicht zum ‚Deal-Breaker‘ werden“.[540]

Ein Grund hierfür kann in der Querschnittsfunktion, die das IM im Unternehmen spielt, gesehen werden. Dabei tritt das IM häufig als unterstützende Funktion auf, die oftmals nur indirekt an der unternehmerischen Wertschöpfung beteiligt ist. Einen weiteren Grund kann die oft geringe Berücksichtigung des IM bereits in der Pre-Merger-Phase bei M&A-Transaktionen darstellen, wobei dies wiederum auch auf die Rolle des IM an der betrieblichen Wertschöpfung zurückzuführen sein kann. Ein Erklärungsversuch für IT-intensive Unternehmen könnte sein, dass diese ihre IT als gesetzt ansehen.[541]

5.1.4.1 Ergebnisse der Experteninterviews

Elf Experten wurden gefragt, ob das *Informationsmanagement ihrer Meinung nach zum Deal Breaker einer M&A-Transaktion* werden kann bzw. unter welchen Umständen dieser Fall eintreten kann. Nur ein Experte gab an, dass der Fall IM als Deal Breaker bereits vorgekommen ist, wobei sich ein Deal Breaker in der Regel aus mehreren Faktoren zusammensetzt. Zwei Experten sind der Meinung, dass sich die Qualität des IM in den Geschäftszahlen eines Unternehmens widerspiegelt und davon ausgegangen werden kann, dass Unternehmen mit gravierenden IT-Mängeln nicht am Markt bestehen können. Mögliche Schwächen im IM können beseitigt werden, z.B. durch den Zukauf von Ressourcen. Ferner wird

---

539 *Hornke/Menke* (2008), S. 91.
540 *Kromer* (2001), S. 251. Siehe hierzu auch *Leibs* (1998), S. 27.
541 Siehe hierzu die Ausführungen eines Experten aus der IT-Branche auf S. 167.

durch gesetzliche Vorgaben und durch die Zusammenarbeit mit anderen Unternehmen ein gewisser IT-Standard vorausgesetzt.

Ist das anvisierte Zielunternehmen größer oder gleich groß wie das Käuferunternehmen und unterscheiden sich die Unternehmen stark bezüglich ihrer IT-Strategie, kann je nach Unternehmens- bzw. Integrationsstrategie die IT zum Deal Breaker werden. Auch die IT-Integrationskosten können kritisch werden, sind aber in der Pre-Merger-Phase nur schwer zu ermitteln, z.B. aufgrund von Eigenentwicklungen und Customizing im Zielunternehmen. IT-Security-Aspekte wurden als unkritisch eingestuft. Insgesamt sei das IM zwar ein wichtiger Teil einer Transaktion, als Deal Breaker spiele es aber in der Regel keine Rolle.

5.1.4.2 Ausgestaltung

Das Deal Breaker-Potenzial des IM wird von den Experten insgesamt als gering eingestuft. Der eine Fall in dem das IM ein Teil des Deal Breaker war, zeigt aber auch, dass eine Prüfung des IM unter diesem Blickwinkel relevant sein kann. Insbesondere für Transaktionen bei deren Motivation IM-Themen eine große Rolle spielen sowie die Bedeutung des IM für den Unternehmens- bzw. Transaktionserfolg hoch ist. Dabei gilt es zu bedenken, dass es aufgrund der starken betrieblichen Durchdringung der IV schwierig ist, eine kausale Beziehung zwischen IM und M&A-Erfolg zu formulieren, was die Identifizierung von Deal Breaker erschwert.

Mögliche Eigenschaften des IM, die dieses transaktionsspezifisch zum Deal Breaker werden lassen können, sind neben den im Rahmen der IT Due Diligence beschriebenen IT-inhärenten Risiken[542], vor allem bei der PMI im Zusammenspiel der IV des Käufer- und Zielunternehmens zu sehen. Hier entstehende Schwierigkeiten können beispielsweise den Integrationsaufwand erheblich erhöhen oder die zugrunde liegende M&A-Strategie betreffen und entsprechende Anpassungen nötig machen. Auch in dem Fall, dass das Zielunternehmen separat weitergeführt wird und ein niedriger Integrationsgrad vorherrscht, können Mängel in der IT zum Deal Breaker werden, da ihre Behebung in der Regel hohe Investitionskosten mit sich bringen. Ferner kann auch „die notwendige Herauslösung der Informations-

[542] Siehe S. 156.

systeme des Akquisitionsobjektes aus einem Konzern schon ein Deal Breaker sein."[543] Auch ein nicht vorhandenes oder unangemessenes IT-Risikomanagement kann zum Deal Breaker werden.[544]

Ein weiterer Grund für eine geringe Beachtung des IM bei der Identifizierung von Deal Breaker kann in der Haltung des Käuferunternehmens gesehen werden, dass Mängel bei der IT durch genügend hohe Investitionen nachträglich beseitigt werden können und das IM damit nicht zum Deal Breaker oder erfolgskritischen Faktor wird.[545] Dies wurde auch durch die Experten angesprochen. Werden die Investitionen im Rahmen einer Kosten-Nutzen-Analyse realistisch eingeschätzt und in den Kaufpreisverhandlungen berücksichtigt, kann die Annahme durchaus zutreffend sein.

5.1.5 IT-Kaufpreis

Die Unterschätzung des IT-Integrationsaufwandes im Hinblick auf Zeit, Kosten oder Ressourcenbindung oder die Überschätzung realisierbarer IT-Synergiepotenziale können zu einem überhöhten Kaufpreis führen, der zumindest den finanziellen M&A-Erfolg schmälern kann.

5.1.5.1 Ergebnisse der Experteninterviews

Die *Berücksichtigung des IM beim Kaufpreis* wird unterschiedlich gehandhabt. Beispielsweise spielt das IM bei der Kaufpreisermittlung bei dem Unternehmen, bei dem die zukünftige IT-Landschaft nicht verhandelbar ist, da die Systeme des Käuferunternehmens übernommen werden, keine Rolle. Die Systeme des Zielunternehmens werden nicht eingepreist, da diese zum Großteil nicht weiter verwendet werden, außer eine nutzbare Neuanschaffung wurde getätigt. Kosten aus Lizenz- und Wartungsvereinbarungen im Zielunternehmen werden vom Kaufpreis abgezogen, falls das Zielunternehmen diese nicht bereits vor dem Kauf abwickeln kann. In einem anderen Fall wurde angegeben, dass der Ist-Zustand der IT den Kaufpreis sowohl erhöhen als auch senken kann. Die durch die IT-Integration zu erwartenden Synergien bzw. Kosten werden durch die jeweilige Fachabteilung

[543] *Koch/Menke* (2008), S. 614 mit Verweis auf *Rombach/Binder* (2000), o.S.
[544] Vgl. *Koch/Menke* (2008), S. 617 Fußnote 123.
[545] Ähnlich *Mehta/Hirschheim* (2007), S. 161 für die Gas- und Ölindustrie.

z.T. in Kooperation mit den Mitarbeitern des Zielunternehmens ermittelt, sind aber nur schwer zu quantifizieren. Ein Experte gibt an, dass es nicht ausschlaggebend ist, ob diese Ersparnisse bzw. Kosten berücksichtigt werden, da die Integrationskosten bei großen Unternehmen vor allem Banken deutlich geringer sind im Vergleich zu den laufenden Wartungskosten und Kosten durch den Parallelbetrieb zweier IT-Landschaften.

Ein weiterer Experte gibt an, dass mit einer gewissen Erwartungsbandbreite hinsichtlich des IM im Zielunternehmen in die Verhandlungen gegangen wird. Bewegt sich die Einschätzung der IT-Experten innerhalb dieser Bandbreite hat es keinen Einfluss auf den Kaufpreis. Findet eine negative Abweichung statt, können Risikoabschläge zur Veränderung des Kaufpreises führen, während positive Abweichungen zwar zu einer besseren Bewertung des Zielunternehmens führen, sich aber nicht unbedingt im Kaufpreis niederschlagen. Ein Anderer erklärt aus Verkäuferperspektive, dass das IM zwar bei der Rechtfertigung des Kaufpreises unterstützen kann, der Kaufpreis während Verhandlungen aber nur noch falle und nicht steige. Die Bewertung eines Unternehmens basiere hauptsächlich auf den Geschäftszahlen und den Business-Plänen.

Während das IM in einem Fall nicht in den Kaufpreis einging, geben zwei weitere Experten an, dass das IM im Kaufpreis berücksichtigt wurde. In einem Fall wurden aber die Synergien bzw. Integrationskosten nicht berücksichtigt. Ein weiterer Experte meint, ein Grund für die Nichtberücksichtigung der Kosten bei der Kaufpreisermittlung könne sein, dass sich die M&A-Transaktion bei einer zu realistischen Einschätzung als nicht sinnvoll herausstellen könne, dies wiederum aber nicht gewollt sei.

Die *Integrationskosten des Informationsmanagements* werden unterschiedlich eingeschätzt. Während Vertreter aus dem Finanzdienstleistungsbereich die Kosten der IT-Integration als sehr hoch einschätzen, meint ein Experte aus dem Industriebereich, dass die IT-Integrationskosten im Gesamtkontext eines M&A-Deals vernachlässigbar sind. Ein Experte aus dem IT-Umfeld gibt an, dass der Integrationsaufwand in der Regel drastisch unterschätzt und häufig kein Integrationsbudget geplant wird. Es wird als selbstverständlich angenommen, dass die bestehenden Mitarbeiter die Integration meistern. Auch ein Experte aus der Branche Industrie ist der Meinung, dass die Bedeutung des IM für die Durchführung einer M&A-Transaktion hinsichtlich der Kosten unterschätzt wird. Die Integrationskosten würden nicht vollständig eingepreist, beispielsweise im Hinblick auf die Dauer oder den Personaleinsatz; seien allerdings in der Pre-Merger-Phase auch nur schwer zu ermitteln, da selbst wenn die gleichen Systeme eingesetzt werden, vieles von den individuellen Anpassungen abhänge. Ein Experte sagt, dass die Integrationskosten mit steigender Heterogenität der IT-Landschaften zunehmen.

Die Integrationskosten können im Rahmen der Due Diligence ermittelt werden. Häufig steigen die IT-Kosten während der Integration aufgrund des Investitionsbedarfs an und nehmen dann nach der Integration wieder ab. Ein Grund für die schnelle Durchführung der Post-Merger-Aktivitäten ist in der Vermeidung von Parallelkosten zu sehen.

5.1.5.2 Ausgestaltung

Die Ergebnisse der Experten zeigen ein differenziertes Bild. RIGALL und HORNKE schätzen den Anteil der IT-Integrationskosten am Gesamtintegrationsbudget in der Regel auf mehr als 50%.[546] BERENSMANN und SPANG geben für merger of equals im Finanzdienstleistungsbereich an, dass die Dauer der IV-Integration in Abhängigkeit vom angestrebten Integrationsgrad zwischen zwei und sechs Jahre betragen kann.[547] Berücksichtigt man ferner, dass IT-Projekte die geplanten Vorgaben in Bezug auf Zeit, Qualität und Kosten häufig überschreiten,[548] wird eine Bewertung als Teil der Kaufpreisermittlung als wesentlich angesehen.

Neben den Kosten sind auch die Synergiepotenziale zu schätzen, um z.B. im Rahmen einer Kosten/Nutzen-Analyse die Entscheidungen über die Integrationsalternative zu fundieren. Tabelle 9 gibt einen beispielhaften Überblick über potenzielle IT-Synergiepotenziale und die für andere Fachbereiche abgeleiteten relevanten Synergiepotenziale durch die IT.

---

[546] Vgl. *Rigall/Hornke* (2007), S. 498.
[547] Vgl. *Berensmann/Spang* (1998), S. 36.
[548] Vgl. *Krcmar* (2010), S. 228 f.

IT-Bereich	IT-Synergien	Synergien durch IT
Infrastruktur	• Verbesserte IT-Einkaufskonditionen durch Mengeneffekte • Konsolidierung von Rechenzentren bzw. Infrastrukturkomponenten • Verringerung von Kommunikations- und Betriebskosten • Standardisierung	• Optimierung der Produktionsplanung durch Vernetzung der Standorte • Verbesserung des Verkaufsprozesses durch systemtechnische Anbindung des Point-of-Sale an Lager- und Produktionskapazitäten
Anwendungen	• Eliminierung doppelter Anwendungen • Einsparungen von Lizenzkosten durch Reduktion der Anwendungen • Konsolidierung von Stammdaten	• Geringere Ausbildungskosten durch Systemvereinheitlichung und somit höhere Personalflexibilität • Verringerung von Ausfallzeiten durch effizientere Informationsbereitstellung
Organisation & Prozesse	• Eliminierung von redundanten Prozessen • Konsolidierung der IT-Organisation/ Mitarbeiter • Standardisierung von IT-Schulungen • Erhöhung der IT-Sicherheit • Verbesserte Data Recovery Maßnahmen	• Verringerung der Produktionsausfallzeiten durch effizientere IT-Hotlines oder Desaster Recovery Prozeduren • Höhere Vertriebsleistung durch verbesserte Informationsbereitstellung

Tabelle 9: Synergiepotenziale bei IT und durch IT[549]

Während sich die Quantifizierung bei einigen Potenzialen schwierig gestaltet, beispielsweise bei der Erhöhung der IT-Sicherheit oder Konsolidierung von Stammdaten, ist eine Schätzung bei anderen, beispielsweise bei der Konsolidierung von Rechenzentren bzw. Infrastrukturkomponenten oder Einsparungen von Lizenzkosten durch Reduktion der Anwendungen, besser möglich. Um diese Syn-

549 In Anlehnung an *Rigall/Hornke* (2007), S. 497.

ergiepotenziale in Synergieeffekte umzuwandeln ist zunächst mit erhöhten Kosten und einem Mehrbedarf an Ressourcen für die Integration zu rechnen. „Verschiedenartige Planungs-, Anreiz- und Kontrollsysteme, Berichts- und Informationssysteme sowie Organisationsstrukturen erschweren die Integration.“[550] Aufgrund des hohen Anteils am Integrationsbudget, sollte die IT bei der Ermittlung des Kaufpreises berücksichtigt werden. Dies spricht auch für die Durchführung einer IT Due Diligence.[551]

Ferner spielt auch die Ausstattung mit Hard- und Software sowie das eingesetzte IT-Personal als betriebliche Assets eine Rolle bei der Kaufpreisbestimmung. Auch bestehende Verträge mit Softwareherstellern oder Outsourcing-Partner können in die Preisfindung eingehen. Dabei sollte darauf geachtet werden, dass im Zielunternehmen vor dem Zusammenschluss keine langfristigen Verträge abgeschlossen werden, welche die Integration erschweren oder ergebniswirksam abgeschrieben werden müssen.[552] Dies gilt auch für größere Anschaffungen im IT-Bereich. Die Berücksichtigung des IM beim Kaufpreis gilt dabei für alle M&A-Ausprägungen des Ordnungsrahmens. Während bei M&A-Transaktionen der Ausprägung 1 und 2 mit hohem Integrationsgrad die Ermittlung des Synergiepotenzials wichtig ist, kann dieses bei Transaktionen der Ausprägung 3 und 4 aufgrund des niedrigen Integrationsgrades eher rudimentär betrachtet werden.

5.1.6 IT Post-Merger-Integrationsplanung

Ziele der Post-Merger-Integration sind eine reibungslose Erreichung des angestrebten Integrationsgrades sowie die Realisierung der mit der Integration und Transaktion verbundenen Zielsetzungen, wobei das IM durch seinen hohen Durchdringungsgrad zur Synergiegenerierung und zu stabilen Prozessen beitragen kann.[553]

---

[550] *Welge/Al-Laham* (2008), S. 610.
[551] Vgl. *Rentrop* (2004), S. 135.
[552] Vgl. *Rigall/Hornke* (2007), S. 498.
[553] Vgl. *Rigall/Hornke* (2007), S. 496.

5.1.6.1 Ergebnisse der Experteninterviews

Nachfolgend werden beispielhaft drei *Vorgehensweisen bei der Integration* vorgestellt. Ein Experte aus dem Bereich Industrie berichtet von einer horizontalen Transaktion eines Unternehmens, das eigentlich erfolgreich am Markt war, sodass man im Käuferunternehmen davon ausging, dass auch die IT-Landschaft entsprechend modern ist. Daher war bis auf die Bereiche Finance und Controlling auch zunächst keine IT-Integration geplant. Bei einer Analyse des Zielunternehmens nach dem Kauf hat sich herausgestellt, dass die IT-Landschaft älter war als im Käuferunternehmen[554] und nicht kompatibel, was die Synergierealisierung erschwert hätte. Daraufhin wurde entschieden, das Zielunternehmen auf die Systeme des Käuferunternehmens umzustellen, wobei es standortspezifische Prozesse gibt, die im Zielunternehmen beibehalten werden. So wurde eine Standardisierung der Unternehmensgruppe erreicht, wobei gewisse Abweichungen zugelassen wurden, die allerdings bei Strategieänderungen auch für Probleme sorgen können. Durch die IT-Integration konnten Vorteile z.B. in den Bereichen Administrationsaufwand, Durchlaufzeiten und Informationsaustausch erzielt werden, wobei zu Beginn zunächst Kosten angefallen sind.

Ein Experte aus der IT-Branche erklärt, dass die Integrationsstrategie vorsieht, dass die Zielunternehmen z.B. ihre Kultur oder bestimmte Prozesse beibehalten können, die Übernahme der IT-Systeme vom Käuferunternehmen aber verpflichtend ist. Neben der Beibehaltung der Unternehmenskultur, sieht der Experte in der einheitlichen IT-Struktur aller Unternehmen einen Schlüssel zum Transaktionserfolg. Zunächst stehen die zeitnahe Schaffung eines standardisierten betriebswirtschaftlichen Abbilds des Unternehmens sowie eine konsolidierte Sicht auf die gesamte Unternehmensgruppe im Vordergrund z.B. durch die Einführung des ERP-Systems. Die Anwendungen und entsprechenden Daten sind physisch nicht an den jeweiligen Standorten, sondern befinden sich in einem Data Center.

Ein Experte aus dem Dienstleistungsbereich gibt an, dass die Integrationsstrategie und der -grad transaktionsspezifisch festgelegt werden. Aufgrund der Ergebnisse der Due Diligence wird ein Integrationsszenario entwickelt, das die Situation im

[554] Diese wurde zuvor einem Reengineering unterzogen und aktualisiert, um das Unternehmen auf Wachstum vorzubereiten und global agieren zu können.

Zielunternehmen z.B. hinsichtlich vorhandener Systeme und Verträge berücksichtigt. So werden vor allem kleinere Zielunternehmen zunächst eher über Schnittstellen integriert. Die Integration größerer Unternehmen wird u.U. auch schrittweise vollzogen und kann daher mehrere Jahre in Anspruch nehmen. Es kann auch vorkommen, dass Unternehmen nicht integriert werden, z.B. bei ausländischen Zielunternehmen. In solchen Fällen gewinnen Governance-Themen an Bedeutung.

Der Aufwand der IT-Integration wird durch die im Einsatz befindlichen Systeme beeinflusst. Je ähnlicher die Struktur der vorhandenen Systeme ist, umso schneller kann die Integration erfolgen, wobei eine schnelle Integration von Vorteil sein kann. Auch der Einsatz von Standardsoftware auf beiden Seiten – trotz Customizing – erleichtert die Integration, während Individualsoftware aufgrund beispielsweise unzureichender Dokumentation oder veralteter Systeme die Integration erschweren kann. Auch eine unterschiedliche Unternehmensphilosophie im Hinblick auf Technik und Funktionalität kann die Integration vor Herausforderungen stellen.

Ob und wie die IT integriert wird kann auch eine unternehmenspolitische Entscheidung sein. Die IT nimmt bei höherem Integrationsgrad an Bedeutung zu, wobei der Integrationsgrad selten von vorneherein feststehe, sondern von unterschiedlichen Parametern abhänge. Ist das Zielunternehmen erfolgreich, sollten nicht die Prozesse des Käuferunternehmens oktroyiert werden. Ein Experte gibt an, dass die IT-Integration – zumindest wenn es Standardsoftware betrifft – aufgrund der vorhandenen Konzepte und Erfahrungen in den meisten Branchen[555] eine Standardaufgabe sei. Der Annahme, dass je besser man das IM in der Pre-Merger-Phase berücksichtigt, umso besser die Integration verläuft, wird zugestimmt. Nach der Einschätzung eines Experten besteht die Integration zu 50 bis 80% aus der IT-Integration.

Die *Vorbereitung der Integration* ist schon in der Pre-Merger-Phase wichtig und kann den Transaktionserfolg beeinflussen. Sie beginnt in der Regel nachdem die Kaufentscheidung gefallen ist. Auch Beratungen können frühzeitig hinzugezogen

[555] Ausnahmen bilden z.B. Banken, Unternehmen der Energie- und Rüstungsbranche.

werden. Ein Berater gibt an, dass je früher man in die Transaktion eingebunden werde, desto einfacher sei auch die Integrationsarbeit. Ein anderer Experte merkt an, dass seiner Erfahrung nach nur 25% der Integrationsplanung in der Pre-Merger-Phase stattfindet, z.B. bei der Besetzung der Managementstellen, der Rest findet häufig erst nach dem Signing statt. Dies liegt u.a. an Gründen der Geheimhaltung, da für die Integrationsplanung mehrere Personen eingebunden werden müssen. Ein Experte gibt an, dass je nach Verhandlungsfortgang und Risikoeinschätzung mit der Integrationsplanung aus Effizienzgründen oft erst nach Vertragsabschluss begonnen wird, da nicht jede Verhandlung zum Erfolg führt.

Teilweise fehlen den Unternehmen ein guter Überblick sowie detaillierte Kenntnisse über die vorhandene Systemlandschaft. Dies kann als eine Vorbereitungsmaßnahme für die Beschleunigung der Integrationsaktivitäten betrachtet werden. Insbesondere bei größeren Unternehmen, da hier die Komplexität aufgrund der Anzahl der Systeme steigt. Ein Grund für die Intransparenz kann im Alter der Anwendungen und den dadurch wechselnden Ansprechpartnern liegen. Ein Experte sagt, dass häufig bei Banken der Überblick über Systemverflechtungen und damit auch die Folgen von Systemänderungen unzureichend seien, u.a. aufgrund der hohen Komplexität. Die Systemlandschaft sei heterogen, über Jahre gewachsen und die Dokumentation sei ungenügend.

Nach Meinung eines Experten unterstützt das Informationsmanagement die Integrationsplanung vor allem in der Due Diligence-Phase. Die frühzeitige Betrachtung des IM in der Pre-Merger-Phase kann den Erfolg der Post-Merger-Integration beeinflussen, da alle Aspekte, die zuvor bedacht wurden, helfen, ein genaues Bild von der Transaktion zu bekommen. Für die Planung können beispielsweise Dokumentationen und Unterlagen zu den bestehenden Systemen herangezogen werden. Auch die Schulung der zukünftigen Anwender ist bei der Integrationsplanung zu berücksichtigen.

5.1.6.2 Ausgestaltung

Aufgrund der zum Teil hohen Integrationskosten und der Ressourcenbindung, sollte bereits parallel zu den Kaufpreisverhandlungen und der Due Diligence-Prüfung frühzeitig mit der Planung der IT-Integration begonnen werden. Dabei sind erste Überlegungen hierzu schon bei der Aufstellung des Anforderungsprofils und der Auswahl eines Zielunternehmens von Vorteil. Die IT-Integrationsplanung beginnt gemäß den Experten aber häufig erst mit dem Vertragsabschluss, wodurch die Zeit während der Pre-Merger-Phase ungenutzt bleibt.[556]

Eine enge Abstimmung zwischen der IT Due Diligence und der IT-Integrationsplanung kann sich in diesem Kontext als Erfolgskriterium herauskristallisieren.[557] Dies zeigt sich auch bei den Ergebnissen der Interviews. Einer professionellen IT Due Diligence werden „positive Auswirkungen auf die Kosten der PMI, die Integrationsdauer sowie die Realisierung von Synergiepotenzialen (Kosten und Umsatz) und die reibungslose Fortführung des operativen Geschäfts"[558] zugeschrieben. Um bereits in der IT Due Diligence integrationsrelevante Sachverhalte zu prüfen, müssen die M&A- und Integrationsziele definiert sein. Als Rahmen für eine IT Post-Merger-Integration und demzufolge als grundsätzlicher Informationsbedarf für die IT Due Diligence kann die IT-Pyramide, wie in Abbildung 22 dargestellt, herangezogen werden.

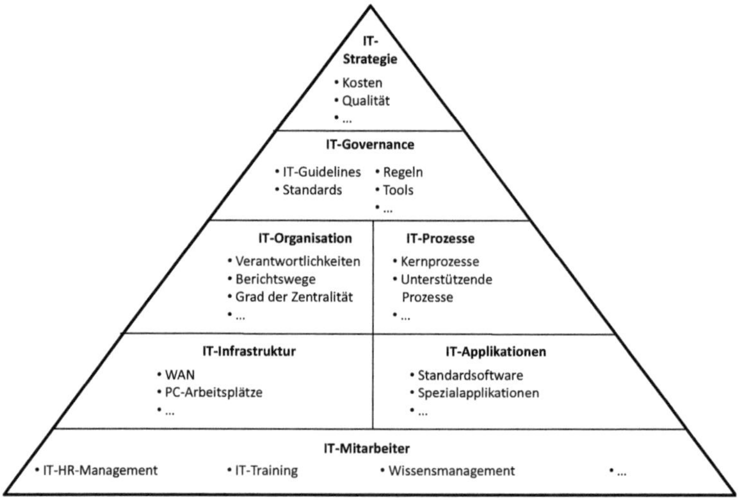

Abbildung 22: Wesentliche Bestandteile einer IT Post-Merger-Integration[559]

[556] Vgl. *Hornke/Menke* (2008), S. 89; *Jansen* (2008), S. 320 allgemein für die Integrationsplanung.
[557] Vgl. *Hornke/Menke* (2008), S. 89 f.
[558] *Hornke/Menke* (2008), S. 92.
[559] In Anlehnung an *Rigall/Hornke* (2007), S. 500.

Dabei ist es sinnvoll, die Mitarbeiter oder zumindest den Verantwortlichen des PMI-Projekts bereits in die Due Diligence einzubinden, „um in die anstehende Beurteilung des Passgrads von Produkten, Strukturen und Systemen schon sehr früh die bisherigen Erfahrungen einzubringen. Auf diese Weise kann die Einschätzung des Integrationsaufwands und der Integrationsdauer sowie eine mögliche Integrationsstrategie bereits sehr viel konkreter in die Entscheidung für den Merger eingehen.“[560] Auch die Abschätzung der Integrationskosten und der zu realisierenden Synergiepotenziale als Input für die Kaufpreisverhandlungen sind Bestandteil der IT-Integrationsvorbereitung, insbesondere dann, wenn das Zielunternehmen stark vom Anforderungsprofil abweicht und das ursprüngliche Integrationsszenario verändert wird.

Ferner können in der Vorbereitung der IT-Integration bereits Vorgehensweisen und Prozesse für das IT-Integrationsprojektmanagement festgelegt werden. Hierzu können die Bestimmung geeigneter Personen, die Festlegung von Rollen und Verantwortlichkeiten, das Aufstellen eines Projektplans, die Vorgehensweise zur Entscheidung über die neue, gemeinsame Informationsinfrastruktur aber auch die Definition von Qualitätsstandards für Anwendungen zählen. Auch eine detaillierte Übersicht der Anwendungsarchitektur mit entsprechenden Schnittstellen sollte vorliegen. Außerdem sollten das Wissen und die Erfahrungen aus früheren IT-Integrationsprojekten dokumentiert und aufbereitet werden, sodass sie für die Planung zur Verfügung stehen.[561]

Für die Planung und Strukturierung der IT-Integration kann die Definition von Zielen der Integration selbst als auch Zielen des Integrationsprozesses von Vorteil sein. Nach RENTROP können im Rahmen der IT-Integration sowohl Sachziele, die Ziele der IT-Integration selbst beschreiben und Formalziele, die Ziele des IT-

[560] *Meier/Spang* (2000), S. 9.

[561] Vgl. *Meier/Spang* (2000), S. 9; *Penzel/Pietig* (2000), S. 35. MEIER und SPANG bezeichnen „die systematische Vorbereitung des gesamten Unternehmens auf die Durchführung der Zusammenschlüsse und Akquisitionen“ (*Meier/Spang* (2000), S. 7) als Merger Readiness und charakterisieren dies als Erfolgsfaktor im Wettbewerb.

Integrationsprozesses beinhalten, unterschieden werden.[562] Sachziele der IT-Integration sind demnach[563]:

- Strategisches Alignment/strategischer Impact:

  Strategisches Alignment bezeichnet die Abstimmung zwischen den Unternehmenszielen und der IT-Strategie sowie die Ausrichtung der Informationsverarbeitung an den Anforderungen der Unternehmensstrategie. Die enabler-Funktion des IM im Hinblick auf die Möglichkeiten neue Geschäftsfelder durch IT zu erschließen bzw. die Beeinflussung der Unternehmensstrategie wird als strategischer Impact bezeichnet.

- Unterstützung des operativen Geschäftsablaufs:

  Dies muss während der Integrationsphase gewährleistet werden. Durch organisatorische Neustrukturierung hervorgerufener Änderungsbedarf im Hinblick auf den Informationsbedarf oder die Anforderungen sollte erfüllt werden.

- Datenqualität:

  Sicherstellung der Richtigkeit, Genauigkeit, Verständlichkeit, Verfügbarkeit, Aktualität, Vollständigkeit, Relevanz und Konsistenz der Datenbestände.[564]

- System- und Softwarequalität:

  Sicherstellung von technischen Merkmalen, wie Änderbarkeit, Erweiterbarkeit, Sicherheit und Portabilität der Systeme und Anwendungen.

- Benutzerfreundlichkeit/-zufriedenheit:

  Die Informationssysteme ermöglichen eine effiziente, effektive und zufriedenstellende Aufgabenerledigung. Die Integration hat keinen negativen Einfluss auf die Nutzer bzw. Mitarbeiter.

---

[562] Vgl. *Rentrop* (2004), S. 55. Eine ähnliche Unterscheidung findet sich bei *Kromer* (2001), S. 147.

[563] Vgl. im Folgenden die Zusammenstellungen bei *Kromer* (2001), S. 148 f.; *Rentrop* (2004), S. 55-64; *Miklitz* (2010), S. 29 ff.

[564] Vgl. *Miklitz* (2010), S. 30; *Heinrich/Stelzer* (2011), S. 256 und die dort genannten Quellen.

- Unterstützung der fachseitigen Aktivitäten zur Unternehmensintegration:

  Unterstützung bei der kulturellen Integration, beim Management des Integrationsprozesses sowie beim Transfer strategischer Ressourcen. Dieses Ziel lässt sich der Unterstützungsfunktion des IM im Sinne dieser Arbeit zuordnen.

- Reduzierung der laufenden IV-Kosten:

  Erzielung von Synergieeffekten durch Kosteneinsparungen.

Diese Ziele sollen unter Berücksichtigung der Formalziele Aufrechterhaltung der Service-Levels, Wirtschaftlichkeit, Informationsverfügbarkeit, positive Arbeitsatmosphäre, Schnelligkeit, Risiko- und Aufwandsminimierung, Abstimmung mit dem M&A-Integrationsprozess insgesamt, Bindung von Know-how-Trägern, kultureller Integration sowie Vermeidung eines Anforderungsrückstaus erfüllt werden.[565] Dabei ist zu berücksichtigen, dass die Ziele Interdependenzen aufweisen und ggf. eine Priorisierung der Ziele notwendig ist.[566]

Die Planung der IT-Post-Merger-Integration ist – wie jede der bisher vorgestellten Aktivitäten – unternehmens- und transaktionsspezifisch an die jeweiligen Gegebenheiten und Ziele anzupassen und mit den anderen betrieblichen Funktionsbereichen abzustimmen[567]. Dies gilt auch für den angestrebten IT-Integrationsgrad und die Wahl der Integrationsalternative.[568] JANSEN kommt zu dem Schluss, dass „die Pre Merger Integration-Planung .. eine sehr zentrale Funktion für die Post Merger-Entwicklung, aber auch für den tatsächlichen Abschluß der Transaktion selbst“[569] hat.

5.2 Gestaltung des Informationsmanagements als M&A-Instrument

Bei der Analyse des IM als M&A-Instrument[570] wird auf dessen Unterstützungsfunktion des M&A-Vorhabens fokussiert. Dabei stehen die Aufgaben einer bedarfsgerechten und wirtschaftlichen Informationsbeschaffung und -versorgung der

[565] Vgl. *Kromer* (2001), S. 149 f.; *Miklitz* (2010), S. 32 ff.; *Rentrop* (2004), S. 64 ff.
[566] Vgl. *Kromer* (2001), S. 150.
[567] Vgl. *Rigall/Hornke* (2007), S. 499.
[568] Siehe hierzu die Ausführungen in Kapitel 3.3.1 und 3.3.2.
[569] *Jansen* (2004), S. 313.
[570] Siehe Kapitel 3.4.2.

Entscheidungsträger sowie die Bereitstellung entsprechender Anwendungen im Vordergrund.

5.2.1 Ergebnisse der Experteninterviews

Die Betrachtung des *IM als M&A-Instrument* durch die Experten zeigt, dass dies einen wichtigen Punkt darstellt, z.B. im Hinblick auf die Ermittlung des Investitionsbedarfs und die zu erzielenden Synergien. Die Entscheidungsunterstützung sei aber häufig nicht ausreichend, aufgrund einer starken Fokussierung auf vorhandene Abteilungsstrukturen. Ein Gesamtblick sowie transparente Zahlen[571] fehlen. Die bestehenden Analysemöglichkeiten werden als ausreichend, die Datenqualität dagegen als mangelhaft eingeschätzt.

Bei der Frage, ob im Rahmen der Transaktion *Anwendungssysteme zur Unterstützung der Transaktion* eingesetzt werden, wurden häufig Fragenkataloge in MS Word oder MS Excel als Hilfsmittel genannt. Auch Projektmanagementsoftware wie z.B. MS Project wurde angeführt. Spezielle Anwendungssysteme bzw. Vorgehensmodelle und Methodiken gab es nur in wenigen Fällen. Bei der Strategiebildung wurde die Durchführung eines sogenannten Radar-Screenings genannt, durch das Informationen, wie z.B. Finanzkennzahlen und Marktdaten der Mitbewerber, erhoben werden können. Dies werde aber häufig nicht oder nicht richtig durchgeführt. Für die Unterstützung der Due Diligence sind Anwendungen, z.B. für einen virtuellen Datenraum oder die Verwaltung von Checklisten bekannt. Gegen den Einsatz von Anwendungssystemen können die Unterschiedlichkeit der einzelnen Transaktionen, der Unternehmen, der Entscheider und der Ziele, die Geschwindigkeit mit der Transaktionen durchgeführt werden, die Kosten für die Anwendungen sowie die möglicherweise zu starke Vorstrukturierung der Experteneinschätzung sprechen.

Bei der Frage, ob *Bedarf nach Anwendungssystemen für die Pre-Merger-Phase bei M&A* bestehen würde, waren die Reaktionen überwiegend positiv, wenn es sich um einfache Anwendungen handelt. Insbesondere für Mehrfachakquisiteure oder auch für die Erstellung von Verkaufsprospekten könnten diese interessant

[571] Dies kann von bestimmten Personen bzw. Abteilungen aber auch gewollt sein, da transparente Zahlen auch Problembereiche erkennen lassen, die Erklärungsbedarf wecken.

sein. Die Bedeutung solcher Fragestellungen im Rahmen der Gestaltung von Management-Support-Systemen wurde von einem Experten als zunehmend eingeschätzt. Zwar ist jede Transaktion unterschiedlich aber die Themen und Fragestellungen sind trotzdem häufig ähnlich.

Nach *unausgeschöpften Potenzialen des IM als M&A-Instrument* gefragt, wurden als Schwächen die bislang unzureichende Datenqualität sowie die heterogenen und unzureichend integrierten Informationssysteme genannt. Außerdem wurde Bedarf an speziellen Anwendungen für M&A gesehen, wie z.B. Benchmarking-Systemen oder Systemen für den M&A-Wissensaufbau. Allerdings wurden auch Bedenken bezüglich der Realisierbarkeit solcher Anwendungen aufgrund der Vertraulichkeit und des Pflegeaufwandes geäußert. Ein Experte sah in seinem Unternehmen kein unausgeschöpftes Potenzial in diesem Bereich.

5.2.2 Ausgestaltung

M&A-Transaktionen weisen auch bei starker inhaltlicher Differenzierung zugleich Gemeinsamkeiten bei der Vorgehensweise und den typischen durchzuführenden Aktivitäten auf. Dies ermöglicht auch die Unterstützung durch Informationssysteme. Neben der Forderung nach Benutzerfreundlichkeit und einfacher Nutzung,[572] sollten Anwendungen für M&A-Vorhaben den typischen Charakteristika solcher Projekte gerecht werden:

- Zeitdruck:

  Wichtige Entscheidungen sind innerhalb kurzer Zeit zu treffen.[573]

- Mitarbeiterwechsel:

  Das Kompetenzprofil der benötigten internen und externen Mitarbeiter ändert sich im Laufe des M&A-Prozesses. Während zu Beginn strategische Fragestellungen im Vordergrund stehen, wird im Rahmen der Due Diligence die Ist-Situation im Unternehmen von Experten aus unterschiedlichen Funktionsbereichen[574] beurteilt. Im Rahmen der Integration stehen wiederum die Umsetzung der beschlossenen Strategie und somit eher ope-

[572] Vgl. *Middelhoff* (2007), S. 279 f.
[573] Vgl. *Eberl* (2009), S. 80.
[574] Vgl. *Jansen* (2004), S. 133.

rative Themen im Mittelpunkt. Dies führt dazu, dass die beteiligten Personen zum einen je nach Aufgabe wechseln und zum anderen aus unterschiedlichen Fachbereichen wie z.B. Rechts-, Finanz-, Personal- oder IT-Abteilung stammen.

Zudem werden häufig auch externe Unternehmensberater aufgrund der vorliegenden Erfahrung mit solchen Projekten eingesetzt. JANSEN stellt insgesamt eine starke Professionalisierung durch viele Spezialisten für einzelne Aktivitäten bei M&A-Transaktionen fest, wodurch die Problematik der „Verknüpfung der einzelnen Prozeßschritte zu einer Prozeßkette“[575] hervorgerufen werden kann. Ferner besteht bei M&A-Transaktionen aufgrund der vorherrschenden Unsicherheit die Gefahr, dass Mitarbeiter die Unternehmen verlassen und sich beruflich neu orientieren.[576]

- Doppelbelastung der Mitarbeiter:

  Verbindung der M&A-Aufgaben mit dem Tagesgeschäft. Die gefragten Experten sagen, dass die *Doppelbelastung* für die Mitarbeiter deutlich spürbar ist, sich aber kaum vermeiden lässt. Es sind vor allem Schlüsselpersonen, die beide Aufgaben bewältigen sollen. Gerade dieser Personenkreis verlässt aber auch häufig das Unternehmen, sodass Wissen verloren geht.

  Die Engpässe bei M&A-Transaktionen, die z.B. durch Verzögerungen im Prozess und darauffolgender Doppelbelegung von Mitarbeitern entstehen können, werden unterschätzt, sodass ungewollt Kapazitätsgrenzen erreicht werden. Die Stellen der überlasteten Mitarbeiter können aber auch nicht mehrfach besetzt werden, da der Zustand nur für die Dauer des M&A-Projekts besteht. Aus Gründen der Überlastung werden daher externe Mitarbeiter zur Unterstützung hinzugezogen. Externe Mitarbeiter benötigen auch Einarbeitungszeit, sodass der Entlastungseffekt erst nach einiger Zeit auftritt. Ein weiterer Grund, der für externe Mitarbeiter sprechen kann, sind deren Erfahrungswerte. Allerdings gilt es auch zu bedenken, dass Ex-

[575] *Jansen* (2004), S. 133.
[576] Vgl. *Schwarze/Dillmann* (2009), S. 282.

terne möglicherweise andere Interessen verfolgen können und Kenntnisse über das eigene Unternehmen von großer Bedeutung sind.

- Vertraulichkeit:

  Viele Aspekte eines M&A-Deals insbesondere in der Pre-Merger-Phase unterliegen strengen Vertraulichkeitsvereinbarungen. Zu Beginn des M&A-Prozesses besteht zwischen Käufer- und Zielunternehmen eine Situation unvollkommener Information, die sich erst schrittweise verbessert. Kommt es zum Abbruch einer Transaktion, dürfen die gesammelten Informationen nicht weiter verwendet werden.

Dabei stellen insbesondere Vertraulichkeitsaspekte und die damit einhergehenden Sicherheitsfragestellungen Besonderheiten bei M&A-Projekten dar. Abbildung 23 zeigt überblicksartig und beispielhaft, in welcher Form das IM die einzelnen Phasen des M&A-Prozesses unterstützen kann.

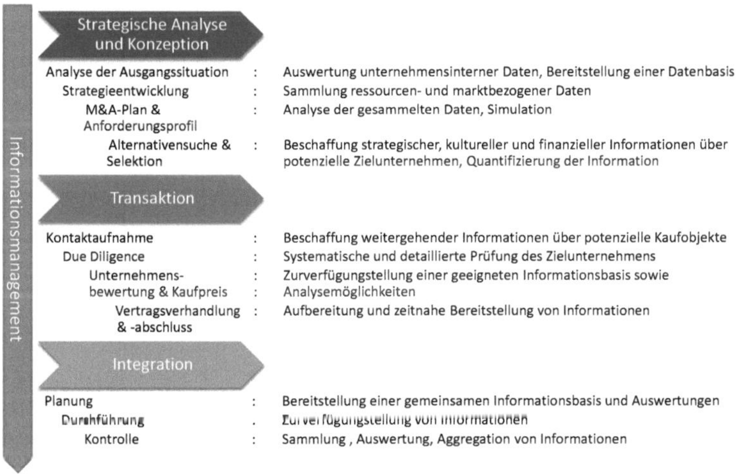

Abbildung 23: Aufgaben des IM als M&A-Instrument[577]

Neben der Schaffung einer Informationsbasis und den entsprechenden Anwendungen, ist die bedarfsgerechte und benutzerorientierte Bereitstellung der Infor-

[577] Eigene Darstellung in Anlehnung an *Lucks/Meckl* (2002), S. 157.

mationen von Bedeutung. Auch Kommunikations- und Kollaborationssysteme können den M&A-Prozess unterstützen.

Anwendungen für einen virtuellen Data Room werden bereits eingesetzt und unterstützen die Dokumentenverwaltung und, im Sinne eines Kommunikations- und Kollaborationssystems, den Informationszugriff und die Zusammenarbeit räumlich verteilter Teams. Dadurch kann die Effizienz im M&A-Prozess erhöht und Kosteneinsparungen realisiert werden. Ferner können virtuelle Datenräume auch die weiteren Aktivitäten der Pre-Merger-Phase z.B. die Integrationsplanung, die Vertragsgestaltung oder die Kaufpreisermittlung unterstützen.[578] M&A-Transaktionsplattformen bieten, neben einem virtuellen Datenraum, auch Unterstützung bei der Suche nach einem passenden Zielunternehmen bzw. Käufer durch die Bereitstellung von Such- bzw. Unternehmensprofilen.[579]

Virtuelle Data Room-Anwendungen sind ein Beispiel für das IM als M&A-Instrument, das in der Praxis verbreitet ist. Nachfolgend werden mit den Konzeptionen einer Business Intelligence-Lösung für die Due Diligence sowie eines Wissensmanagementsystems für den M&A-Prozess zwei weitere Beispiele für das IM als M&A-Instrument vorgestellt.

5.2.2.1 Business Intelligence zur Unterstützung der Due Diligence[580]

Business Intelligence-Lösungen können insbesondere für die Auswertung der in der Due Diligence erhobenen Daten eine interessante Alternative darstellen. Im Rahmen der Due Diligence werden interne und externe Informationsquellen überprüft, die sowohl qualitative als auch quantitative Daten in strukturierter sowie unstrukturierter Form enthalten. Für eine erfolgreiche Due Diligence sind diese Daten und resultierenden Erkenntnisse der Prüfer zeitnah zu erfassen, zu dokumentieren, an die entscheidungsrelevanten Stellen weiterzuleiten und zielgerichtet auszuwerten. Dabei ist darauf zu achten, dass Ergebnisse und Entscheidungen

[578] Vgl. *Middelhoff* (2007), S. 279 ff.; *Jacob* (2011), S. 65 f.

[579] Vgl. *Jacob* (2011), S. 63 ff.

[580] Die Inhalte des nachfolgenden Kapitels 5.2.2.1 wurden als Konferenzbeitrag in Zusammenarbeit mit NICOLE JOGSCH, BERND JAHNKE und STEFAN RUF veröffentlicht. Siehe *Seiz/Jogsch/Jahnke et al.* (2010).

auch längerfristig nachvollziehbar und transparent bleiben müssen.[581] „Aus diesen Gründen besteht die Herausforderung für das oberste Management des Due Diligence-Prozesses in der Integration der fragmentierten Sichtweisen der Spezialisten verschiedenster Fachrichtungen und ihrer Analysen, um nicht den Blick für die übergeordneten Akquisitionsziele zu verlieren."[582] Business Intelligence (kurz: BI), verstanden als Systeme für die systematische Sammlung, Auswertung und Darstellung großer Datenmengen, die die Möglichkeit individueller, umfangreicher und schneller Analysen bieten, können in diesem Kontext einen entscheidenden Beitrag leisten.

Der Begriff Business Intelligence kam Anfang der 90er Jahre auf und dient seither vor allem als Sammelbegriff für eine Vielzahl von Ansätzen zur systematischen Analyse betriebswirtschaftlicher Daten. Folgt man einem weiten BI-Verständnis, das BI als „integriertes IT-Gesamtkonzept"[583] versteht, können hierunter „alle Systemkomponenten, die dabei helfen, das entscheidungsrelevante Datenmaterial zu sammeln und aufzubereiten, dauerhaft und nutzungsorientiert zu speichern, aufgabenadäquat zu analysieren und in geeigneter Form anzuzeigen"[584] subsumiert werden. Ziel ist in der Regel ein verbessertes Verständnis von Wirkungszusammenhängen innerhalb einzelner Geschäftsmodelle, um der Unternehmensleitung stärker zielgerichtetes Handeln als bisher zu ermöglichen.[585]

Eine repräsentative Architektur von BI-Systemen kann, dem Schichtenkonzept folgend, in Datenbereitstellung, Datenauswertung und Präsentation gegliedert werden, wobei die Übergänge fließend sind und eine Abgrenzung nicht trennscharf möglich ist.[586] Zentrales Konzept der Datenbereitstellung ist das Data Warehouse (kurz: DWH), bestehend aus einem Core Data Warehouse und themenbezogenen Data Marts.[587]

Quantitative Rohdaten werden aus operativen Vorsystemen des Unternehmens oder externen Datenquellen in strukturierter Form in das DWH geladen und mit-

---

[581] Vgl. *Berens/Hoffjan/Strauch* (2008), S. 129 und 152 ff.; *Lucks/Meckl* (2002), S. 168.
[582] *Berens/Hoffjan/Strauch* (2008), S. 129 auf Basis von *Haspeslagh/Jemison* (1992), S. 76 ff.
[583] *Gluchowski/Kemper* (2006), S. 12. (Im Original kursiv.)
[584] *Gluchowski/Kemper* (2006), S. 14.
[585] Vgl. *Gluchowski/Gabriel/Dittmar* (2008), S. 90.
[586] Vgl. *Gluchowski/Gabriel/Dittmar* (2008), S. 108; *Kemper/Mehanna/Unger* (2010), S. 10 ff.
[587] Vgl. *Kemper/Mehanna/Unger* (2010), S. 12.

tels Transformationsregeln in betriebswirtschaftlich interpretierbare Daten umgewandelt. Dieser Ablauf wird als ETL-Prozess (Extract-Transform-Load) bezeichnet. Nachdem die Daten eine syntaktische und semantische Integration durchlaufen haben, können sie in einem weiteren Schritt aggregiert und zu Kennzahlen aufbereitet werden. Die so entstehende umfassende und einheitliche Datenbasis wird für Analysezwecke im Rahmen der Datenauswertung bereitgehalten. In einer Methodenbank werden vielfältige quantitative Analyseverfahren wie z.B. Simulations- und Prognoseverfahren für die informationsbedarfsgerechte Auswertung im Rahmen der Due Diligence zur Verfügung gestellt. Die Hauptaufgabe der Präsentationsschicht liegt in der „problem- und adressatengerechten Ausgabe relevanter Inhalte“[588] beispielsweise in Form von Text, Grafiken oder Tabellen.[589] Tabelle 10 zeigt typische Komponenten der Datenauswertungs- und Präsentationsschicht moderner BI-Systeme, welche die Entscheidungsfindung unterstützen können.

Komponenten	Funktion
Reporting-Anwendungen	Statische und dynamische Darstellung von Kennzahlen mittels Tabellen und Grafiken. Mögliche Formen sind vorgefertigte Standardberichte zur Befriedigung regelmäßiger Informationsnachfrage und situationsbezogenes Ad-hoc-Reporting zur individuellen Beantwortung aktueller Fragestellungen. Bei letzterem können die Daten, mit Werkzeugen die eine flexible Datenanalyse erlauben, nach verschiedenen Kriterien dynamisch untersucht werden.
Analyse-Anwendungen	Erlauben (meist auf Online Analytical Processing basierend), die Darstellung multidimensionaler Datenmodelle mit der Möglichkeit freier und dynamischer Navigation in beliebiger Detailtiefe und individueller Informationszusammenstellung.
Data Mining	Umfangreiche Analyse der Datenbestände mit Hilfe z.B. statistischer Verfahren, zur Extraktion impliziter und bis dato unbekannter Zusammenhänge, Muster und Trends. Text Mining dient der Aufdeckung von Mustern und Beziehungen innerhalb natürlichsprachiger Texte. Um hieraus automatisch relevante Informationen zu extrahieren, werden

[588] *Gluchowski/Gabriel/Dittmar* (2008), S. 114. (Im Original z.T. hervorgehoben.)
[589] Vgl. *Gluchowski/Gabriel/Dittmar* (2008), S. 114 f.

	Verfahren aus dem Gebiet der Computerlinguistik angewandt.[590]
Planungs-Anwendungen	Prognosen künftiger Geschäftsvorgänge und Simulationen basierend auf Vergangenheitsdaten.
Balanced Scorecards	Unterstützen die unternehmensweite transparente Präsentation und ganzheitliche Betrachtung strategischer Ziele aus unterschiedlichen Blickwinkeln. Sie können daher sowohl zur Kommunikation als auch zur Überwachung der Performance in Relation zu den Zielen genutzt werden.
Dashboards	Ermöglichen eine kombinierte dynamische und visuelle Präsentation mehrerer konsolidierter Ergebnisse auf einer Oberfläche. Sogenannte Cockpits, auf denen Daten u.a. mittels Skalen, Karten und Diagrammen grafisch angereichert dargestellt werden, eignen sich durch die aggregierte Sicht insbesondere für einen Gesamtüberblick und das Erkennen von Unstimmigkeiten.

Tabelle 10: Typische Komponenten Datenauswertungs- u. Präsentationsschicht[591]

Ein übergreifendes BI-Portal gewährleistet den zentralen Zugriff aller Nutzer auf sämtliche genannten Funktionalitäten. Abbildung 24 zeigt eine idealtypische Architektur eines BI-Systems für die Due Diligence.

590 Vgl. *Hasler Roumois* (2007), S. 93.
591 Siehe *Bange* (2006), S. 97-109.

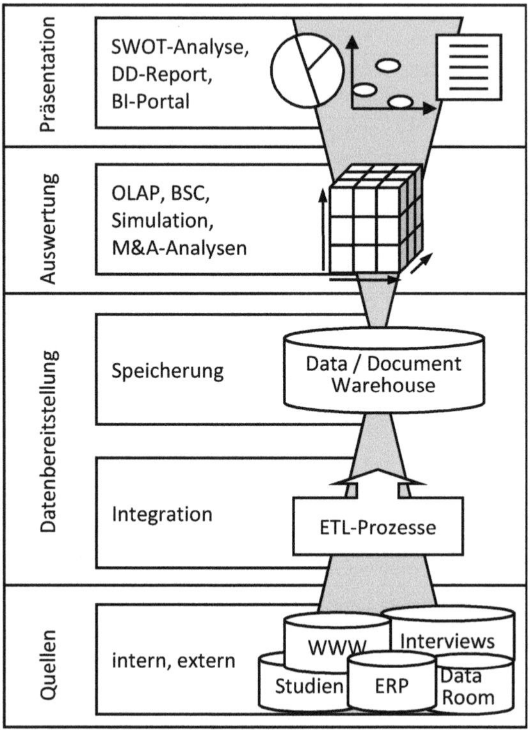

Abbildung 24: Due Diligence-BI-Konzept[592]

Diese prototypische Architektur trägt den besonderen Anforderungen der Due Diligence an die Auswertung und Darstellung der erhobenen Daten im Sinne eines aufgabenorientierten Datenbedarfs sowie einer nutzergerechten Verarbeitung, der Kombination aus übergeordneten und detaillierten Fragestellungen und der Geheimhaltung relevanter Informationen Rechnung.

- Dynamik des Datenbedarfs:

  Prinzipiell bilden die mit der M&A-Transaktion verfolgten Ziele die Grundlage für die während des M&A-Prozesses zu treffenden Entscheidungen, beispielsweise im Hinblick auf die Integrationsstrategie, und determinieren damit den Informationsbedarf für die Due Diligence. Auf-

[592] *Seiz/Jogsch/Jahnke et al.* (2010), S. 1098.

grund des Abbaus der Informationsasymmetrie im Verlauf der Due Diligence, kann jedoch eine Änderung bzw. Anpassung der ursprünglichen Strategie sinnvoll erscheinen und damit neuen Informationsbedarf generieren. Ein Abgleich mit den Daten aus den unternehmensinternen operativen Systemen und eine Auswertung im Hinblick auf neue Fragestellungen kann die Entscheidungsfindung erleichtern und beschleunigen.

Bei den auswertungsrelevanten Daten handelt es sich überwiegend um bereits elektronisch vorliegendes Material aus operativen Systemen und externen Quellen wie Geschäftsberichten, Pressemeldungen und Studien. Gleichzeitig sind aber auch die im Rahmen der Due Diligence gesammelten und meist in physischer Form vorliegenden Daten wie Abschriften, Gesprächsnotizen, Bilder und Tonaufzeichnungen wichtig für die Entscheidungsfindung. Es wird deutlich, dass bei der zu erwartenden Menge an Daten unterschiedlichen Typs zu einer aussagekräftigen Auswertung vielfältige Analysemethoden nötig sind. Zur sachgerechten Darstellung des Informationsgehaltes dienen z.B. ABC- und SWOT-Analysen, Kennzahlenberichte sowie Plan-/Ist-Wert-Vergleiche.

Zu diesem Zweck eignet sich die Einrichtung anwendungsorientierter M&A-Data-Marts, die alle für ein M&A-Projekt relevanten Daten themenorientiert und bedarfsgerecht enthalten. Neben multiplen Auswertungsmethoden erweitert die Möglichkeit, auf Basis der erhobenen Daten Prognosen anzufertigen, die Entscheidungsgrundlage um einen zusätzlichen Aspekt. Dabei liegt es nahe, auf ggf. vorhandene BI-Funktionalitäten beider Unternehmen zuzugreifen.

Auch die direkte Einbindung spezifischer Datenquellen des Zielunternehmens in das BI-System des Käuferunternehmens ist denkbar. Zwar kann dies je nach Verschiedenartigkeit der beiden Unternehmen eine große Herausforderung darstellen, dem steht allerdings der Mehrwert einer detaillierten Analyse gegenüber. Werden die für die künftige Entwicklung eines Unternehmens wesentlichen inneren und äußeren Aspekte vereint betrachtet, können gemeinsame Entwicklungspotenziale aufgedeckt und in das Kalkül miteinbezogen werden. Eine so geartete Verifikation der bereitgestellten Prognosedaten und Risikoabschätzung für das mögliche Gemeinschaftsunternehmen entspricht zudem der durch die Due Diligence definitorisch geforderten angemessenen Sorgfalt. Insbesondere bei wiederkehrender M&A-Aktivität scheint es sinnvoll, weitergehende Due Diligence-spezifische Auswertungswerkzeuge zu entwickeln, die bei Bedarf an das jeweilige Projekt angepasst werden können.

- Detail- und Gesamtsicht:

  Neben der Notwendigkeit einer individuellen Auswertung spezieller Geschäftsbereiche, besteht im Rahmen einer Due Diligence gleichzeitig das Erfordernis einer integrierten Gesamtsicht auf die Analyseergebnisse. Zu beachten ist dabei, dass sowohl die Auswertung strukturiert und unstrukturiert vorliegender Daten als auch die Berücksichtigung quantitativer und qualitativer Daten gewährleistet sein muss. Vor allem die notwendige Identifikation strategischer Risiken im Rahmen der Due Diligence verlangt auch die Berücksichtigung qualitativer Daten, die zudem meist in unstrukturierter Form vorliegen[593], wie beispielsweise Prozess- und Stellenbeschreibungen, Geschäfts- und Lageberichte sowie Gespräche mit Mitarbeitern des Zielunternehmens bzw. Kunden.

  Um dieses Potenzial zu nutzen kann ein Document Warehouse, in dem qualitative und unstrukturierte Daten aus internen und externen multimedialen Quellen zusammengeführt werden, eingesetzt werden. Mit Hilfe von Text Mining und OLAP können die erhobenen Daten anschließend multidimensional ausgewertet werden um Ergebnisse der Reviews detailliert einzeln und aggregiert kombiniert zu analysieren. Funktionen wie Drill-Down, Roll-Up, Slice und Dice erlauben dabei eine Anpassung auf die jeweilige Fragestellung und gleichzeitig eine zielgerichtete und individualisierte Darstellung der Ergebnisse.

[593] Vgl. *Navrade* (2008), S. 282.

- Maßgeschneiderte aber schnelle Verarbeitung:

  Integriert ein BI-System die Vielfalt heterogener Informationen aus internen und externen Quellen, kann es im Hinblick auf die Entscheidungsunterstützung im Rahmen von M&A sinnvoll eingesetzt werden, und genügt erst dann dem Anspruch die fragmentierten Sichtweisen der Spezialisten in der Due Diligence zu integrieren. Entscheidungsunterstützende Analysen sollen einerseits umfangreich und individuell erfolgen, wobei die dazu notwendigen Daten von mehreren Personen erhoben werden. Andererseits sind sie den Entscheidungsträgern zeitnah in adäquater Form bereitzustellen.

  Der Einsatz ausgewählter BI-Funktionalitäten kann dieses Dilemma auflösen. Durch einen speziell für den entsprechenden Informationsbedarf angepassten Due Diligence-Report können die gesammelten Daten mit den Akquisitionszielen abgeglichen und bestehende Lücken in der Datenerhebung aufgedeckt werden. Planungstools erlauben Prognosen u.a. im Hinblick auf realisierbare Synergiepotenziale, die Integrationszeit und den Integrationsaufwand. Mithilfe von Szenarioanalysen können konkrete Fragestellungen, z.B. wie sich eine Veränderung des Kaufpreises auf die Liquiditätsplanung auswirkt, beantwortet werden. Dashboards erlauben durch die grafische Aufbereitung einen Gesamtüberblick über die aggregierten Daten und können helfen, kritische Bereiche schnell zu identifizieren und entsprechende Maßnahmen, z.B. die Prüfung zusätzlicher Unterlagen eines Teilreviews oder ein Managementgespräch, zu veranlassen.

- Vertraulichkeit der Daten:

  Grundlage jeder Due Diligence ist die Sicherung der vertraulichen Handhabung überlassener Unternehmensdaten. Dem kann bereits bei der Gestaltung der Zugriffsberechtigungen auf das BI-Portal Rechnung getragen werden, das Eingabe- und Auswertungsmöglichkeiten auf Grundlage der Datenbasis ermöglicht.[594] Hier muss u.a. die Benutzerverwaltung die Ver-

[594] Vgl. *Gluchowski/Gabriel/Dittmar* (2008), S. 217.

gabe differenzierter Zugangsrechte für diverse Anspruchsgruppen innerhalb des Due Diligence-Teams beinhalten.

Die vorangegangene Skizzierung der Problembereiche macht deutlich, dass sich die Gestaltung der BI-Unterstützung für die Due Diligence und ihre Teilreviews sowohl an den bereits vorhandenen Daten und Systemen als auch an der fallspezifischen Zielsetzung orientieren muss. Verfügt beispielsweise das Zielunternehmen über eine BI-Lösung, kann es dem vom Käuferunternehmen geäußerten Informationsbedarf auch mit eigenen Analysen entgegenkommen. Gleichzeitig entsteht dabei aber die Problematik, dass die Ergebniskorrektheit nicht abgesichert werden kann.

BI-Lösungen können die Entscheidungsfindung im Rahmen der Due Diligence in der Pre-Merger-Phase erheblich unterstützen, indem sie erhobene Daten aller Reviews in einer Datenbasis speichern und darauf aufbauend umfassende, individualisierte Möglichkeiten der Analyse, Auswertung und Präsentation zur Verfügung stellen. Die Entscheidungsträger können bei ihrer Aufgabe auf eine umfassende und integrierte Informationsbasis zurückgreifen und sich einen gezielten Überblick verschaffen.

BI-Lösungen können die Due Diligence-Dokumentation zielgerichtet und aufgabengerecht erweitern und bieten einen Mehrwert für die Entscheidungsträger. Auch im Hinblick auf weitere M&A-Vorhaben und die dann zu treffenden Entscheidungen auf Basis bereits gesammelter Erfahrungen, bieten BI-Lösungen einen erheblichen Nutzen für die reibungslose Auswertung der Due Diligence-Daten. Außerdem können BI-Lösungen nicht nur während der Due Diligence eingesetzt werden, sondern in den verschiedenen Phasen des gesamten M&A-Projekts, beispielsweise bei der Konkurrenz- und Marktbeobachtung und der darauf folgenden Sondierung geeigneter Zielunternehmen im Rahmen der Competitive Intelligence[595].

[595] Siehe zu Competitive Intelligence z.B. *Kemper/Baars* (2006).

5.2.2.2 Wissensmanagementsysteme[596]

Ein weiteres Beispiel für die Unterstützung des M&A-Prozesses durch das IM stellen Wissensmanagementsysteme dar. Unter einem Wissensmanagementsystem wird ein Informationssystem verstanden, das die Identifikation, Bereitstellung, Speicherung, Bewertung, Weiterentwicklung und den Erwerb von unternehmensinternem und -externem Wissen unterstützt.[597] Ein Wissensmanagementsystem stellt einen Teilbereich eines ganzheitlichen Wissensmanagements (kurz: WM) dar, das einen schnellen Zugriff auf das im Unternehmen vorhandene Wissen, das Erkennen inhaltlicher Verbindungen zwischen Themenfeldern sowie die Verknüpfung von internem Wissen mit externen Wissensressourcen zum Ziel hat. Gegenstand eines M&A-Wissensmanagements ist die Gestaltung einer organisationalen Wissensbasis in Bezug auf M&A[598] im Unternehmen. Wissensmanagement und damit einhergehend die systematische Nutzung von Erfahrungen und Fähigkeiten können als erfolgsrelevant für M&A-Transaktionen eingestuft werden,[599] die Anwendung in der Praxis scheint aber eher gering zu sein.[600]

Dies zeigen auch die Ergebnisse der durchgeführten Experteninterviews. Zu den Themenbereichen *Wissensmanagement und M&A-Erfahrung* gefragt, ergab sich, dass Erfahrungswerte bzw. lessons learned aus früheren M&A-Vorhaben durchaus eine wertvolle Quelle für kommende Projekte darstellen und im Sinne von Verbesserungsmaßnahmen zum Teil realisiert wurden. Es zeigte sich allerdings auch, dass sich das M&A-Wissen vor allem in den „Köpfen der Mitarbeiter“[601] befindet. Ein Experte berichtet, dass eine Art Zukunftswerkstatt für bisher nicht realisierte Ideen eingerichtet wird. Es wurde der Einsatz eines Wikis bzw. von Wissensdatenbanken für M&A erwähnt. Ein Experte gibt an, dass für die Integrationsphase ein Leitfaden existiere, der wesentliche Elemente enthält und weiter entwickelt wird.

---

[596] Die Inhalte des nachfolgenden Kapitels 5.2.2.2 wurden als Zeitschriftenaufsatz in Zusammenarbeit mit JENNIFER GURSCH veröffentlicht. Siehe *Gursch/Seiz* (2012).

[597] Vgl. *Lehner* (2012), S. 278.

[598] Vgl. *Lucks/Meckl* (2002), S. 292.

[599] Vgl. *Lucks* (2002), S. 44; *Baumüller/Wirth* (2010), S. 429 f.; *Rebholz* (2005), S. 29.

[600] Vgl. *Baumüller/Wirth* (2010), S. 423.

[601] Die Vorrangstellung von implizitem Wissen in den „Köpfen der Mitarbeiter“ spiegelt sich auch bei einer Befragung von fünfzehn Experten durch FREITAG, MATTHES und SCHULZ wider, wobei in den Fällen, in denen eine Explizierung vorgenommen wurde, diese auch als wertvoll eingestuft wurde. Vgl. *Freitag/Matthes/Schulz* (2011), S. 512.

Zudem sei es wünschenswert, auf Know-how erfahrener Personen in diesem Umfeld zurückgreifen zu können, um z.B. Aufgaben zu strukturieren oder Entscheidungen vorzubereiten. Allerdings sei hierbei auch zu beachten, dass jede M&A-Transaktion individuell und nur bis zu einem gewissen Grad mit anderen Transaktionen vergleichbar ist. Auch die Vorgehensweise bei früheren Projekten oder das Auffinden von Unterlagen im M&A-Prozess wurden thematisiert und Verbesserungsbedarf an bestehenden Lösungen geäußert. Bedarf für Anwendungssysteme im M&A-Kontext wie eine Datenbank zum M&A-Wissensaufbau wird durchaus gesehen; es bestehen aber auch Bedenken bezüglich der Realisierbarkeit insbesondere im Hinblick auf Vertraulichkeitsaspekte und die Pflege. Dies gewinnt vor allem vor dem Hintergrund an Bedeutung, dass ein Experte geäußert hat, externe Informationen würden im Verhältnis zu internen an Stellenwert gewinnen und Expertenwissen würde wichtiger werden.

Für die Beurteilung des IM, insbesondere in einer frühen Phase des M&A-Prozesses, benötige man viel Erfahrung, Know-how und Fachwissen. Daher kann es sinnvoll sein bei unterschiedlichen Transaktionen möglichst immer dieselben Personen aus der Fachabteilung hinzuzuziehen. Dies kann auch für externe Berater gelten. Personen mit M&A-Erfahrung wissen an welchen Stellen Probleme auftreten können und versuchen dies zu vermeiden.

WM-Systeme können zu einer Professionalisierung der M&A-Aktivitäten beitragen,[602] indem sie menschliche als auch maschinelle Fähigkeiten verbinden[603] und das Festhalten und zur Verfügung stellen von M&A-Wissen sowie -Erfahrungen während und nach einem M&A-Projekt unterstützen. Dabei steht Wissen für alle Kenntnisse und Fähigkeiten eines Individuums, die dieses zur Problemlösung einsetzt. Wissen ist an Personen gebunden und spiegelt deren Erwartungshaltung über Ursache-Wirkungs-Zusammenhänge wider.[604] Dabei kann zwischen explizitem und implizitem Wissen unterschieden werden. Explizites Wissen kann formal ausgedrückt werden und ist in grammatikalischer und semantischer Hinsicht korrekt. Zudem kann es in mathematischen Formeln oder in Daten dargestellt werden

[602] Vgl. *Voss/Müller-Stewens* (2006), S. 26.
[603] Vgl. *Lehner* (2012), S. 279.
[604] Vgl. *Probst/Raub/Romhardt* (2010), S. 23.

und ist somit einfach teil- und kommunizierbar. Implizites Wissen bildet hierzu das Gegenstück und kann nicht formalsprachlich artikuliert werden. Es baut auf die Erfahrungen des Individuums auf und ist u.a. durch dessen Werte, Ahnungen, Perspektiven und Überzeugungen geprägt.[605]

Wissensmanagement kann einen Beitrag zur Erhöhung der Erfolgschancen von M&A-Transaktionen leisten, in dem Erfahrungen bzw. Wissen insbesondere bei Mehrfachakquisiteuren aus bisherigen Transaktionen genutzt werden, um den M&A-Prozess zu optimieren und typische Fehlerquellen zu vermeiden.[606] Aber auch innerhalb einer Transaktion kann ein adäquates Wissensmanagement für eine Steigerung der Durchführungsqualität sowie der Effektivität und Effizienz im Prozessablauf sorgen durch systematischen Wissenstransfer zwischen den einzelnen Personen, Phasen und Aktivitäten.[607]

Zu den Potenzialen, die durch gezielte WM-Aktivitäten gehoben werden können, zählen unter anderem Effizienzsteigerungen, Zeitersparnis, Vermeidung von Fehlern, bessere Einarbeitung neuer bzw. Anbindung externer Mitarbeiter, Etablierung von Best Practices, Erhöhung der Vergleichbarkeit von M&A-Projekten, Erhalt bzw. Aufbau von M&A-relevantem Wissen und Transparenz hierüber sowie Innovationsmöglichkeiten.[608]

Das Eingehen auf unternehmens- sowie transaktionsspezifische Besonderheiten bei gleichzeitigem Herausarbeiten des überindividuell Gemeinsamen von M&A-Projekten wie prozessspezifisches Wissen und Strukturen ist als eine erfolgsrelevante Aufgabe für ein M&A-spezifisches WM einzustufen. Die Entwicklung und Etablierung bewährter Handlungsmuster ist eine Kompetenz erfolgreicher Käuferunternehmen.[609] Bei M&A-Transaktionen werden deshalb vorwiegend Personen mit großem Erfahrungsschatz und Expertise eingesetzt. Für die Erlangung und die anschließende Explizierung eines solchen Expertenwissens können gezielt WM-Systeme und -Aktivitäten zum Aufbau und Ausbau von M&A-Kompetenz

[605] Vgl. *Mohr* (1999), S. 10 nach NONAKA und TAKEUCHI.
[606] Vgl. *Rebholz* (2005), S. 28; *Lucks* (2002), S. 44.
[607] Vgl. *Rebholz* (2005), S. 26 f. Siehe speziell zum Thema Wissenstransfer innerhalb der PMI zwischen Käufer- und Zielunternehmen *Sporing/Blöcher* (2008); *Petersen/Zesch* (2001).
[608] Vgl. *Rebholz* (2005), S. 26 ff.
[609] Vgl. *Lucks* (2002), S. 45.

bei einzelnen Personen oder Organisationseinheiten eingesetzt werden. Wichtig für die Akzeptanz ist dabei, dass die Mitarbeiter einen Nutzen im WM sehen und die damit verfolgten Ziele kommuniziert werden.

Grundvoraussetzung stellt eine benutzerfreundliche, intuitive Benutzeroberfläche und einfach zu bedienende Schnittstelle für schnellen Zugriff und Bearbeitung dar. Gleichermaßen sind eine benutzergerechte Darstellung des Wissens und eine systematische Dokumentenablage von hoher Bedeutung. Weitere Anforderungen sind die zeitnahe Wissensspeicherung und -transparenz, letztere dient der Aufdeckung von Wissensbereichen. Suchmöglichkeiten und Analyseinstrumente sollen beim Auffinden und Analysieren von Wissen helfen. Berechtigungskonzepte werden für die Regelung des Zugriffs auf die Wissensbasis benötigt. Des Weiteren soll die Zusammenarbeit und Abstimmung der Mitarbeiter unterstützt werden. Ein Kompetenzmanagement dient der Steuerung der Mitarbeiterkompetenz. Als Basis für die genannten Anwendungen dient ein Datenmanagement inklusive Datenbanksystemen.

In der Literatur finden sich verschiedene Klassifikationen von WM-Systemen, je nach Verwendungszweck können diese variieren.[610] Für die Ableitung von Gestaltungsempfehlungen für WM-Systeme, speziell für M&A-Projekte, wurden zunächst anhand von Systematiken typische WM-Systeme charakterisiert und ihr Funktionsumfang untersucht.[611] Die Ergebnisse der Analyse wurden mit den Anforderungen von M&A an WM und den herausfordernden Rahmenbedingungen von M&A-Transaktionen abgeglichen. Nachfolgende Funktionsbereiche tragen den Besonderheiten von M&A-Projekten Rechnung:

- Benutzerverwaltung:

  Durch die Benutzerverwaltung kann der Zugriff auf das WM-System personalisiert werden. Dafür müssen Sicherheitsmaßnahmen zur Authentifizierung und Autorisierung vorhanden sein. Die Benutzerverwaltung erfolgt durch die Erstellung von Benutzerprofilen und regelt somit die Art des Zugangs zu Informations- und Wissensquellen. Dabei sollte auch die

[610] Vgl. *Lehner* (2012), S. 279 ff.

[611] Vgl. *Lehner* (2012), Kapitel 4.2 und 4.3; *Gronau* (2009); *Hasler Roumois* (2007), Kapitel 4; *Riempp* (2004); *Brücher* (2004), Kapitel 2.2.

Möglichkeit gegeben sein, eine Zeitspanne für den Zugriff sowie die Art des Zugriffs z.B. nur unternehmensintern oder auch über öffentliche Netze festzulegen. Da bei M&A-Projekten sehr sensible Unternehmensdaten gehandelt werden, sollten die Benutzerprofile auch zwischen den Möglichkeiten zur Ansicht und dem Herunterladen von Daten unterscheiden. Je nach Profileinstellung kann somit verhindert werden, dass Mitarbeiter das Wissen in elektronischer Form weitergeben können. So kann das WM-System Vertraulichkeits- und Sicherheitsaspekten gerecht werden.

- Groupware:

  Hierunter werden Kollaborations-, Kommunikations- und Koordinationssysteme zusammengefasst. Kollaborationssysteme dienen der Zusammenarbeit der Projektmitglieder zum Austausch und Verbreitung von Wissen. Zur Unterstützung der synchronen als auch asynchronen Kommunikation dienen Kommunikationssysteme. Koordinationssysteme hingegen unterstützen bei der Aufgabenstrukturierung und der Abstimmung voneinander abhängiger Aktivitäten. So können die gemeinsame Arbeit an Projektunterlagen wie Prozessdokumentationen oder Checklisten sowie die Abstimmung der Zusammenarbeit unterstützt werden, um den Zeitdruck und die Doppelbelastung zu mindern.

- Inhaltsmanagement:

  Zielt auf Wissen ab, das in kodifizierter Form vorliegt bzw. kodifiziert werden kann. Hierbei ist die Betrachtung des gesamten Informations- bzw. Wissenslebenszyklus wichtig, d.h. von der Generierung über die Aktualisierung bis zur Löschung der Datenbasis. Hierbei sind Dokumentenmanagementsysteme eingeschlossen, welche primär die Speicherung und Recherche von Dokumenten unterstützen. Bei der hohen Mitarbeiterfluktuation im Rahmen von M&A-Transaktionen kommt der Speicherung von Wissen ein hoher Stellenwert zu. Contentmanagementsysteme (kurz: CMS) sind für die Verwaltung und Wiederverwendung von Inhalten einsetzbar. Dabei wird eine Trennung von Inhalten, Struktur und Layout vorgenommen. CMS werden vornehmlich internetbasiert verwendet, eignen sich aber auch für weitere Bereiche.

- Entscheidungsunterstützung:

  Die Projektmitarbeiter sollen durch Funktionen zur Auswertung, Bewertung, Filterung und Zusammenfassung von Wissen, z.B. im Hinblick auf die M&A-Performance unterstützt werden. Dies umfasst prinzipiell Entscheidungsunterstützungsmethoden wie Data- und Text-Mining, Fallbasiertes Schließen, Simulationen und Expertensysteme.

- Suchfunktion:

  Das Auffinden von Wissen, Inhalten, z.B. Due Diligence-Checklisten, und Personen muss durch geeignete Suchmechanismen z.B. M&A-Expertenverzeichnisse unterstützt werden.[612] Die Suche soll dafür auf verschiedene Datenquellen zurückgreifen und Push- als auch Pull-Suchfunktionen unterstützen. Zudem soll die Möglichkeit der Verschlagwortung bestehen.

- Visualisierung:

  Dient der strukturierten übersichtlichen Darstellung von Informationsobjekten, Wissensobjekten und Wissenssubjekten aus unterschiedlichen Perspektiven. Durch die Visualisierung wird angestrebt, dass schneller auf Wissen zugegriffen werden kann und Zusammenhänge besser erfasst werden können, um auch unter Zeitdruck und Doppelbelastung effizientes Arbeiten zu ermöglichen.

- Skillmanagement:

  Zum Auf-, Ausbau, zur Analyse und Steuerung von Mitarbeiterkompetenzen, im speziellen M&A-Kompetenzen. Dadurch können beispielsweise mangelnde Kompetenzbereiche von Mitarbeitern aufgedeckt und gezielt gefördert werden. Ferner können Mitarbeiter, deren Ausscheiden Wissenslücken hinterlassen würde, identifiziert und entsprechende Maßnahmen ergriffen werden.

---

[612] Vgl. *Rebholz* (2005), S. 29.

Abbildung 25 veranschaulicht die Konzeption eines M&A-spezifischen WM-Systems.

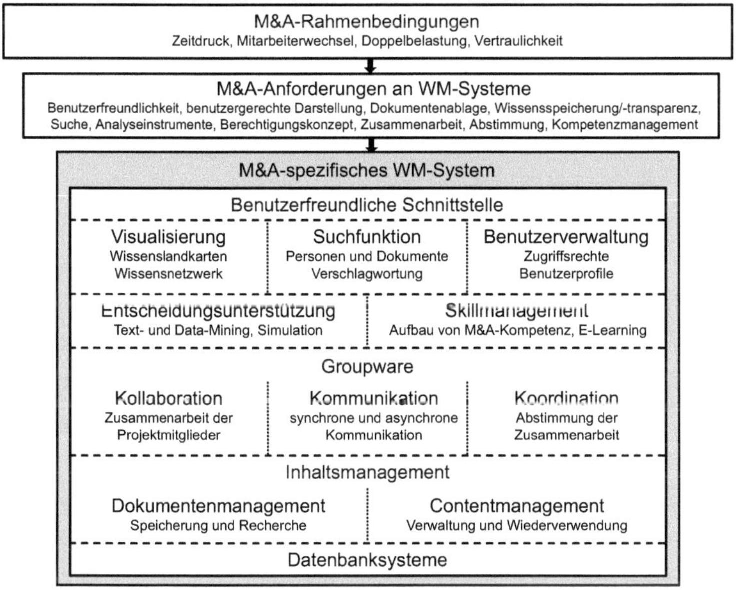

Abbildung 25: Konzeption M&A-spezifisches WM-System[613]

Neben den Funktionalitäten spielt die organisatorische Einbindung des WM-Systems in den Unternehmenskontext aber auch speziell in den M&A-Prozess, die Vergabe von Verantwortlichkeiten sowie die Einbeziehung der Stakeholder eine große Rolle für die erfolgreiche Etablierung eines M&A-WM-Systems.

- Einbindung in das Unternehmen:

  Ziel des M&A-spezifischen WM-Systems ist die Gestaltung einer organisationalen Wissensbasis in Bezug auf M&A im Unternehmen. Da M&A-Transaktionen ein Teil der Unternehmensstrategie darstellen, ist eine enge Verbindung zwischen dem Wissen über die Unternehmensstrategie und die Abwicklung von M&A-Transaktionen notwendig. Die Wissensbasis in Bezug auf M&A kann als ein Teilbereich der unternehmensweiten organi-

[613] *Gursch/Seiz* (2012), S. 62.

sationalen Wissensbasis interpretiert werden. Dies könnte dafür sprechen, das M&A-spezifische WM-System in ein unternehmensweites WM-System zu integrieren. Aufgrund der vertraulichen Daten, die im Zuge der Transaktion erhoben werden und der strategischen Bedeutung von M&A-Projekten, ist der Zugriff auf die M&A-Wissensbestände über ein adäquates Berechtigungskonzept auf die relevanten Stakeholder zu begrenzen.

- Einbindung in den M&A-Prozess:

  Um den Nutzen innerhalb eines M&A-Projekts zu gewährleisten, sind die zeitnahe Dokumentation der Ergebnisse, das Bereitstellen der verwendeten Unterlagen sowie das Auffinden von Ansprechpartnern unerlässlich. Nur so kann sichergestellt werden, dass z.B. die unterschiedlichen Due Diligence Teams Interdependenzen zwischen ihren Ergebnissen berücksichtigen können und diese in die Unternehmensbewertung sowie die Integrationsvorbereitung eingehen. Insbesondere für Mehrfachakquisiteure stehen neben den intratransaktionsspezifischen Vorteilen auch die intertransaktionsspezifischen im Blickpunkt. Hier sind vor allem die in jeder Aktivität verwendeten Dokumente, Modelle, Methoden, Informationen zu den jeweils beteiligten Personen sowie Erfahrungswerte z.B. in Form von Kurzberichten, Guidelines oder Leitfäden von Bedeutung.

  Eine organisatorische Verankerung des Wissenstransfers zwischen einzelnen Prozessphasen bzw. M&A-Projekten kann beispielsweise durch Workshops[614] oder Debriefing-Sitzungen erreicht werden, an der alle am Projekt Beteiligten, auch externe Berater, und ein Moderator teilnehmen. Ziel ist eine strukturierte Analyse und Dokumentation aller positiven und negativen Aspekte des Projekts. Die relevanten Dokumente der Transaktion und auch die Debriefing-Unterlagen werden im Anschluss in das WM-System eingepflegt und sind somit zugriffsbereit.[615] Damit diese Dokumente und Informationen zielgerichtet eingesetzt werden können, ist eine

[614] Vgl. *Baumüller/Wirth* (2010), S. 430.
[615] Vgl. *Rebholz* (2005), S. 28.

strenge Qualitätskontrolle sowie eine ständige Fortschreibung bzw. Pflege des eingestellten Wissens erforderlich.

- Vergabe von Verantwortlichkeiten:

  Für die Sicherstellung der Qualität, Aktualität und Verlässlichkeit der Inhalte des WM-Systems ist die Definition von Rollen und damit einhergehend die Vergabe von Verantwortlichkeiten entscheidend. Die Rolle Redakteur beispielsweise, kann vor allem für die Aufbereitung von Beiträgen sowie die Einhaltung von Standards verantwortlich gemacht werden.[616] Dabei muss auch eine inhaltliche Prüfung erfolgen, die aufgrund der Themenbreite in Ergänzung durch erfahrene Fachabteilungsmitarbeiter im Sinne von Qualitätsmanagern erfolgen sollte. Der Chief Information Officer kann als Verantwortlicher für das System, der M&A-Verantwortliche für die Inhalte und der Chief Knowledge Officer für die Nutzung des WM-Systems etabliert werden. Die Rolle Administrator verantwortet den reibungslosen systemtechnischen Betrieb, die Funktionalität sowie die Benutzerverwaltung. In Unternehmen, in denen eine spezielle M&A-Abteilung existiert, die Erfahrungen aus abgeschlossenen Transaktionen aufbereitet und für kommende zur Verfügung stellt, kann diese die Funktion der Redakteure und Qualitätsmanager einnehmen. Gibt es diese nicht, sind erfahrene Mitarbeiter aus den Expertenteams oder Fachabteilungen eine Alternative.

- Einbindung der Stakeholder:

  Der Informationsbedarf und Wissensbestand der Beteiligten in M&A-Projekten variiert stark. Während die einzelnen Experten vor allem an Wissen über ihr spezielles Fachgebiet und die hierfür geeignete Vorgehensweise interessiert sind und dieses auch anbieten können, sind übergeordnete Organisationseinheiten, wie die M&A-Abteilung oder die Unternehmensführung auch an übergeordnetem Wissen z.B. zum (Nicht-)Erfolg, zur Performance oder zum vorhandenen Kompetenzprofil interessiert. Um dieses Wissen transparent darzustellen, sind geeignete Verfahren

[616] Vgl. *Kemper/Janke* (2002), S. 46.

zu entwickeln und im WM-System zu implementieren. Insbesondere muss die Einbindung externer Berater in ein solches WM-System im Hinblick auf Wissenssicherung aber auch Vertraulichkeitsaspekte und den Abfluss von M&A-Prozesswissen genau geprüft werden.

Abbildung 26 zeigt den beschriebenen Gestaltungsrahmen eines M&A-spezifischen WM-Systems, der unternehmensindividuell anzupassen ist.

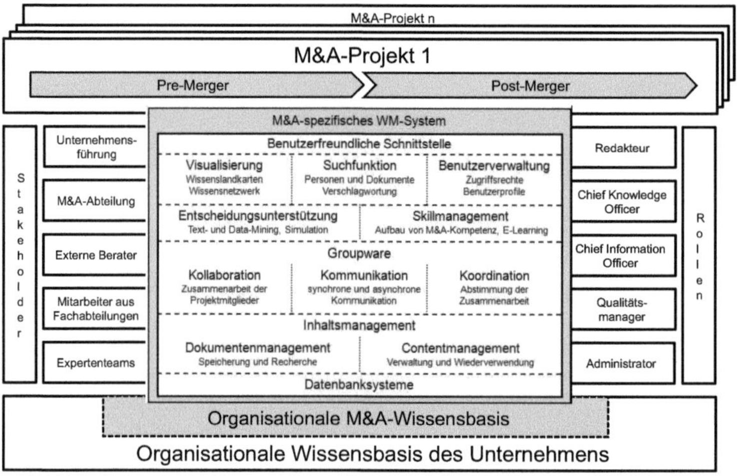

Abbildung 26: Gestaltungsrahmen ganzheitliches M&A-spezifisches WM[617]

WM kann als strategischer Erfolgsfaktor bei M&A und als Chance zur kontinuierlichen Verbesserung aufgefasst werden.[618] Dabei ist WM bei M&A und damit auch beim M&A-Kompetenzaufbau aufgrund der Erfolgsvarianz von M&A-Projekten nicht nur für Mehrfachakquisiteure relevant, sondern auch für Unternehmen, die seltener akquirieren. Zwar sind die Potenziale des WM-Einsatzes bei M&A in der Literatur und Praxis anerkannt, wie die Expertenantworten jedoch gezeigt haben, ist der tatsächliche Einsatz bei M&A-Projekten noch unzureichend.

Ferner sind gängige WM-Methoden hinsichtlich ihrer M&A-Tauglichkeit zu untersuchen und Handlungsempfehlungen für deren Einsatz zu geben. Weiterhin wurden bislang keine Aussagen über die Wirtschaftlichkeit M&A-spezifischer

[617] *Gursch/Seiz* (2012), S. 63.
[618] Vgl. *Rebholz* (2005), S. 29.

WM-Systeme getroffen. Aus betriebswirtschaftlicher Sicht ist eine Kosten-/Nutzenanalyse vor Einführung eines WM-Systems durchzuführen. Ein weiterer Forschungsbereich betrifft die Sicherstellung der Qualität des WM-Systems. Hierfür müssen die Rollen des WM genauer spezifiziert werden und festgelegt werden, wer die Verantwortung für das Verfassen von Dokumenten, die Pflege und Aktualisierung und ggf. die Löschung veralteter Bestände übernimmt. Ein zusätzlich kritischer Bereich ist die Sicherstellung der Vertraulichkeit von Informationen und Wissen auch im Hinblick auf die Einbindung externer Mitarbeiter. Auch die mangelnde Teilungsbereitschaft von Mitarbeitern in Bezug auf ihr Wissen sowie die Schaffung entsprechender Anreizsysteme ist eine offene Fragestellung.

5.3 Zusammenfassung

In der Pre-Merger-Phase wird die Entscheidung über ein M&A-Vorhaben getroffen und dessen Ausrichtung mit der Unternehmensstrategie abgestimmt. Es werden potenzielle Zielunternehmen gesucht und im Hinblick auf Wertschöpfungspotenziale analysiert sowie die Ausgestaltung der Transaktion festgelegt. Die Pre-Merger-Phase gibt somit die Rahmenbedingungen für die im Anschluss folgende Post-Merger-Phase vor. Für die strategiekonforme Gestaltung des IM ist ein detailliertes und umfassendes Verständnis für die Art und Weise der Berücksichtigung des IM unerlässlich. Dabei sind sowohl die Praxisperspektive, die den Ist-Zustand der Berücksichtigung widerspiegelt, als auch konzeptionelle Überlegungen für zukünftige Gestaltungsmöglichkeiten von Interesse. Diese beiden Perspektiven spiegeln sich in der vorangegangenen Darstellung des IM als M&A-Objekt und -Instrument wider und geben einen ganzheitlichen Blick auf die Potenziale des IM bei M&A.

Dabei zeigt sich, dass das IM in seiner Rolle als M&A-Instrument stark ausbaufähig ist und Bedarf für die Entwicklung spezieller Anwendungen für den M&A-Kontext sowie die Anpassung bzw. Erweiterung bestehender Anwendungen hierfür besteht. Als M&A-Objekt wird das IM insbesondere in der Due Diligence und der Integrationsvorbereitung berücksichtigt. Als Deal Breaker kommt es bislang nur selten in Betracht. Auch bei der M&A-Planung sowie der Kaufpreisermittlung spielt es eine untergeordnete Rolle. Die Berücksichtigung des IM in der Pre-Merger-Phase wird erschwert durch die oftmals gebotene Geheimhaltung, die späte Einbindung von IT-Spezialisten und die Schwierigkeiten, bereits im Vorfeld verlässliche und detaillierte Informationen über das IM im Zielunternehmen zu erhalten. Dabei sprechen der hohe Anteil der IT-Kosten bei den Integrationsaufwendungen und die häufigen Probleme bei der IT-Integration für eine intensivere Berücksichtigung des IM in allen Aktivitäten der Pre-Merger-Phase. Die geforderte frühzeitige Einbindung eines IT-Spezialisten bereits in die M&A-Planungsphase kann als erster Schritt hierzu betrachtet werden.

6. Schlussbetrachtung

Nachfolgend werden die Erkenntnisse der Arbeit zusammengefasst, reflektiert und eingeordnet. Ferner wird ein Ausblick auf zukünftigen Forschungsbedarf gegeben.

6.1 Zusammenfassung

Die Zielsetzung der vorliegenden Arbeit ist es, Antworten zu geben auf die Forschungsfrage:

Wie kann das Informationsmanagement in der Pre-Merger-Phase gestaltet werden, sodass es konform mit der M&A-Strategie ist und damit einen Beitrag zum M&A-Erfolg leistet?

Vor diesem Hintergrund wurden zunächst die Grundlagen der Themengebiete Informationsmanagement und M&A in Kapitel 2 aufgearbeitet. Dabei hat sich gezeigt, dass sich beide Themenfelder durch ihre Vielschichtigkeit auszeichnen, was die Eingrenzung der für die Arbeit wichtigen Ausschnitte und deren Definition erforderlich machte. Um das Informationsmanagement adäquat abzubilden, wurde für dessen Beschreibung ein ganzheitliches Modell gewählt, welches neben operativen auch strategische Bereiche sowie den Managementprozess abbildet. Im Themengebiet M&A wurde der Fokus auf die Ziele und Motive, die zu einer Transaktion führen und die Möglichkeiten der Transaktionsgestaltung gelegt. Dabei hat sich gezeigt, dass die Zielsetzung und Rahmenbedingungen der jeweiligen Transaktion Auswirkungen auf die Bedeutung des IM haben.

Die Untersuchung des M&A-Prozesses und im Speziellen der Pre-Merger-Aktivitäten in Kapitel 3 zeigte die starken Interdependenzen zwischen den Phasen, Aktivitäten und Funktionsbereichen, die nicht isoliert voneinander sondern integrativ zu betrachten sind. Dies entspricht auch dem Anspruch der Arbeit das IM ganzheitlich in Bezug auf seine Wirkungen im gesamten M&A-Prozess zu betrachten und nicht nur auf die Post-Merger-Integration zu beschränken. Aus dieser Darstellung konnten die beiden Rollen M&A-Objekt und M&A-Instrument abgeleitet werden, die das IM im Rahmen des M&A-Prozesses einnehmen kann. Die Rollenbildung ist ein Strukturierungsansatz der Wirtschaftsinformatik und unterstützt die Untersuchung des IM im M&A-Kontext. Auf Basis dieser Rollenbildung konnte das IM sowohl als M&A-phasenspezifischer und -übergreifender Erfolgsfaktor identifiziert und charakterisiert werden. Ferner wurde aufgrund der Forschungsfrage ein differenzierter Erfolgsbegriff für die vorliegende Arbeit eingeführt und die Pre-Merger-Aktivitäten entsprechend eingeordnet. Durch die in Kapitel 3 gewählten Methoden und Vorgehensweisen wurde eine Systematisierung und Strukturierung des Forschungsfeldes ermöglicht, was die Handhabung der Komplexität unterstützt.

In Kapitel 4 wurde ein Ordnungsrahmen für ein strategiekonformes IM in der Pre-Merger-Phase entwickelt, der als zukunftsorientiertes, praxisnahes und anpassbares M&A-Managementinstrument dienen kann. Die Zielsetzung des Ordnungsrahmens besteht in der Strukturierung des Forschungsfeldes und soll Unternehmen ermöglichen ihre M&A-Transaktionen einzuordnen und das IM entsprechend zu gestalten.

Die Herausforderungen bei der Entwicklung dieses Ordnungsrahmens bestanden zunächst in der Bestimmung der für die Strategiekonformität des IM relevanten Dimensionen – auch aus Praxisperspektive – und der entsprechenden strategiekonformen Ausgestaltung des IM. Für die Bestimmung der Dimensionen wurde daher ein mehrstufiges Vorgehen konzipiert. Zunächst wurde aufgrund der in den Grundlagenkapiteln 2 und 3 erarbeiteten Kenntnisse ein konzeptioneller Bezugsrahmen für den Einfluss des IM auf den M&A-Erfolg abgeleitet. In der zweiten Stufe wurde auf Basis des konzeptionellen Bezugsrahmens eine empirische Untersuchung in Form von Experteninterviews durchgeführt. Die dritte Stufe bestand in der Verbindung der Erkenntnisse und der Ableitung der Dimensionen.

Die Experteninterviews eigneten sich aufgrund der Charakteristika des Forschungsfeldes und der Fragestellung als Erhebungsmethode von Praxiswissen. Im Rahmen der Erhebung wurden 13 Experten mit unterschiedlichem Hintergrund mit Hilfe eines Leitfadens interviewt. Durch den explorativ-systematisierenden Charakter der Untersuchung konnten neben den Erkenntnissen aus dem Bezugsrahmen weitere Kenntnisse und eine tiefe praxisorientierte Einsicht in das Forschungsfeld erlangt werden. Die sorgfältige und äußerst aufwendige Auswertung der Ergebnisse erlaubte in Kombination mit den Ergebnissen der ersten Stufe die Ableitung der Dimensionen Bedeutung des IM, Integrationsgrad und Komplexität für die Strategiekonformität des IM. Dieses Vorgehen der Ergebniskombination wurde auch für die Ausgestaltung des IM als M&A-Objekt und -Instrument in Kapitel 5 beibehalten.

Der zunächst zweidimensional dargestellte Ordnungsrahmen ermöglicht eine erste Einordnung der geplanten, opportunistischen oder zukünftigen M&A-Transaktionen in vier Ausprägungen anhand der Dimensionen starke bzw. niedrige Bedeutung des IM sowie starker bzw. niedriger Integrationsgrad. Ist diese Einordnung erfolgt und die Ausprägung bestimmt, kann in einem zweiten Schritt anhand der Einordnung in den dreidimensionalen Ordnungsrahmen die Ausgestaltung des IM insbesondere als M&A-Objekt konkretisiert und präzisiert werden. Insgesamt lassen sich acht Ausprägungen unterscheiden, die entsprechend charakterisiert werden.

Bei der Darstellung des Ordnungsrahmens zeigte sich eine weitere Herausforderung im Abstraktionsgrad der Modellierung. Während für die Zukunftsorientierung und Anpassbarkeit des Ordnungsrahmens eine möglichst abstrakte Modellierung im Sinne eines Musters sinnvoll erschien, schien eine möglichst konkrete Beschreibung für die Anwendbarkeit in der betrieblichen Praxis geeigneter. Aufgrund der Zielsetzung des Ordnungsrahmens das Forschungsfeld zu strukturieren, wurde bei der Modellierung ein höheres Abstraktionsniveau gewählt. Durch den Einfluss der empirischen Ergebnisse auf die Konzeption des Ordnungsrahmens und die inhaltliche Konkretisierung der Ausprägungen wird der Praxisbezug ebenfalls gewahrt.

Für die Darstellung der Ausgestaltung der Rollen des IM im M&A-Prozess in Kapitel 5 wurden zunächst die Ergebnisse der Experteninterviews vorgestellt und im Anschluss Möglichkeiten der Ausgestaltung aufgezeigt. Die Ausgestaltungsmöglichkeiten für das IM als M&A-Objekt wurden für Transaktionen mit hohem Komplexitätsgrad vorgenommen. Für die anderen Ausprägungen sind die Gestaltungsalternativen entsprechend anzupassen. Für das IM als M&A-Instrument wurden beispielhaft zwei Möglichkeiten der IM-Unterstützung zum einen für die Due Diligence und zum anderen für den gesamten M&A-Prozess aufgezeigt.

Auch in diesem Kapitel bestand die Herausforderung einen angemessenen Grad zwischen einer möglichst abstrakten oder konkreten Beschreibung der Gestaltungsmöglichkeiten zu finden. Durch die Kombination aus Methoden, Praxiswissen und Beispielen wurde ein Mittelweg gewählt, der die Möglichkeit bietet, die Gestaltungsalternativen individuell und transaktionsspezifisch anzupassen.

Insgesamt kann festgehalten werden, dass trotz der Unterschiedlichkeit der konkreten Transaktionen und der beteiligten Unternehmen zentrale Aspekte wie die Prüfung des IM im Rahmen der Due Diligence, die frühzeitige Einbindung von IT-Experten in den M&A-Prozess sowie die Relevanz des IM für die Erzielung von Synergien und die Verursachung von Integrationskosten von den Experten ähnlich eingestuft wurden. Die Schwerpunktsetzung und die Intensität mit der das IM im Rahmen des M&A-Prozesses zu berücksichtigen ist, muss allerdings den unternehmens- und transaktionsspezifischen Gegebenheiten entsprechend situationsadäquat angepasst werden.

Der Beitrag des IM zum M&A-Erfolg ist gegeben, wenn auch je nach Transaktion unterschiedlich stark. Eine ganzheitliche Berücksichtigung sowohl in der Pre- als auch in der Post-Merger-Phase und die intensive Auseinandersetzung mit den Rollen des IM als M&A-Objekt und -Instrument im Kontext eines Transaktionsvorhabens ist, aufgrund der Ergebnisse dieser Arbeit und des daraus ableitbaren Erfolgspotenzials des IM, unbedingt zu empfehlen. Der Praxiseinschätzung „In fact, I think you'll see the day when an acquisition is driven by the presence of a good IT organization that someone wants to get their hands on"[619] wird zugestimmt.

6.2 Ausblick

Die Strukturierung des Forschungsfeldes IM in der Pre-Merger-Phase in Form eines Ordnungsrahmens sowie die Erweiterung des Fokus des IM-M&A-Managements um die Rolle des IM als M&A-Instrument und deren Ausgestaltung kann als neuartig betrachtet werden. Die ganzheitliche Betrachtung der Themengebiete IM und M&A sowie die Entwicklung eines Ordnungsrahmens hierfür, der durch seine Eigenschaften Zukunftsorientierung, Praxisbezug und Anpassbarkeit als nachhaltiges Ergebnis interpretiert werden kann, erforderte eine abstrahierende und fokussierte Vorgehensweise. Dabei entstand neuer Forschungsbedarf, der die

[619] *Leibs* (1998), S. 32.

Konkretisierung einzelner Aspekte und neuartig aufgekommene Fragestellungen zum Gegenstand hat.

Der Beitrag des IM zum M&A-Erfolg und auch zum Unternehmenserfolg ist nur schwer quantifizierbar und wurde in der vorliegenden Arbeit qualitativ beschrieben. Die (empirische) Untersuchung des (auch quantitativen) Wertbeitrages des IM zum M&A-Erfolg bei unterschiedlicher Transaktionsgestaltung bedarf daher einer Konkretisierung. Dies beinhaltet auch die Berücksichtigung der Abhängigkeiten von anderen betrieblichen Funktionen. Auch eine empirische Überprüfung der Ergebnisse der M&A-Planung mit den tatsächlich realisierten Ergebnissen nach Abschluss der Transaktion würde einen Erkenntnisgewinn für die Gestaltung der Pre-Merger-Aktivitäten liefern.

Ferner besteht Bedarf die einzelnen Gegenstandsbereiche des IM wie beispielsweise Individualsoftware, Organisation und Mitarbeiter auf ihren Erfolgsbeitrag zu untersuchen und detaillierte Konzepte für ihre Ausgestaltung in der Pre- und Post-Merger-Phase auszuarbeiten. Dies gilt auch für die in der Arbeit vorgestellten Konzeptionen für eine BI-Lösung für die Due Diligence und für eine M&A-Wissensmanagement-Lösung. Hier besteht weiterer Forschungsbedarf hinsichtlich der Anforderungen an Systeme, die als M&A-Instrumente eingesetzt werden und deren Verknüpfung untereinander. Außerdem bedarf es einer Konkretisierung der vorgestellten Vorgehensweisen bei der Ausgestaltung der Pre-Merger-Aktivitäten im Hinblick auf das IM, beispielsweise einer IT Due Diligence-Konzeption, die die Größe des Zielunternehmens berücksichtigt.

Die durchgeführte empirische Untersuchung in Form von Experteninterviews ist durch weitere Erhebungen zu ergänzen. Neben qualitativen Forschungskonzeptionen sind auch quantitative z.B. in Form eines standardisierten Fragenkataloges denkbar. Die Erweiterung der empirischen Erkenntnisse trägt zur weiteren Durchdringung und Strukturierung des Forschungsfeldes bei, wirft neue Fragestellungen auf und entspricht dem ganzheitlichen Ansatz der Verbindung von Theorie und Praxis, der dieser Arbeit zugrunde liegt.

Die befragten Experten sehen weiteren Forschungsbedarf in der Untersuchung von Embedded Systems bei M&A, der Rolle von CRM-Systemen, der Nutzbarmachung von externem Wissen für das Management, der Implementierung von

Anreizsystemen für die Mitarbeiter sowie der Unternehmenskommunikation speziell für IT-Mitarbeiter. Auch die Gestaltung des IM in der Pre-Merger-Phase bei M&A, bei denen das Zielunternehmen in Teilen weiterverkauft werden soll oder bei grenzüberschreitenden Transaktionen stellen forschungsbedürftige Themenbereiche dar.

Als eine neue Fragestellung in diesem Kontext kann der Zusammenhang zwischen dem Informationsmanagement und der Unternehmenskultur betrachtet werden. Inwiefern das IM die Unternehmenskultur beeinflussen kann und inwieweit vom IT-Einsatz bzw. der IT-Ausstattung auf die Unternehmenskultur geschlossen werden kann, sind Fragestellungen, die weiterer Forschungsanstrengungen bedürfen. Auch die Frage nach dem Umgang mit opportunistischem Verhalten der IT-Mitarbeiter, wenn es um die objektive Beurteilung der eigenen Systeme geht, stellt ein Forschungsfeld dar.

ANHANG

„Informationsmanagement ist die wirtschaftliche (effiziente) Planung, Beschaffung, Verarbeitung, Distribution und Allokation von Informationen als Ressource zur Vorbereitung und Unterstützung von Entscheidungen (Entscheidungsprozessen) sowie die Gestaltung der dazu erforderlichen Rahmenbedingungen."[620]
„Informationsmanagement (IM) bedeutet Analysieren, Bewerten, Gestalten, Steuern der Informationen, Informationsstrukturen und Informationsflüsse in einem Unternehmen derart, daß die gesetzten Unternehmensziele möglichst optimal erreicht werden."[621]
„Das Ziel des IM ist es, den im Hinblick auf die Unternehmensziele bestmöglichen Einsatz der Ressource Information zu gewährleisten. IM ist sowohl Management- wie Technikdisziplin und gehört zu den elementaren Bestandteilen der Unternehmensführung."[622]
„Mit dem Konstrukt Informationsmanagement ist also das auf Information und Kommunikation bezogene Leitungshandeln (das Management) in einer Organisation gemeint, folglich alle Führungsaufgaben, die sich mit Information und Kommunikation befassen."[623]
„Unter dem Begriff Informationsmanagement wird alles zusammengefasst, was mit der Führung der Ressource Information zusammenhängt: also das strategische und operationelle Management 1.) der Information selbst, 2.) des Lebenszyklus' von Informationssystemen und 3.) der Informatik-Ressourcen (das Informatikmanagement)."[624]
„Consequently, information management (IM) should be seen as the conscious process by which information is gathered and used to assist in decision making at all levels of an organization."[625]
"Die Disziplin, die sich mit Entwurf, Entwicklung und Einsatz von Informations- und Kommunikationssystemen zur Erreichung der Unternehmensziele beschäftigt, heißt Informationsmanagement. Die Aufgaben des Informationsmanagements bestehen in der Planung, Steuerung und Überwachung der Ressource Information mit dem Ziel der Problemlösung und ihrer Umsetzung in betriebliche Anwendungsbereiche auf strategischer, taktischer und operativer Ebene."[626]

Anhang 1: Ausgewählte Begriffserklärungen Informationsmanagement

[620] *Voß/Gutenschwager* (2001), S. 70.
[621] *Fickenscher/Hanke/Kollmann* (1991), S. 15.
[622] *Krcmar* (2010), S. 52.
[623] *Heinrich/Stelzer* (2011), S. 2. (Im Original z.T. hervorgehoben.)
[624] *Schönsleben* (2001), S. 24. (Im Original z.T. kursiv.)
[625] *Hinton* (2006), S. 2.
[626] *Schmidt* (1999), S. 7. (Hervorhebungen im Original.)

Unternehmensebene	Einsatzgebiet
Strategische Ebene • Erfolgsfaktorenanalyse • Kennzahlensysteme • Wirtschaftlichkeitsanalyse • Nutzwertanalyse • Evaluierungsmethoden • Vorgehensmodelle	Strategiefindung • Szenario-Technik • Wertkettenanalyse • Methode der kritischen Erfolgsfaktoren • Portfolio-Technik
Administrative Ebene • Informationsbedarfsanalyse • Methoden des Geschäftsprozess-managements • Methoden des Wissensmanagements • Kosten- und Leistungsrechnung • Sicherheitskonzepte • Methoden des Qualitätsmanage-ments • Serviceebenenvereinbarungen	Ist-Analyse • Interview • Fragebogen • Dokumentenanalyse • Mitarbeitergespräch • Beobachtung • Selbstaufschreibung • Schätzung • Datenflussplan • Struktogramm
Operative Ebene	Controlling • Kennzahlensysteme • Balanced Scorecard
	Wirtschaftlichkeit • Nutzenanalyse • Nutzwertanalyse • Analogiemethode • Function-Point-Methode • Relationsmethode

Anhang 2: Systematisierung der Methoden des Informationsmanagements[627]

[627] In Anlehnung an *Heinrich/Stelzer* (2011), Kapitel D und E; *Biethahn/Mucksch/Ruf* (2004), Kapitel 6.

	Qualitative Forschung	Quantitative Forschung
Theorie	als Endpunkt, soll entwickelt werden	als Ausgangspunkt, soll überprüft werden
Fallauswahl	gezielt nach theoretischer Ergiebigkeit des Falles	an (statistischer) Repräsentativität orientiert, im Idealfall eine Zufallsauswahl
Datenerhebung	offen	standardisiert
Datenauswertung	interpretierend	statistisch
Verallgemeinerung	im theoretischen Sinn	im statistischen Sinn auf die Grundgesamtheit

Anhang 3: Unterschiede zwischen qualitativer und quantitativer Forschung[628]

[628] In Anlehnung an *Flick* (2009), S. 26.

Gesprächsleitfaden Experteninterviews

Vorstellung des Forschungsprojekts, Begriffsabstimmung, Fragen

Themenfeld 1: Informationen zur Person und M&A bzw. IM-Erfahrung

1.1 Kurze Beschreibung Ihrer Laufbahn:

1.1.1 Was sind Ihre Tätigkeitsschwerpunkte?

1.1.2 Welcher Branche ordnen Sie Ihr Unternehmen zu?

1.2 Transaktionserfahrung:

1.2.1 An wie vielen Transaktionen waren Sie bislang beteiligt? Welche Art von Transaktionen?

1.2.2 In welcher Position waren Sie an den Transaktionen beteiligt?

1.2.3 Gab es eine eigene M&A-Abteilung für die Organisation der M&A-Projekte?

1.2.4 Wurden die übernommenen Unternehmen integriert?

1.3 Über welche Erfahrungen verfügen Sie im IM/IT-Bereich?

Themenfeld 2: Informationsmanagement im Unternehmen und bei M&A

Bedeutung, relevante Themengebiete, Rolle des Informationsmanagements bei M&A, Unterstützung durch/Einsatz von Anwendungssystemen

2.1 Bedeutung:

2.1.1 Welche Bedeutung kommt dem IM in Ihrer Branche zu?

2.1.2 Welche Bedeutung kommt dem IM in Ihrem Unternehmen zu?

2.1.3 Besteht in Ihrem Unternehmen eine eigene IT-Abteilung?

2.1.4 Welche Bedeutung kam dem IM bei Ihren bisherigen M&A-Transaktionen zu?

2.1.5 Welche Faktoren beeinflussen Ihrer Erfahrung nach die Bedeutung des IM bei M&A-Transaktionen? Wie stark ist der Einfluss?

2.1.6 Wird die Bedeutung des IM bei der Durchführung von M&A-Transaktionen aus Ihrer Sicht von den Verantwortlichen richtig eingeschätzt?

2.1.7 War die IT in einem Ihrer bisherigen Projekte Auslöser für eine M&A-Transaktion?

2.2 Welche Bereiche des IM spielen bei M&A eine Rolle?

2.3 Steht aus Ihrer Erfahrung bei M&A-Transaktionen die Unterstützung durch das IM oder das IM als Gegenstand des M&A-Prozesses im Vordergrund?

2.4 Werden im Rahmen der Transaktion Anwendungssysteme zur Unterstützung eingesetzt? Welche Systeme werden eingesetzt?

Themenfeld 3: Informationsmanagement in der Pre-Merger-Phase

Berücksichtigung des IM in der Pre-Merger-Phase, Relevanz der Ergebnisse der Pre-Merger-Phase für den Transaktionserfolg, Einfluss des IM auf diese Ergebnisse der Pre-Merger-Phase, Einsatz von Anwendungssystemen

3.1 Berücksichtigung des IM in der Pre-Merger-Phase:

3.1.1 Welche Aktivitäten werden in Ihrem Unternehmen in der Pre-Merger-Phase unterschieden?

3.1.2 Wann und in welcher Form wurde das IM im Transaktionsablauf berücksichtigt? Halten Sie eine Berücksichtigung des IM vor Vertragsabschluss für sinnvoll?

3.1.3 Von welchen Faktoren ist die Berücksichtigung des IM in der Pre-Merger-Phase Ihrer Meinung nach abhängig?

3.1.4 IM und Strategiebildung:

3.1.4.1 In welcher Form unterstützt das IM die Strategiebildung?

3.1.4.2 Werden hierfür Anwendungssysteme eingesetzt? Welche?

3.1.5 IM und Formulierung des Anforderungsprofils sowie Auswahl eines passenden Zielunternehmens:

3.1.5.1 Wird ein IT-Anforderungsprofil für das Zielunternehmen erstellt?

3.1.5.2 Sollte ein geeignetes Zielunternehmen einem IT-Check unterzogen werden?

3.1.5.3 Werden in diesem Bereich Anwendungssysteme zur Unterstützung eingesetzt?

3.1.6 IM und Due Diligence:

3.1.6.1 Inwiefern wird das IM bei der Due Diligence-Prüfung berücksichtigt? Wird eine eigene IT Due Diligence-Prüfung durchgeführt?

3.1.6.2 Welche Aspekte stehen bei der IT Due Diligence im Mittelpunkt?

3.1.6.3 Werden auch Usability-Aspekte berücksichtigt?

3.1.6.4 Verändert sich Ihrer Erfahrung nach die Entscheidung über den angestrebten Integrationsgrad aufgrund der während der Due Diligence erhobenen Informationen?

3.1.6.5 Wird die Durchführung der Due Diligence durch den Einsatz von Anwendungssystemen unterstützt? Sehen Sie Bedarf für eine Unterstützung?

3.1.7 IM und Kaufpreisermittlung sowie Identifizierung Deal Breaker:

3.1.7.1 Wie schätzen Sie die Berücksichtigung des Ist-Zustands des IM beim Zielunternehmen bei der Ermittlung des Kaufpreises ein?

3.1.7.2 Werden die durch das IM erreichbaren Synergien bzw. Dissynergien im Kaufpreis berücksichtigt? Wie werden diese ermittelt? Wer ermittelt diese?

3.1.7.3 Werden die IT-Integrationskosten im Kaufpreis berücksichtigt? Wie werden diese ermittelt? Wer ermittelt diese?

3.1.7.4 Sind Sie der Meinung, dass der Zustand des IM des Zielunternehmens Rückschlüsse auf die herrschende Unternehmenskultur und/oder den Reifegrad des Zielunternehmens zulässt?

3.1.7.5 Unter welchen Umständen kann Ihrer Meinung nach die IT zum Deal Breaker werden?

3.1.8 IM und Vorbereitung der Integration:

3.1.8.1 Inwiefern unterstützt das IM die Integrationsplanung?

3.1.8.2 Wie schätzen Sie die Annahme ein, dass je besser das IM in der Pre-Merger-Phase beachtet wird, desto besser die Integration verläuft?

3.1.8.3 Werden für die Vorbereitung der Integration Anwendungssysteme eingesetzt?

3.2 Welches sind aus Ihrer Erfahrung die wichtigsten Ergebnisse der Pre-Merger-Phase im Hinblick auf den Transaktionserfolg und welche Bedeutung messen Sie dem IM für die Erreichung dieser Ziele bei?

Themenfeld 4: Informationsmanagement und M&A-Erfolg

Stellenwert des IM für eine erfolgreiche M&A-Transaktion, Potenziale des IM bei M&A, Abstimmung zwischen M&A-Strategie und IM

4.1 Wie schätzen Sie die Erfolgsaussichten von M&A-Transaktionen ein?

4.2 Welches sind Ihrer Meinung nach die kritischen Erfolgsfaktoren?

4.3 Welchen Stellenwert messen Sie dem IM für eine erfolgreiche M&A-Transaktion bei?

4.4 Kann Ihrer Meinung nach die Berücksichtigung des IM in der Pre-Merger-Phase den Erfolg der Post-Merger-Phase beeinflussen?

4.5 Wo sehen Sie Stärken bzw. Schwächen bei der Berücksichtigung des IM im M&A-Prozess?

4.6 Gibt es aus Ihrer Sicht unausgeschöpfte Potenziale des IM im M&A-Prozess?

4.7 Inwiefern findet eine Abstimmung des IM mit der M&A-Strategie statt? Kann dies den Transaktionserfolg beeinflussen?
Gibt es weitere Aspekte, die Ihnen wichtig sind?
Vielen Dank für das Gespräch, Interesse an Ergebnissen

Anhang 4: Leitfaden Experteninterview[629]

[629] Eigene Darstellung.

LITERATURVERZEICHNIS

Alpar, Paul/Grob, Heinz Lothar/Weimann, Peter/Winter, Robert (2008), Anwendungsorientierte Wirtschaftsinformatik. Strategische Planung, Entwicklung und Nutzung von Informations- und Kommunikationssystemen, 5. Aufl., Wiesbaden.

Andreas, Friedhold E. (2010), Due Diligence im Unternehmenskauf, in: *Beisel, Daniel/Andreas, Friedhold E.* (Hrsg.), Beck'sches Mandatshandbuch Due Diligence, 2. Aufl., München, S. 12–26.

Andreas, Friedhold E. (2010), Organisation einer Due Diligence, in: *Beisel, Daniel/Andreas, Friedhold E.* (Hrsg.), Beck'sches Mandatshandbuch Due Diligence, 2. Aufl., München, S. 93–103.

Atteslander, Peter/Cromm, Jürgen (2010), Methoden der empirischen Sozialforschung, 13. Aufl., Berlin.

Bange, Carsten (2006), Werkzeuge für analytische Informationssysteme, in: *Chamoni, Peter/Gluchowski, Peter* (Hrsg.), Analytische Informationssysteme. Data Warehouse, On-Line Analytical Processing, Data Mining, 3. Aufl., Berlin.

Baublits, Trey/Lee, Hae-Joon/Stanis, Grant/Sundberg, Barrett/Tan, Zheng-Da/ Tanriverdi, Huseyin (2006), A Framework for Conducting IT Due Diligence in Mergers and Acquisitions, in: ISACA Journal Online.

Bauch, Clea (2004), Planung und Steuerung der Post Merger-Integration, 1. Aufl., Wiesbaden.

Baumüller, Martin/Wirth, Thomas (2010), Serienakquisitionen als strategischer Hebel zur Steigerung des Unternehmenswerts, in: *Müller-Stewens, Günter/ Kunisch, Sven/Binder, Andreas* (Hrsg.), Mergers & Acquisitions. Analysen, Trends und Best Practices, Stuttgart, S. 421–431.

Becker, Ulrich (2010), Planung und Vorbereitung als Erfolgsfaktoren für M&A, in: *Müller-Stewens, Günter/Kunisch, Sven/Binder, Andreas* (Hrsg.), Mergers & Acquisitions. Analysen, Trends und Best Practices, Stuttgart, S. 231–241.

Beisel, Daniel (2010), Grundlagen, in: *Beisel, Daniel/Andreas, Friedhold E.* (Hrsg.), Beck'sches Mandatshandbuch Due Diligence, 2. Aufl., München, S. 1–11.

Beisel, Daniel (2010), Haftung des Vorstands im Spannungsfeld zwischen Offenlegung und Vertraulichkeit, in: *Beisel, Daniel/Andreas, Friedhold E.* (Hrsg.), Beck'sches Mandatshandbuch Due Diligence, 2. Aufl., München, S. 71–92.

Belian, Michael (2009), Due Diligence Prüfung bei Unternehmenstransaktionen. Kritische, konzeptionelle Reflexion, Analyse und Möglichkeiten zur Fortentwicklung, Hamburg.

Berens, Wolfgang/Hoffjan, Andreas/Strauch, Joachim (2008), Planung und Durchführung der Due Diligence, in: *Berens, Wolfgang* (Hrsg.), Due Diligence bei Unternehmensakquisitionen, 5. Aufl., Stuttgart, S. 113–162.

Berens, Wolfgang/Mertes, Martin/Strauch, Joachim (2008), Unternehmensakquisitionen, in: *Berens, Wolfgang* (Hrsg.), Due Diligence bei Unternehmensakquisitionen, 5. Aufl., Stuttgart, S. 23–69.

Berens, Wolfgang/Schmitting, Walter/Strauch, Joachim (2008), Funktionen, Terminierung und rechtliche Einordnung der Due Diligence, in: *Berens, Wolfgang* (Hrsg.), Due Diligence bei Unternehmensakquisitionen, 5. Aufl., Stuttgart, S. 71–112.

Berens, Wolfgang/Strauch, Joachim (2008), Herkunft und Inhalt des Begriffes Due Diligence, in: *Berens, Wolfgang* (Hrsg.), Due Diligence bei Unternehmensakquisitionen, 5. Aufl., Stuttgart, S. 3–22.

Berens, Wolfgang/Strauch, Joachim/Behrens, Thorsten (2002), Due Diligence bei Unternehmensakquisitionen - eine empirische Untersuchung, Frankfurt am Main.

Berensmann, Dirk/Spang, Stefan (1998), IT-Integration nach Unternehmenszusammenschlüssen - eine Herausforderung auch an das Topmanagement, in: IM Information Management & Consulting, Vol. 13, S. 35–42.

Biethahn, Jörg/Mucksch, Harry/Ruf, Walter (2004), Ganzheitliches Informationsmanagement: Band 1 Grundlagen, 6. Aufl., München.

Binder, Peter M./Lanz, Rudolf (1993), Due-Diligence: Systematisches und professionelles Instrument für erfolgreichere Firmen-Akquisitionen, in: INDEX, S. 15–20.

Bogner, Alexander/Menz, Wolfgang (2009), Das theoriegenerierende Experteninterview. Erkenntnisinteresse, Wissensformen, Interaktion, in: *Bogner, Alexander/ Littig, Beate/Menz, Wolfgang* (Hrsg.), Experteninterviews. Theorien, Methoden, Anwendungsfelder, 3. Aufl., Wiesbaden, S. 61–98.

Brücher, Heide (2004), Leitfaden Wissensmanagement. Von der Anforderungsanalyse bis zur Einführung, Zürich.

Brüsemeister, Thomas (2008), Qualitative Forschung. Ein Überblick, 2. Aufl., Wiesbaden.

Bubik, Michael (2005), Erfolgskriterien für Unternehmenszusammenschlüsse. Eine theoretische und exemplarische Analyse, 1. Aufl., Frankfurt am Main.

Christmann, Gabriela B. (2009), Telefonische Experteninterviews - ein schwieriges Unterfangen, in: *Bogner, Alexander/Littig, Beate/Menz, Wolfgang* (Hrsg.), Experteninterviews. Theorien, Methoden, Anwendungsfelder, 3. Aufl., Wiesbaden, S. 197–222.

Clever, Holger (1993a), Fusionen erfolgreich gestalten - Prozess eines erfolgreichen Post-Merger-Management, in: *Frank, Gert-M./Stein, Ingo* (Hrsg.), Management von Unternehmensakquisitionen, Stuttgart, S. 121–132.

Clever, Holger (1993b), Post-Merger-Management, Stuttgart.

Deloitte (2008), Segel setzen – IT M&A in Deutschland. Strategien für ein erfolgreiches IT-Management.

Eberl, Stephan (2009), Der M&A-Prozess: Struktur, Rationalitätsdefizite und die Rolle des Controllings, in: Zeitschrift für Controlling & Management, S. 80–87.

Ernst and Young (2006), Handeln wider besseres Wissen.

Eulerich, Marc (2009), Strategische Planung, Steuerung und Kontrolle von Mergers & Acquisitions: M&A Controlling, M&A-Risikomanagement, Praxiswissen, Frankfurt am Main.

Ferstl, Otto K./Sinz, Elmar J. (2008), Grundlagen der Wirtschaftsinformatik, 6. Aufl., München.

Fickenscher, Helmut/Hanke, Peter/Kollmann, Karl-Heinz (1991), Zielorientiertes Informationsmanagement. Ein Leitfaden zum Einsatz und Nutzen des Produktionsfaktors Information, 2. Aufl., Braunschweig.

Fink, Andreas/Schneidereit, Gabriele/Voß, Stefan (2005), Grundlagen der Wirtschaftsinformatik, Heidelberg.

Fischer, Lars-Johann (2008), Wertorientiertes Kundenmanagement bei M&A-Transaktionen, 1. Aufl., Lohmar.

Flick, Uwe (2009), Sozialforschung. Methoden und Anwendungen; ein Überblick für die BA-Studiengänge, Reinbek bei Hamburg.

Frank, Gert-M. (1993), Rahmenbedingungen von Unternehmensübernahmen in Deutschland, Stuttgart.

Frankenberger, Sebastian/Kappler, Florian/Müller-Stewens, Günter (2006), Organisationsentwicklung in M&A-Prozessen, in: Gruppendynamik und Organisationsberatung, Vol. 37, S. 67–78.

Freitag, Andreas/Matthes, Florian/Schulz, Christopher (2011), M&A driven IT transformation, in: *Bernstein, Abraham/Schwabe, Gerhard* (Hrsg.), Proceedings of the 10th International Conference on Wirtschaftsinformatik WI 2.011. Vol. 1, S. 508–517.

Gerpott, Torsten J. (1993), Integrationsgestaltung und Erfolg von Unternehmensakquisitionen, Stuttgart.

Gläser, Jochen/Laudel, Grit (2010), Experteninterviews und qualitative Inhaltsanalyse als Instrumente rekonstruierender Untersuchungen, 4. Aufl., Wiesbaden.

Glaum, Martin/Hutzschenreuter, Thomas (2010), Mergers & Acquisitions. Management des externen Unternehmenswachstums, Stuttgart.

Glaum, Martin/Lindemann, Jens/Friedrich, Nico (2006), Erfolg von Mergers and Acquisitions, in: *Wirtz, Bernd W.* (Hrsg.), Handbuch Mergers & Acquisitions Management, 1. Aufl., Wiesbaden, S. 287–316.

Gluchowski, Peter/Gabriel, Roland/Dittmar, Carsten (2008), Management-Support-Systeme und Business Intelligence. Computergestützte Informationssysteme für Fach- und Führungskräfte, 2. Aufl., Berlin; Heidelberg.

Gluchowski, Peter/Kemper, Hans-Georg (2006), Quo Vadis Business Intelligence? Aktuelle Konzepte und Entwicklungstrends, in: BI-Spektrum, S. 12–19.

Gomez, Peter/Weber, Bruno (1989), Akquisitionsstrategie. Wertsteigerung durch Übernahme von Unternehmungen, Stuttgart.

Griese, Joachim (1990), Ziele und Aufgaben des Informationsmanagements, in: *Kurbel, Karl/Strunz, Horst* (Hrsg.), Handbuch Wirtschaftsinformatik, Stuttgart, S. 641–657.

Grohmann, Otto (2007), Integration der Informationstechnologie im Rahmen des Post-Merger-Managements mittelständischer Industrieunternehmen, Kassel.

Gronau, Norbert (Hrsg.) (2009), Anwendungen und Systeme für das Wissensmanagement. Ein aktueller Überblick, 3. Aufl., Berlin.

Gursch, Jennifer/Seiz, Sandra (2012), M&A-Wissen aktiv managen, in: Wirtschaftsinformatik & Management, S. 58–64.

Handschuh, Martin/Buchta, Dirk (2000), Schnelle und erfolgreiche Umsetzung der IT-Post-Merger-Integration, in: IM Information Management & Consulting, S. 29–33.

Harvey, Michael G./Lusch, Robert F. (1995), Expanding the nature and scope of Due Diligence, in: Journal of Business Venturing, Vol. 10, S. 5–21.

Hasler Roumois, Ursula (2007), Studienbuch Wissensmanagement. Grundlagen der Wissensarbeit in Wirtschafts-, Non-Profit- und Public-Organisationen, Zürich.

Haspeslagh, Philippe C./Jemison, David B. (1992), Akquisitionsmanagement. Wertschöpfung durch strategische Neuausrichtung des Unternehmens, Frankfurt.

Heinrich, Lutz J./Heinzl, Armin/Roithmayr, Friedrich (2007), Wirtschaftsinformatik. Einführung und Grundlegung, 3. Aufl., München.

Heinrich, Lutz J./Heinzl, Armin/Roithmayr, Friedrich (Hrsg.) (2004), Wirtschaftsinformatik-Lexikon, 7. Aufl., München.

Heinrich, Lutz J./Lehner, Franz (2005), Informationsmanagement. Planung, Überwachung und Steuerung der Informationsinfrastruktur, 8. Aufl., München.

Heinrich, Lutz J./Stelzer, Dirk (2009), Informationsmanagement. Grundlagen, Aufgaben, Methoden, 9. Aufl., München.

Heinrich, Lutz J./Stelzer, Dirk (2011), Informationsmanagement. Grundlagen, Aufgaben, Methoden, 10. Aufl., München.

Helfferich, Cornelia (2009), Die Qualität qualitativer Daten. Manual für die Durchführung qualitativer Interviews, 3. Aufl., Wiesbaden.

Herold, Jan Timo (2003), Neuausrichtung der Informationsverarbeitung bei Unternehmensakquisitionen. Eine strategische Controllingkonzeption, Aachen.

Hinton, Matthew (Hrsg.) (2006), Introducing information management: the business approach, Amsterdam.

Hofmann, Erik (2005), Realisierung von Synergien und Vermeidung von Dyssynergien. Eine zentrale Herausforderung für das Pre und Post Merger Controlling, in: Controlling, S. 483–489.

Hornke, Matthias/Menke, Jan-Philipp (2008), Brückenschlag zwischen IT-Due-Diligence und IT-Post-Merger-Integration, in: Controlling, S. 89–96.

Hornung, Friedrich A. (1998), Integrationsmanagement. Die Integration von Banken im M&A-Prozess unter besonderer Berücksichtigung der Behandlung von Dissynergien, Bern.

Howson, Peter (2003), Due Diligence. The Critical Stage in Mergers and Acquisitions, Aldershot.

Hungenberg, Harald (2008), Strategisches Management in Unternehmen. Ziele - Prozesse - Verfahren, 5. Aufl., Wiesbaden.

Hungenberg, Harald (2011), Strategisches Management in Unternehmen. Ziele - Prozesse - Verfahren, 6. Aufl., Wiesbaden.

Jacob, Jürgen (2011), Externe Unternehmensnachfolge im IT-Zeitalter: Prozessbeschleunigung und Kostenersparnis durch IT unterstützen M&A-Prozess, in: M&A Review, S. 63–66.

Jansen, Stephan A. (2004), Management von Unternehmenszusammenschlüssen. Theorien, Thesen, Tests und Tools, Stuttgart.

Jansen, Stephan A. (2008), Mergers & Acquisitions: Unternehmensakquisitionen und -kooperationen. Eine strategische, organisatorische und kapitalmarkttheoretische Einführung, Wiesbaden.

Jungblut, Eric (2003), Due Diligence. Die wichtigsten Instrumente und Werkzeuge für die Analyse mittelständischer Unternehmen, Freiburg.

Kemper, Hans-Georg/Baars, Henning (2006), Business Intelligence und Competitive Intelligence. IT-basierte Managementunterstützung und markt-/wettbewerbsorientierte Anwendungen, in: HMD - Praxis der Wirtschaftsinformatik, Vol. 43, S. 7–20.

Kemper, Hans-Georg/Janke, Alexander (2002), Wissensmanagement: Die wertvolle Ressource effizient managen, in: Computer + Personal, S. 45–48.

Kemper, Hans-Georg/Mehanna, Walid/Unger, Carsten (2010), Business Intelligence. Grundlagen und praktische Anwendungen: Eine Einführung in die IT-basierte Managementunterstützung, 3. Aufl., Wiesbaden.

Knowledgeleader (2008), IT Due Diligence Checklist. Small Company, www.knowledgeleader.com (06.12.2012).

Koch, Alfred/Menke, Jan-Philipp (2008), IT Due Diligence, in: *Berens, Wolfgang* (Hrsg.), Due Diligence bei Unternehmensakquisitionen, 5. Aufl., Stuttgart, S. 599–630.

Krcmar, Helmut (2010), Informationsmanagement, 5. Aufl., Berlin; Heidelberg.

Krcmar, Helmut (2011), Einführung in das Informationsmanagement, Berlin; Heidelberg.

Kromer, Gerald (2001), Integration der Informationsverarbeitung in Mergers & Acquisitions. Eine empirische Untersuchung, Lohmar.

Kromer, Gerald/Stucky, Wolffried (2002), Die Integration von Informationsverarbeitungsressourcen im Rahmen von Mergers and Acquisitions, in: Wirtschaftsinformatik, Vol. 44, S. 523–533.

Krüger, Horst (2000), Due Diligence als professioneller Standard bei M&A-Projekten, in: *Picot, Arnold/Nordmeyer, Andreas/Pribilla, Peter* (Hrsg.), Management von Akquisitionen. Akquisitionsplanung und Integrationsmanagement; Kongress-Dokumentation; 53. Deutscher Betriebswirtschafter-Tag 1999, Stuttgart, S. 153–159.

Krüger, Wilfried/Pfeiffer, Peter (1987), Strategisches Management von Informationen. Formulierung und organisatorische Umsetzung der Informationsstrategie, in: Office Management, S. 28–34.

Lauritzen, Stefan (2000), IT-Integration nach Mergers & Acquisitions, in: IM Information Management & Consulting, S. 19–23.

Lehner, Franz (2012), Wissensmanagement. Grundlagen, Methoden und technische Unterstützung, 4. Aufl., München.

Lehner, Franz/Wildner, Stephan/Scholz, Michael (2007), Wirtschaftsinformatik. Eine Einführung, München.

Leibs, Scott (1998), Putting IT together, in: Industry Week, Vol. 247, S. 26–32.

Liebold, Renate/Trinczek, Rainer (2009), Experteninterview, in: *Kühl, Stefan/Strodtholz, Petra/Taffertshofer, Andreas* (Hrsg.), Handbuch Methoden der Organisationsforschung. Quantitative und Qualitative Methoden, 1. Aufl., Wiesbaden, S. 33–56.

Lucks, Kai (2002), M&A: Nur systematisches Vorgehen bringt Erfolg, in: Harvard Business Manager, S. 44–53.

Lucks, Kai/Meckl, Reinhard (2002), Internationale Mergers & Acquisitions. Der prozessorientierte Ansatz, Berlin.

Macharzina, Klaus/Wolf, Joachim (2010), Unternehmensführung. Das internationale Managementwissen. Konzepte, Methoden, Praxis, 7. Aufl., Wiesbaden.

Märkisch, Carsten (2008), IT-Integration bei M&A-Projekten. Der prozessorientierte Ansatz, 1. Aufl., Lohmar.

Mayer, Horst Otto (2008), Interview und schriftliche Befragung. Entwicklung, Durchführung und Auswertung, 4. Aufl., München.

Mayring, Philipp (2010), Qualitative Inhaltsanalyse. Grundlagen und Techniken, 11. Aufl., Weinheim.

McFarlan, Warren F./McKenney, James L./Pyburn, Philip (1983), The information archipelago - plotting a course, in: Harvard Business Review, Vol. 61, S. 145–156.

Mehta, Manjari/Hirschheim, Rudy (2007), Strategic Alignment In Mergers And Acquisitions: Theorizing IS Integration Decision Making, in: Journal of the Association for Information Systems, Vol. 8, S. 143–174.

Meier, Andreas/Spang, Stefan (2000), Merger Readiness als Erfolgsfaktor in der New Economy, in: Information Management & Consulting, Vol. 15, S. 7–11.

Menke, Jan-Philipp (2008), Wert- und risikoorientierte IT Due Diligence, Dissertation, Münster.

Menz, Markus/Menges, Jochen/Ebersbach, Lydia (2007), Mergers & Acquisitions - Von der Strategie zur Integration, in: *Menz, Markus/Ebersbach, Lydia/ Menges, Jochen* (Hrsg.), Mergers & Acquisitions. Von der Strategie zur Integration; Tagungsband zum 5. DocNet Management Symposium, 1. Aufl., Bern, S. 11–26.

Mertens, Peter (2009), Integrierte Informationsverarbeitung 1: Operative Systeme in der Industrie, 17. Aufl., Wiesbaden.

Mertens, Peter/Bodendorf, Freimut/König, Wolfgang/Picot, Arnold/Schumann, Matthias/Hess, Thomas (2012), Grundzüge der Wirtschaftsinformatik, 11. Aufl., Berlin, Heidelberg.

Meuser, Michael/Nagel, Ulrike (1991), ExpertInneninterviews - vielfach erprobt, wenig bedacht. Ein Beitrag zur qualitativen Methodendiskussion, in: *Garz, Detlef/ Kraimer, Klaus* (Hrsg.), Qualitativ-empirische Sozialforschung: Konzepte, Methoden, Analysen, S. 441–471.

Meuser, Michael/Nagel, Ulrike (2009), Experteninterview und der Wandel der Wissensproduktion, in: *Bogner, Alexander/Littig, Beate/Menz, Wolfgang* (Hrsg.), Experteninterviews. Theorien, Methoden, Anwendungsfelder, 3. Aufl., Wiesbaden, S. 35–60.

Middelhoff, Dirk (2007), Verwendung von digitalen Datenräumen im Rahmen der Due Diligence, in: M&A Review, S. 278–282.

Middelmann, Ulrich (2000), Organisation von Akquisitionsprojekten, in: *Picot, Arnold/Nordmeyer, Andreas/Pribilla, Peter* (Hrsg.), Management von Akquisitionen. Akquisitionsplanung und Integrationsmanagement; Kongress-Dokumentation; 53. Deutscher Betriebswirtschafter-Tag 1999, Stuttgart, S. 105–120.

Mieg, Harald A./Näf, Matthias (2006), Experteninterviews in den Umwelt- und Planungswissenschaften. Eine Einführung und Anleitung, Lengerich.

Miklitz, Thomas (2010), IT-Integration bei Mergers & Acquisitions. Empirische Untersuchung der Integrationsstrategien und Entwicklung eines Entscheidungsunterstützungssystems, Hamburg.

Mohr, Hans (1999), Wissen - Prinzip und Ressource, Berlin.

Müller-Stewens, Günter (2010), M&A als Wellen-Phänomen: Analyse und Erklärungsansatz, in: *Müller-Stewens, Günter/Kunisch, Sven/Binder, Andreas* (Hrsg.), Mergers & Acquisitions. Analysen, Trends und Best Practices, Stuttgart, S. 14–44.

Müller-Stewens, Günter (2010), Mergers & Acquisitions: Eine Einführung, in: *Müller-Stewens, Günter/Kunisch, Sven/Binder, Andreas* (Hrsg.), Mergers & Acquisitions. Analysen, Trends und Best Practices, Stuttgart, S. 3–13.

Navrade, Frank (2008), Strategische Planung mit Data-Warehouse-Systemen, Wiesbaden.

Neumann, Andreas (1994), Fusionen und fusionsähnliche Unternehmenszusammenschlüsse - unter besonderer Berücksichtigung finanzieller Aspekte, Bern.

Nolan, Richard/McFarlan, Warren F. (2006), Wie Sie Ihre IT-Strategie richtig überwachen, in: Harvard Business Manager, S. 66–87.

Pausenberger, Ehrenfried (1989), Zur Systematik von Unternehmenszusammenschlüssen, in: Das Wirtschaftsstudium, S. 621–626.

Penzel, Hans-Gert/Pietig, Christian (Hrsg.) (2000), MergerGuide. Handbuch für die Integration von Banken, 1. Aufl., Wiesbaden.

Petersen, Jens/Zesch, Werner (2001), Knowledge Management im Integrationsprozess, in: M&A Review, S. 260–266.

Picot, Gerhard (2008), Wirtschaftliche und wirtschaftsrechtliche Aspekte bei der Planung der Mergers & Acquisitions, in: *Picot, Gerhard/Bäzner, Bernd* (Hrsg.), Handbuch Mergers & Acquisitions. Planung, Durchführung, Integration, 4. Aufl., Stuttgart, S. 2–47.

Picot, Gerhard (2008), Das vorvertragliche Verhandlungsstadium bei der Durchführung von Mergers & Acquisitions, in: *Picot, Gerhard/Bäzner, Bernd* (Hrsg.), Handbuch Mergers & Acquisitions. Planung, Durchführung, Integration, 4. Aufl., Stuttgart, S. 156–205.

Picot, Gerhard (2008), Vertragliche Gestaltung besonderer Erscheinungsformen der Mergers & Acquisitions, in: *Picot, Gerhard/Bäzner, Bernd* (Hrsg.), Handbuch Mergers & Acquisitions. Planung, Durchführung, Integration, 4. Aufl., Stuttgart, S. 270–373.

Porter, Michael E. (1987), Diversifikation - Konzerne ohne Konzept, in: Harvard Manager, S. 30–49.

Porter, Michael E. (2010), Wettbewerbsvorteile. Spitzenleistungen erreichen und behaupten, 7. Aufl., Frankfurt am Main.

Probst, Gilbert J. B./Raub, Steffen/Romhardt, Kai (2010), Wissen managen. Wie Unternehmen ihre wertvollste Ressource optimal nutzen, 6. Aufl., Wiesbaden.

Rebholz, Felix (2005), Wenn 1+1 nicht gleich 2 ist. Wie kann Wissensmanagement bei M&A-Transaktionen und Strategischen Allianzen Mehrwert schaffen?, in: Wissensmanagement, S. 26–29.

Reißner, Stefan (1992), Synergiemanagement und Akquisitionserfolg, Wiesbaden.

Rentrop, Christopher Enrique (2004), Informationsmanagement in der Post-Merger Integration, 1. Aufl., Berlin.

Riempp, Gerold (2004), Integrierte Wissensmanagement-Systeme. Architektur und praktische Anwendung, Berlin.

Rigall, Juan/Hornke, Matthias (2007), Post Merger Integration: Synergiehebel Informationstechnologie, in: M&A Review, S. 496–502.

Rockholtz, Carsten (1999), Marktwertorientiertes Akquisitionsmanagement. Due Diligence-Konzeption zur Identifikation, Beurteilung und Realisation akquisitionsbedingter Synergiepotentiale, Frankfurt am Main.

Rombach, Armin/Binder, Arno (2000), Due Diligence beim Unternehmenskauf: Chancen und Risiken der Informationstechnologie, in: LEGA practice.

Sadowski, Kristin Alena/Sandstede, Michael/Weyand, Christian (2010), Kommunikation als Erfolgsfaktor bei M&A- und Integrationsprozessen, in: *Müller-Stewens, Günter/Kunisch, Sven/Binder, Andreas* (Hrsg.), Mergers & Acquisitions. Analysen, Trends und Best Practices, Stuttgart, S. 326–345.

Sautter, Michael T. (1989), Strategische Analyse von Unternehmensakquisitionen. Entwurf und Bewertung von Akquisitionsstrategien, Frankfurt am Main.

Schawel, Christian (2002), Kulturelles Schnittstellenmanagement in der Pre-Merger-Phase. Eine empirische Analyse, München.

Scheer, August-Wilhelm (1990), Computer integrated manufacturing, in: *Kurbel, Karl/Strunz, Horst* (Hrsg.), Handbuch Wirtschaftsinformatik, Stuttgart, S. 47–68.

Schewe, Gerhard (2002), M&A: Aufgaben eines erfolgreichen Personalmanagements, in: OFW-Semestermagazin, S. 12–18.

Schewe, Gerhard/Gerds, Johannes (2009), Post Merger Integration. Unternehmenserfolg durch Integration Excellence, 3. Aufl., Berlin.

Schmid, Claus/Dahlberg, Steffen (2008), Post Merger Integration: Ohne IT geht nichts!, in: M&A Review, S. 520–527.

Schmidt, Günter (1999), Informationsmanagement. Modelle, Methoden, Techniken, 2. Aufl., Berlin.

Schönsleben, Paul (2001), Integrales Informationsmanagement. Informationssysteme für Geschäftsprozesse; Management, Modellierung, Lebenszyklus und Technologie, 2. Aufl., Berlin.

Schreiner, Andreas/Wirth, Markus/Wirth, Thomas (2010), "From Good to Great" - Erfolgsfaktoren aus der Praxis in der Umsetzung von Post Merger Management, in: *Müller-Stewens, Günter/Kunisch, Sven/Binder, Andreas* (Hrsg.), Mergers & Acquisitions. Analysen, Trends und Best Practices, Stuttgart, S. 289–307.

Schubert, Werner/Küting, Karlheinz (1981), Unternehmungszusammenschlüsse, München.

Schwarze, Jochen (1998), Informationsmanagement. Planung, Steuerung, Koordination und Kontrolle der Informationsversorgung im Unternehmen, Herne.

Schwarze, Lars/Dillmann, Christoph (2009), Bessere Positionierung im Rahmen einer M&A-Transaktion durch den Einsatz eines IT M&A-Playbooks, in: M&A Review, S. 282–288.

Schwarze, Lars/Röscheisen, Felix/Mengue, Clément (2007), IT-Integration im Kontext von Unternehmensfusionen, in: HMD - Praxis der Wirtschaftsinformatik, S. 56–67.

Seiz, Sandra/Jogsch, Nicole/Jahnke, Bernd/Ruf, Stefan (2010), Business Intelligence zur Unterstützung der Due Diligence bei Mergers & Acquisitions, in: *Schumann, Matthias/Kolbe, Lutz M./Breitner, Michael H./Frerichs, Arne* (Hrsg.), Multikonferenz Wirtschaftsinformatik 2010, Göttingen, S. 1089–1100.

Seubert, Christoffer-Martin F. (2010), Build, Ally or Acquire. Die strategische Entscheidung über den Entwicklungsweg, 1. Aufl., Lohmar.

Sisco, Mike (2002), IT Due Diligence Request List, http://www.general-files.com/download/gs531e400bh32i0/MDE_IT-Due-Diligence-Request-List.doc.html (06.12.2012).

Söbbing, Thomas (2007), IT Rechtliche Aspekte bei M&A, in: M&A Review, S. 166–172.

Sporing, Jan/Blöcher, Annette (2008), Wissenstransfer in M&A-Prozessen, in: M&A Review, S. 469–474.

Stickel, Eberhard (2001), Informationsmanagement, München.

Störk, Ulrich/Hummitzsch, Erik (2010), Ablauf einer zielorientierten Financial Due Diligence, in: *Beisel, Daniel/Andreas, Friedhold E.* (Hrsg.), Beck'sches Mandatshandbuch Due Diligence, 2. Aufl., München, S. 578–606.

Thommen, Jean-Paul (Hrsg.) (2008), Lexikon der Betriebswirtschaft. Managementkompetenz von A bis Z, 4. Aufl., Zürich.

Vogel, Marita (2002a), Fusion ohne Konfusion, http://www.cio.de/index.cfm?webcode=805947 (06.12.2012).

Vogel, Dieter Hans (2002b), M&A - Ideal und Wirklichkeit, 1. Aufl., Wiesbaden.

Voss, Inga/Müller-Stewens, Günter (2006), Strategische M&A-Kompetenz im Rahmen von Akquisitionsstrategien. Komponenten, Erfolgsfaktoren und Aufbau, in: *Keuper, Frank* (Hrsg.), Der M&A-Prozess: Konzepte, Ansätze und Strategien für die Pre- und Post-Phase, Wiesbaden, S. 5–32.

Voß, Stefan/Gutenschwager, Kai (2001), Informationsmanagement, Berlin, Heidelberg.

Weinmann, Martin (2004), Wertorientiertes Management von Unternehmenszusammenschlüssen, Frankfurt am Main.

Welge, Martin K./Al-Laham, Andreas (2008), Strategisches Management. Grundlagen - Prozess - Implementierung, 5. Aufl., Wiesbaden.

Wirtz, Bernd W. (2003), Mergers & Acquisitions Management. Strategie und Organisation von Unternehmenszusammenschlüssen, 1. Aufl., Wiesbaden.

Wirz, Patrick (2003), Die Auswirkungen der Unternehmenskonzentration auf das Informatikmanagement. Ergebnisse einer empirischen Untersuchung in fünf Unternehmungen, Basel.

Wittmann, Waldemar (1959), Unternehmung und unvollkommene Information. Unternehmerische Voraussicht - Ungewißheit und Planung, Köln.

Wollersheim, Jutta (2010), Dynamic Capabilities im Kontext von Mergers & Acquisitions. Erfolg von Zusammenschlüssen von Organisationseinheiten mit unterschiedlichen Routinen, 1. Aufl., Wiesbaden.